“十四五”时期国家重点出版物出版专项规划项目
有色金属理论与技术前沿丛书

铜矿绿色采选可行技术

Green and Available Technologies of Mining and Mineral Processing for Copper Ores

王 帅 编著
Wang Shuai

中南大学出版社
www.csupress.com.cn
·长沙

编委会

主　编

王　帅　中南大学化学化工学院

编　委(按姓氏笔画排序)

毕　林　中南大学资源与安全工程学院

杨　佳　中南大学化学化工学院

李地元　中南大学资源与安全工程学院

陈秋松　中南大学资源与安全工程学院

赵红波　中南大学资源加工与生物工程学院

曹占芳　中南大学化学化工学院

前言

Foreword

铜是人类最早发现的金属之一，也是人类最早冶炼并使用的金属。现代工业中，铜被广泛应用于电子电气、空调制冷、交通运输、建筑、机械、能源、化工等行业，几乎涉及所有的工业部门。铜矿采选是人类从自然界获取铜资源、制造铜产品的首要途径。然而，我国铜矿山长期面临着资源短缺、生态破坏、环境污染的多重压力。目前，我国正在全面推进生态文明建设，经济增长方式正在由粗放型向集约型转变。这就决定了我国铜矿山必须全面推广经济可行、技术合理、资源节约、环境友好的绿色采选技术，推进我国铜矿采选业全面转型升级，走可持续发展之路。

本书在对我国铜矿采选业进行调研的基础上，提出铜矿绿色采选可行技术，主要包括四个方面：一是采用高效的采选技术，减少资源、能源消耗，降低采选活动对生态环境的负面影响；二是采用可行的污染治理技术，对有价值的废物进行无害化处理和资源化利用，减少污染物排放；三是通过绿色矿山建设，推进矿山的绿色化转型；四是通过数字矿山建设，提升矿山的数字化、信息化和智能化水平。

本书第 1 章为绪论，第 2 章介绍采矿技术，第 3 章介绍选矿技术，第 4 章介绍化学选矿技术，第 5 章介绍噪声和大气污染治理技术，第 6 章介绍废水处理技术，第 7 章介绍废石和尾矿处置技术，第 8 章介绍绿色矿山，第 9 章介绍数字矿山。各章内容相对独立，又互相照应，形成一套相对完整的铜矿绿色采选可行技术体系。

第1章由王帅编写，第2章由陈秋松编写，第3章由曹占芳编写，第4章由赵红波编写，第5~7章由杨佳编写，第8章由李地元编写，第9章由毕林编写。由于编者水平有限，不当之处，恳请读者批评指正。

编者

2022年9月

目录

Contents

第 1 章 绪 论

铜是一种重要的金属，被广泛应用于人类的生产生活中。铜矿是重要的战略性矿产资源，对国民经济、社会发展、国防安全具有重要的意义和价值。然而，我国的铜矿资源匮乏，基础薄弱，开发难度大，这就决定了我国的铜矿采选业必须走高效清洁的绿色发展之路。

1.1 铜的性质与用途

铜是一种 IB 族过渡金属元素，英文名称为 copper，化学符号 Cu 来源于拉丁语 cuprum，原子序数是 29，相对原子质量为 63.546，常见的化合价为+2 价和+1 价。

金属铜是人类最早冶炼并广泛使用的金属。陕西临潼姜寨遗址（公元前 4700—4000 年）出土的黄铜片及黄铜管是我国最早的人工冶炼金属，也是世界上最早的冶炼黄铜。在古代，铜主要用于制造器皿、钱币、镜子、兵器、首饰、工艺品等。现代生产生活中，铜、铜合金及铜化合物的应用更加广泛。

纯铜是紫红色的金属，俗称紫铜、红铜或赤铜。铜的密度为 8.960 g/cm^3，熔点为 1083.4℃，沸点为 2595℃，莫氏硬度为 3。铜具有良好的导电性、导热性、抗磁性、耐腐蚀性和延展性等，可用于制造电线、电缆、电气元件、铜箔、钎焊材料、集成电路、热交换器、工艺品等。

铜有多种合金，最常见的是青铜、黄铜与白铜。青铜最初是指铜锡、铜铅锡或铜铅合金，外观呈青色。现在将除以锌、镍为合金元素之外的铜合金，均称作青铜。青铜强度高且熔点低，古时用于制造镜子、剑、器皿等，在现代工业中用于制造耐磨零件、型材、耐压容器等。黄铜是铜与锌的合金，因其多呈黄色而得名。黄铜耐腐蚀性和导热性能好，强度优于紫铜，可用于制造乐器、容器、管道、阀门、船舶零件、子弹壳、炮弹壳等。白铜是铜与镍的合金，外观呈白色。白铜有很好的耐腐蚀性、耐热性、耐寒性和特殊的电性能，常用于制造医疗器械、精密仪器、化工机械零件等。铜合金在强度、硬度、耐磨性等机械性能方面优于紫铜，因此，应用比紫铜更加广泛。

铜的化合物主要是其氧化物和盐，氧化物主要有氧化铜和氧化亚铜，盐主要是硫酸铜、硝酸铜、碱式碳酸铜、氯化铜等。铜的化合物用量很小，仅占铜消费量的 1%左右，但其用途十分广泛。它们常用作杀菌剂、消毒剂、催化剂、颜料、媒染剂、电镀试剂、分析试剂等。

1.2 铜产业链

铜产业链可以分为上、中、下游，如图 1-1 所示。上游主要指铜矿石的开采和选矿过程，铜产品包括铜矿石和铜精矿。中游主要包括冶炼和加工过程，是通过火法冶炼或湿法冶炼将铜精矿冶炼成阴极铜或电积铜，进而加工成各种半成品的过程。中游产品主要包括粗铜、阴极铜或电积铜以及各种型材等。下游主要包括产品终端的应用以及废料管理过程，产品主要应用于电力设备、空调制冷、交通运输、电子设备、建筑等行业。

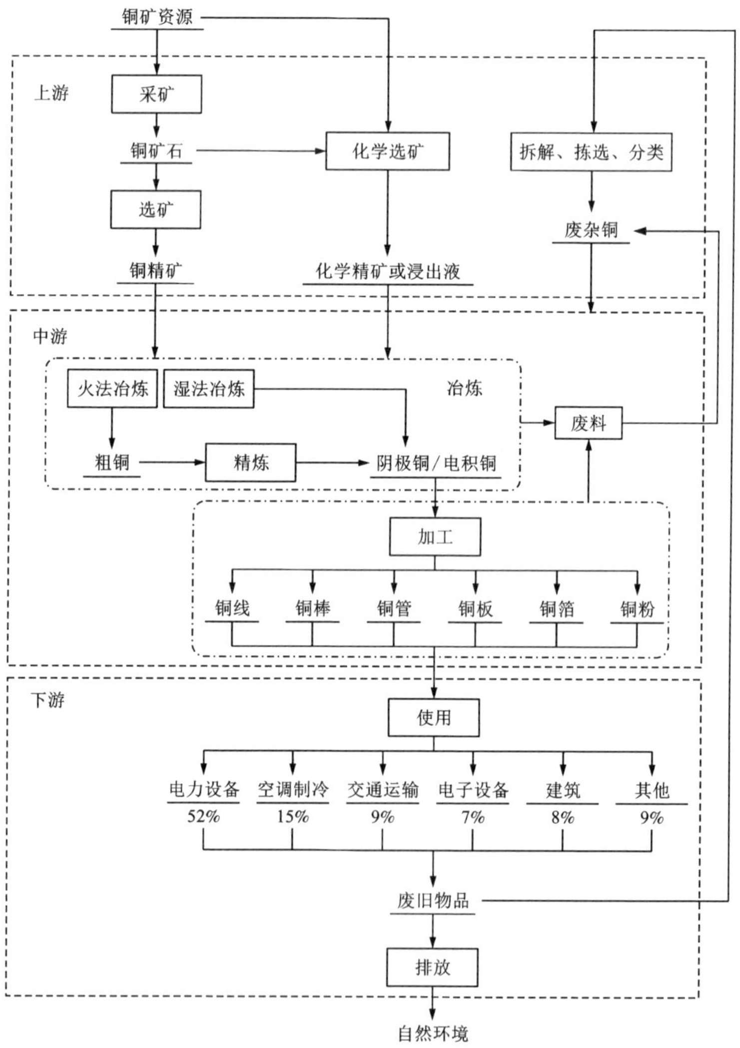

图 1-1 铜产业链

1.3　铜矿资源

1.3.1　铜矿物和铜矿石

1.3.1.1　铜矿物

在地壳中，由地质作用形成的自然元素和自然化合物，统称矿物。在自然界中出现的含铜矿物主要包括自然铜、硫化铜矿和氧化铜矿三大类，共有280余种，具有工业价值的铜矿物主要有17种，如表1-1所示。

表1-1　具有工业价值的主要铜矿物

矿物分类	矿物名称	英文名称	分子式	理论铜质量分数/%
自然铜	自然铜	native copper	Cu	100
硫化矿	黄铜矿	chalcopyrite	$CuFeS_2$	34.63
	斑铜矿	bornite	Cu_5FeS_4	63.31
	辉铜矿	chalcocite	Cu_2S	79.85
	铜蓝	covellite	CuS	66.48
	方黄铜矿	cubanite	$CuFe_2S_3$	23.41
	黝铜矿	tetrahedrite	$Cu_{12}Sb_4S_{13}$	45.76
	砷黝铜矿	tennantite	$Cu_{12}As_4S_{13}$	51.56
	硫砷铜矿	luzonite	Cu_3AsS_4	48.41
氧化矿	赤铜矿	cuprite	Cu_2O	88.82
	黑铜矿	tenorite	CuO	79.89
	孔雀石	malachite	$CuCO_3 \cdot Cu(OH)_2$	57.48
	蓝铜矿	azurite	$2CuCO_3 \cdot Cu(OH)_2$	55.31
	硅孔雀石	chrysocolla	$Cu_4H_4[Si_4O_{10}](OH)_8 \cdot nH_2O$ 或 $CuSiO_3 \cdot 2H_2O$	36.18
	水胆矾	brochantite	$CuSO_4 \cdot 3Cu(OH)_2$	56.20
	胆矾	chalcanthite	$CuSO_4 \cdot 5H_2O$	25.45
	氯铜矿	atacamite	$CuCl_2 \cdot 3Cu(OH)_2$	59.51

铜属于亲硫元素，所以铜矿物常以硫化矿出现，在氧化条件下形成氧化物，在还原条件下形成自然铜。各种铜矿物依其化学成分和成因不同又可分为原生铜

矿物和次生铜矿物，如黄铜矿属于原生硫化铜矿物，辉铜矿属于次生硫化铜矿物，孔雀石等氧化铜矿物属于次生铜矿物。

1.3.1.2 铜矿石

矿石是指在相应的技术经济条件下，能够从中提取有用组分(元素、化合物或矿物)后利用其特性的自然矿物聚集体。铜矿石是以铜为主要有价组分的矿石。按铜矿石中有价组分的种类，可分为单一铜矿石和多金属铜矿石，后者又包括铜铅锌矿石、铜钼矿石、铜金矿石、铜金银矿石、铜钨矿石、铜锡矿石、铜铀矿石等。

根据氧化程度类型，铜矿石按照氧化程度可分为硫化铜矿石、氧化铜矿石和混合矿石。根据地质矿山行业标准《矿产地质勘查规范　铜、铅、锌、银、镍、钼》(DZ/T 0214—2020)，铜、铅、锌、银、钼矿可划分为氧化矿、混合矿和硫化矿，划分标准如表 1-2 所示。

表 1-2　铜矿的氧化程度类型划分标准

氧化程度类型	占总铜的质量分数/%	
	硫化物中的铜	氧化物中的铜
氧化铜矿石	<70	>30
混合矿石	70~90	10~30
硫化铜矿石	>90	<10

按矿石的含铜品位(质量分数)，可分为富矿石(铜品位>1%)、中等品位矿石(铜品位为 0.4%~1%)和贫矿石(铜品位不大于 0.4%)。

按矿石的构造，可分为致密状(块状)铜矿石和浸染状铜矿石。

1.3.2 铜矿体和铜矿床

1.3.2.1 铜矿体

矿体是指由地质作用形成的具有一定形态大小和产状的矿石自然聚集体。矿体是矿床的基本组成单位。一个矿体是一个独立的地质体，它具有一定的几何形状、空间位置等。

(1)矿体“三要素”

金属矿的矿体形状、倾角及厚度，对采矿方法的选择有直接影响，因此习惯上将这三个参数称为矿体“三要素”。

①矿体形状。

按照形状，矿体可以分为层状、脉状和块状等。常见的矿体形状如图 1-2 所示。

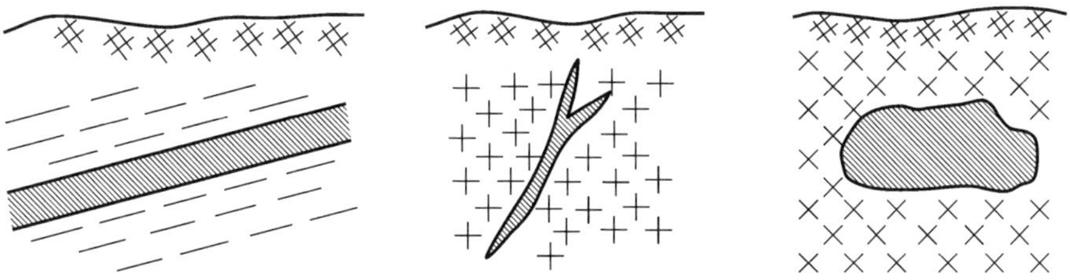

(a) 层状矿体　　(b) 脉状矿体　　(c) 块状矿体

图 1-2　常见的矿体形状

②矿体倾角。

矿体倾角是指矿体中心面与水平面的夹角。根据矿体倾角，矿体可分为如表 1-3 所示的几类。

表 1-3　按照矿体倾角划分的矿体类型

矿体倾角类型	矿体倾角/(°)
水平和微倾斜矿体	<5
缓倾斜矿体	5~30
倾斜矿体	30~55
急倾斜矿体	>55

③矿体厚度。

根据矿体厚度，矿体可分为如表 1-4 所示的几类矿体。

表 1-4　按照矿体厚度划分的矿体类型

矿体厚度类型	矿体厚度/m
极薄矿体	<0.8
薄矿体	0.8~4
中厚矿体	4~15
厚矿体	15~40
极厚矿体	>40

根据矿体厚度变化系数，可以把矿体厚度稳定程度划分为稳定、较稳定和不稳定三类，如表 1-5 所示。

表 1-5　矿体厚度稳定程度划分

矿体厚度稳定程度	厚度变化系数/%
稳定	<60
较稳定	60~130
不稳定	>130

(2)矿体规模

矿体规模可划分为大、中、小三类，不同种类元素的矿体规模划分标准不同。根据地质矿产行业标准《矿地质勘查规范　铜、铅、锌、银、镍、钼》(DZ/T 0214—2020)，铜矿体规模划分标准如表 1-6 所示。

表 1-6　铜矿体规模划分标准

矿体规模	长度/m	延深或宽/m
大	>1000	>500
中	300~1000	300~500
小	<300	<300

1.3.2.2　铜矿床

矿床是指在地壳内部或表面，由地质作用形成的，其所含的有用矿物聚集体的质和量均达到工业要求的地质体。它的范围包括矿体及其周围地质环境。一个矿床可以是一个矿体，也可以由一个以上的大小不等的矿体组成。

(1)矿床类型

根据矿床形成的地质条件和成矿模式，铜矿床主要工业类型可分为斑岩型铜矿、矽卡岩型铜矿、变质岩层状铜矿、铜镍硫化物型铜矿、砂岩型铜矿、火山岩黄铁矿型铜矿和脉状铜矿等。铜矿床主要工业类型如表 1-7 所示。

(2)矿床规模

根据原国土资源部发布的《矿产资源储量规模划分标准》(国土资发〔2000〕133 号)，铜矿床规模的一般划分标准为：

大型矿床，铜资源储量≥50 万 t；

中型矿床，10 万 t≤铜资源储量<50 万 t；

小型矿床，铜资源储量<10 万 t。

我国通常把储量超过大型矿床储量 10 倍的矿床称为超大型矿床，即超大型铜矿床指储量大于 500 万 t 的铜矿床。

表 1–7 铜矿床主要工业类型

矿床工业类型	矿床特征			矿床规模与有价组分			矿床实例
	成矿地质特征	矿体形状	有价矿物成分	规模	铜品位	共伴生组分	
斑岩型铜矿	产生在各种斑岩(花岗闪长斑岩、二长斑岩、闪长斑岩、斜长花岗斑岩等)岩体及其周围岩层中	层状、似层状、空心筒状、巨大透镜体等	以黄铜矿为主，少量辉铜矿、斑铜矿、黄铁矿、辉钼矿等	中、大型至超大型	0.2%~1%	钼、硫、金、银、铼、铅、锌、钴等	江西德兴富家坞铜矿，西藏玉龙铜矿，黑龙江多宝山铜矿，山西铜矿峪铜矿，内蒙古乌奴格吐山(简称“乌山”)铜钼矿等
矽卡岩型铜矿	产于中酸性侵入岩和碳酸盐类岩石的接触带的内外或离开岩体沿围岩的岩层	以似层状、透镜状、扁豆状为主，还有囊状、筒状、脉状等	以黄铜矿、黄铁矿、磁铁矿、磁黄铁矿为主，少量辉钼矿、辉铜矿、方铅矿、闪锌矿、白钨矿、锡石等	中、小型，个别大型	1%~3%	铁、硫、钨、钼、铅、锌、锡、铍、镓、铟、锗、镉、金、银、硒、碲、铊、铼、钒、铂族	安徽铜官山铜矿，湖北铜绿山铜矿，江西永平铜矿、城门山铜矿，辽宁华铜矿，黑龙江弓棚子铜矿，河北寿王坟铜矿

续表1-7

矿床工业类型	矿床特征			矿床规模与有价组分			矿床实例
	成矿地质特征	矿体形状	有价矿物成分	规模	铜品位	共伴生组分	
变质岩层状铜矿	在变质岩(白云岩、大理岩、片岩、片麻岩等)中沿层产出	层状、似层状、透镜状、扁豆体状	以黄铜矿、斑铜矿、黄铁矿为主，少量辉铜矿、辉砷钴矿、方铅矿、闪锌矿、辉钼矿、磁铁矿等	大、中、小型均有	>1%	硫、铅、锌、砷、钼、镍、钴、金、银、硒、铋、铂族	云南东川汤丹铜矿、易门狮山铜矿、三家厂铜矿，山西中条胡家峪铜矿，辽宁红透山铜矿
铜镍硫化物型铜矿	产于辉长岩、苏长岩、橄榄灰岩(蛇纹石化)	似层状、不连续大透镜体状、大脉状	黄铜矿、方黄铜矿、磁黄铁矿、镍黄铁矿、黄铁矿、含钴矿物和铂族金属矿等	中小型，个别大型	Cu 0.5%~2.5%；Ni 2%~4%	铂族、钴、金、银、硒、碲	甘肃金川铜矿，吉林盘石红旗岭铜矿，四川力马河铜矿，云南金平铜矿，新疆喀拉通克铜矿、黄山铜矿

续表1-7

矿床工业类型	矿床特征			矿床规模与有价组分			矿床实例
	成矿地质特征	矿体形状	有价矿物成分	规模	铜品位	共伴生组分	
砂岩型铜矿	在红色砂岩中的灰至灰绿色砂岩（浅色砂岩）中沿层产出	似层状、扁豆状、透镜状	以辉铜矿为主，少量斑铜矿、黄铜矿、自然铜、黄铁矿、方铅矿等	中、小型为主	通常为2%～3%，最高可达7%	硫、铅、银、钼、钨等	云南大姚六苴铜矿、郝家河铜矿，湖南车江铜矿，四川大铜厂铜矿
火山岩黄铁矿型铜矿	产于变质火山岩（石英角斑岩、细碧岩等）中	透镜状、大小不等的扁豆体状、层状等	以黄铜矿、黄铁矿为主，其次辉铜矿、黝铜矿、铜蓝、方铅矿、闪锌矿、磁黄铁矿、磁铁矿等	大、中、小型均有	1%左右	硫、铅、锌、钼、金、银、砷、硒、碲、铟、镉、铊、镓、铋、汞等	甘肃白银厂铜矿，青海红沟铜矿，云南大红山铜矿，四川呷村银多金属矿，河南刘山岩铜矿
脉状铜矿	产于各种岩石（侵入岩、喷出岩、变质岩、沉积岩）的断裂带中，倾斜常陡	板状、脉状、复脉带	以黄铜矿、斑铜矿、黄铁矿为主，其次辉钼矿、闪锌矿、方铅矿、黝铜矿等	中、小型，个别大型	>1%	硫、铅、锌、金、银、钨、钼、钴等	安徽穿山洞铜矿、铜牛井铜矿，江苏铜井铜矿，湖北石花街铜矿，吉林二道羊岔铜矿

1.3.3　铜矿资源储量与特点

1.3.3.1　全球铜矿资源

铜在地壳中的丰度为0.01%，工业上铜矿石品位一般为0.4%~5%。据美国地质调查局(USGS)2022年发布的数据(表1-8)，全球铜矿资源储量为8.8亿吨，2021年矿山铜产量为2100万t，精炼铜产量2600万t。

全球的铜资源分布广泛，遍布五大洲，150多个国家都有铜矿资源。全球铜矿资源主要分布在智利、澳大利亚、秘鲁、俄罗斯、墨西哥、美国、刚果(金)、波兰、中国、印度尼西亚、赞比亚、哈萨克斯坦、加拿大等国家，这13个国家的铜矿资源储量约占全球储量的79%。智利是世界铜矿资源最丰富的国家，其储量约占全球储量的23%。

表1-8　全球铜矿资源储量、矿山铜产量和精炼铜产量

国家(地区)	储量/万t	矿山铜产量/万t		精炼铜产量/万t	
		2020年	2021年[e]	2020年	2021年[e]
智利	20000	573	560	233	220
澳大利亚	9300	88.5	90	42.7	45
秘鲁	7700	215	220	32.4	35
俄罗斯	6200	81[e]	82	104	92
墨西哥	5300	73.3	72	49.2	47
美国	4800	120	120	91.8	100
刚果(金)	3100	160	180	135	150
波兰	3100	39.3	39	56	59
中国	2600	172	180	1000	1000
印度尼西亚	2400	50.5	81	26.9	27
赞比亚	2100	85.3	83	37.8	35
哈萨克斯坦	2000	55.2	52	51.5	47
加拿大	980	58.5	59	29	30
日本	—	—	—	158	150
韩国	—	—	—	67.1	65
德国	—	—	—	64.3	63
其他	18000	284	280	345	430
总计(取整)	88000	2060	2100	2530	2600

注：[e]表示估计值。

1.3.3.2 我国的铜矿资源

铜矿资源对我国的国民经济发展具有重要的意义和价值。在《全国矿产资源规划(2016—2020年)》中，铜矿被列为24种战略性矿产之一。

(1)铜矿资源储量

根据美国地质调查局的数据，我国铜矿资源储量为2600万t，仅占全球储量的3%，全球排名为第9位。2021年，我国矿山铜产量为180万t，占全球矿山铜产量的8.57%，全球排名为第3位；我国精炼铜产量为1000万t，占全球精炼铜产量的38.46%，全球排名为第1位。

据自然资源部发布的《中国矿产资源报告2022》显示，2021年，我国铜矿储量为3494.79万t；铜精矿产量185.5万t，较上年增长10.9%；精炼铜产量1048.7万t，较上年增长4.6%。

我国是世界上最大的精炼铜生产国和消费国。根据国家统计局公布的《中华人民共和国2021年国民经济和社会发展统计公报》，2021年，我国精炼铜产量为1048.7万t，比上年增长4.6%。然而，我国铜矿资源严重匮乏，资源禀赋相对较差，矿山铜产量不足，造成我国铜资源严重依赖进口。近10年，我国铜资源对外依存度一直高达70%以上。

(2)铜矿资源分布

我国各省(自治区、直辖市)均有铜矿分布，但铜矿资源主要集中在西藏、江西、云南、内蒙古、安徽、黑龙江、新疆、甘肃、山西、湖北和广东等地，其铜矿资源储量占全国的80%以上。

在我国现代铜工业发展的过程中，逐渐形成了江西铜业、云南铜业、甘肃白银、东北、安徽铜陵、湖北大冶、山西中条山七大铜工业基地。2002年以来，又在西藏发现了驱龙铜矿、多龙铜矿、玉龙铜矿、甲玛铜矿等一大批大型、超大型铜矿。2008年起，西藏铜矿资源储量超过江西和云南，位居全国第一。随着西藏铜资源的不断开发，西藏铜工业基地逐渐形成。

近年来，我国铜矿山的矿产资源开发利用布局不断优化，生产集中度得以提高。2018年，全国共有铜矿山789家，较上年减少77家。在《全国矿产资源规划(2016—2020年)》中，我国划定了9个镍铜钴矿区作为国家规划矿区，5个铜多金属矿区作为对国民经济具有重要价值的矿区。划定的与铜矿相关的国家规划矿区和对国民经济具有重要价值的矿区如表1-9所示。这14个矿区分布在西藏、江西、云南、福建、甘肃、广东、安徽等地。划定国家规划矿区和对国民经济具有重要价值的矿区，对实行国家统一规划、保障我国铜矿资源的安全供应，具有重要的意义。

表 1-9 与铜矿相关的国家规划矿区和对国民经济具有重要价值的矿区

矿区类别	矿种	矿区名称	位置
国家规划矿区	镍铜钴	白家嘴子铜镍矿区	甘肃金昌市
		大宝山铜多金属矿区	广东韶关市
		紫金山铜金矿区	福建上杭县
		德兴铜矿区	江西德兴市
		城门山铜矿区	江西九江县
		大红山铜矿区	云南新平县
		普朗铜矿区	云南迪庆州
		驱龙铜矿区	西藏拉萨市
		玉龙铜矿区	西藏昌都市
对国民经济具有重要价值的矿区	铜多金属	峡山-岩山铜矿区	安徽池州市
		大碑铜矿区	江西彭泽县
		河西银铜多金属矿区	云南兰坪县
		多龙铜矿区	西藏阿里地区
		堆龙德庆区松多握铜钼矿区	西藏堆龙德庆区

(3)铜矿资源特点

我国铜矿资源具有以下主要特点：

①从矿床类型来看，我国铜矿床以斑岩型、矽卡岩型、火山岩黄铁矿型和铜镍硫化物型为主，斑岩型约占 45%，矽卡岩型约占 30%，火山岩黄铁矿型约占 8%，铜镍硫化物型约占 7%，这几种类型占总储量的 90%以上。

②从矿床规模来看，中、小型矿床多，大型、超大型矿床少。在已探明的矿产地中，大型、超大型仅占 3%，中型占 9%，小型占 88%。小型矿床多，造成了我国铜矿资源不利于大规模开采的局面。目前我国的铜矿床只有西藏多龙铜矿储量大于 1000 万吨，储量为 200~1000 万吨的铜矿床也仅有江西德兴铜矿，西藏驱龙铜矿、玉龙铜矿、甲玛铜矿、雄村铜矿、朱诺铜矿，黑龙江多宝山铜矿，甘肃金川铜镍矿，内蒙古乌山铜钼矿，云南普朗铜矿等处。

③从开采条件来看，地下采矿多，露天采矿少。我国的大、中型铜矿山，绝大部分是地下开采，仅有几处露天开采，有的露天开采矿山已经闭坑转为地下开采。

④从矿石品位来看，贫矿多，富矿少。我国铜矿平均品位为 0.51%，品

位大于1%的富矿仅占23%，品位为0.2%~1%的贫矿占70%以上。在大型铜矿中，品位大于1%的铜储量约占13%。铜矿品位较低，导致选矿难度大，废石、尾矿、废水排放量大。

⑤从矿石中的有价组分来看，共伴生矿多，单一矿少。我国共伴生矿约占已探明矿产储量的80%，共伴生矿中主要含有金、银、钼、铁、铅、锌、镍、钴、钨、锡、铋、硫等有价元素。共伴生资源一方面是有价值的资源，但另一方面也加大了选矿的复杂性和难度。

1.4 铜矿绿色采选可行技术分析

1.4.1 绿色采选技术

矿产资源是人类赖以生存和发展的物质基础。矿业是一个古老的行业，它伴随着人类文明的发展而发展。时至今日，矿业仍是推动现代文明的基础产业。然而，人类长期对资源的过度开采，不仅使资源严重浪费，而且对人类赖以生存的生态环境造成了严重的破坏。

20世纪70年代以来，在可持续发展理念、循环经济理论等的影响下，逐渐发展出了绿色开采的思想。进入21世纪，加拿大、芬兰、澳大利亚等国家提出了发展绿色矿业的战略。2010年，我国也正式开始推进绿色矿山建设工作。经过十几年的发展，绿色矿业已经从理论走向实践。

绿色采选技术是实现矿业绿色可持续发展的关键。所谓的绿色采选，就是在矿山采选过程中对矿产资源进行高效的开采和分选，提高矿产资源的利用率，并尽可能减少采选活动对生态环境和人类健康的不良影响。

1.4.2 可行技术

可行技术的英文是available techniques，即可用技术、可获得技术，是指应用者能够获得的，技术、经济可行的，能够可靠运行的技术。这里的技术不仅仅是指单纯的技术，还包括设计、建造、运行、维护在内的各种方式。

目前，可行技术较多地用于污染防治领域。1977年起，美国在《清洁水法》框架下，提出针对常规污染物的最佳控制技术(best practicable technology currently available，BPT)、最佳常规污染物控制技术(best conventional pollutant control technology，BCT)以及针对毒性污染物的最佳经济可行技术(best available technology economically achievable，BAT)、最佳示范技术(best demonstrated control technology，BADT)，并分别规定了排放限值。1996年，欧盟发布了污染综合防治指令(IPPC指令)，提出建立最佳可行技术体系(best available techniques，BAT)。

欧盟 IPPC 指令对 BAT 的定义为："BAT 是指开发活动及其操作方法中最有效和最高级的阶段，表明特定技术的实际适用性，为排放限值和其他许可条件提供依据，旨在预防排放(如果无法完全避免)，总体上减少排放，降低对环境的影响。"

2007 年，我国颁布实施《国家环境技术管理体系建设规划》(原国家环保总局，环发〔2007〕150 号)，开始建立最佳可行技术体系。我国的最佳可行技术是指针对生活、生产过程中产生的各种环境问题，为减少污染物排放，从整体上实现高水平环境保护所采用的与某一时期技术、经济发展水平和环境管理要求相适应、在公共基础设施和工业部门得到应用的、适用于不同应用条件的一项或多项先进、可行的污染防治工艺和技术。2010—2015 年，原环境保护部以环境保护技术文件的形式，发布了一系列污染防治最佳可行技术指南或污染防治可行技术指南。2017 年，我国开始以国家环境保护标准的形式发布污染防治可行技术指南。2018 年，原环境保护部颁布国家环境保护标准《污染防治可行技术指南编制导则》(HJ 2300—2018)，该标准对污染防治可行技术定义为："根据我国一定时期内环境需求和经济水平，在污染防治过程中综合采用污染预防技术、污染治理技术和环境管理措施，使污染物排放稳定达到国家污染物排放标准、规模应用的技术。"

1.4.3 铜矿绿色采选可行技术路径

通过对绿色采选技术和可行技术的理念进行分析，我们认为，绿色采选可行技术是指在我国当前经济社会条件下，能够提高矿产资源利用效率，减少采矿和选矿对生态环境和人类健康不良影响，技术、经济可行的，矿山企业能够获得的，能够规模应用和可靠运行的采选技术。

铜矿绿色采选的可行技术路径如图 1-3 所示。在铜矿采选生产过程中，每一个环节都有污染产生，污染源中主要包括噪声、粉尘、废气、废水、废石、尾矿等污染。同时，矿山采空区、排土场和尾矿库还会造成一定程度的地质环境破坏。铜矿绿色采选可行技术的实现路径，包括清洁生产和末端治理两个方面。清洁生产技术包括减少资源损失和环境影响的采矿技术及提高资源利用率和减少环境影响的选矿技术两个方面，通过采选技术本身，尽可能提高资源能源利用效率，控制其对环境的影响。末端治理技术包括噪声和废气治理技术、废水处理与循环利用技术、废石和尾矿处置与资源化利用技术以及矿区生态恢复与环境修复技术，可以利用这些措施来防治生态破坏和环境污染等。

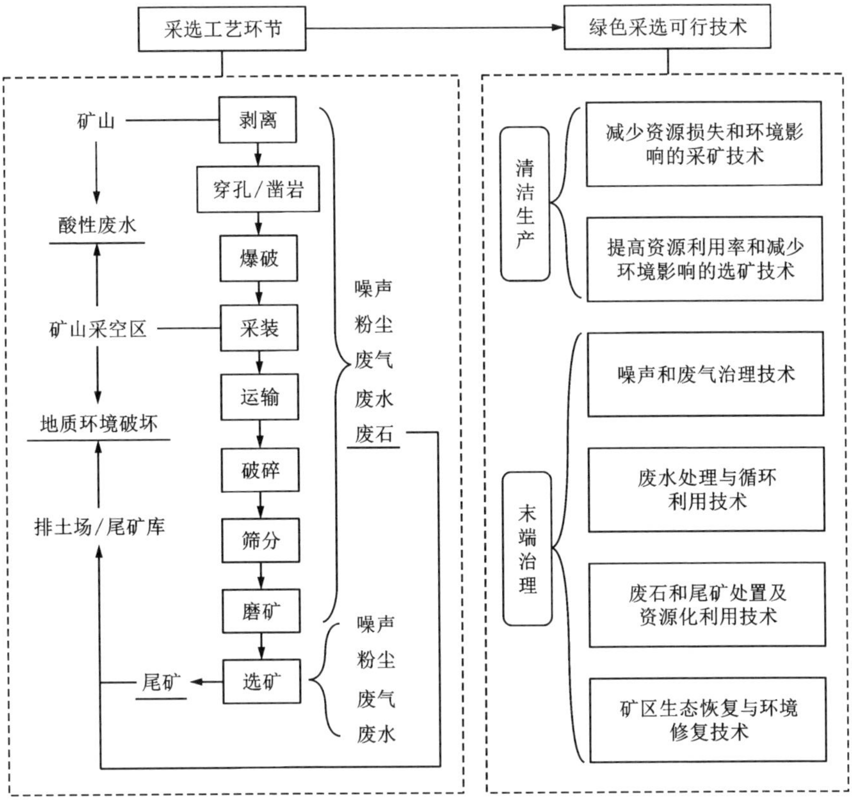

图 1-3　铜矿绿色采选可行技术路径图

本章参考文献

[1] 王毓华, 邓海波. 铜矿选矿技术[M]. 长沙: 中南大学出版社, 2012.

[2] 艾光华. 铜矿选矿技术与实践[M]. 北京: 冶金工业出版社, 2017.

[3] 杨卉芃, 冯安生. 国外非能源矿产[M]. 北京: 冶金工业出版社, 2017.

[4] 陈建平, 崔宁, 朱晓彤, 等. 中国铜矿资源潜力预测评价[M]. 北京: 地质出版社, 2017.

[5] 李文超, 王海军, 王雪峰, 等. 全国矿产资源节约与综合利用报告(2020)[M]. 北京: 地质出版社, 2020.

[6] 自然资源部. 矿产地质勘查规范　铜、铅、锌、银、镍、钼(DZ/T 0214—2020)[S]. 北京: 地质出版社, 2020.

[7] 环境保护部. 污染防治可行技术指南编制导则(HJ 2300—2018)[S]. 北京: 中国环境出版集团, 2018.

[8] 杜迺松. 论中国早期铜器中的若干问题[J]. 故宫博物院院刊, 1993(1): 2-15.

[9] FAN X P, HARBOTTLE G, GAO Q, et al. Brass before bronze? Early copper-alloy metallurgy in China[J]. Journal of Analytical Atomic Spectrometry, 2012, 27(5), 821-826.

[10] 李寿康. 铜及铜合金知识简介[J]. 金属世界, 2005(4): 39-41.

[11] 国土资源部. 关于印发《矿产资源储量规模划分标准》的通知(国土资发〔2000〕133 号)[EB/OL], 中国政府网, http://www.gov.cn/gongbao/content/2000/content_60495.htm, 2000-04-24.

[12] 应立娟, 陈毓川, 王登红, 等. 中国铜矿成矿规律概要[J]. 地质学报, 2014, 88(12): 2216-2226.

[13] U.S. Geological Survey, Mineral Commodity Summaries 2022[M/OL]. U.S. Geological Survey, https://doi.org/10.3133/mcs2022, 2022.

[14] 中华人民共和国自然资源部. 中国矿产资源报告 2022[M]. 北京: 地质出版社, 2022.

[15] 国家统计局. 中华人民共和国 2021 年国民经济和社会发展统计公报[EB/OL], 国家统计局网站, http://www.stats.gov.cn/xxgk/sjfb/zxfb2020/202202/t20220228_1827971.html, 2022-02-28.

[16] 王威, 杨卉芃. 国外铜矿技术发展的五大趋势[N]. 中国矿业报, 2021-03-29(4).

[17] 国土资源部. 全国矿产资源规划(2016—2020 年)[EB/OL]. 自然资源部网站, http://www.mnr.gov.cn/gk/ghjh/201811/t20181101_2324927.html, 2016-11-15.

[18] 卢煜, 李华姣. 铜产业链研究现状综述[J]. 资源与产业, 2020, 22(2): 60-68.

[19] 林博磊, 闫卫东, 郭娟, 等. "十四五"期间全球铜供需形势展望[J]. 中国矿业, 2021, 30(6): 16-22.

[20] GARBARINO E, ORVEILLON G, SAVEYN H G M. Management of waste from extractive industries: The new European reference document on the best available techniques[J]. Resources Policy, 2020, 69: 101782.

[21] 国家环保总局. 国家环境技术管理体系建设规划(环发〔2007〕150 号)[EB/OL], http://www.mee.gov.cn/gkml/zj/wj/200910/t20091022_172475.htm, 2007-09-29.

第 2 章　采矿技术

铜矿开采是铜矿资源开发的第一个生产环节。铜矿开采的方式与其他金属矿山基本相同，主要包括露天开采、地下开采及露天转地下开采三大类。开采方式的选择受到矿床地质与水文地质条件，矿体形态，矿石品位、价值及其分布特征，安全因素，经济因素，环境因素，劳动者职业健康因素等的综合影响。

2.1　铜矿开采指标

2.1.1　铜矿床工业指标

(1)铜矿床工业指标一般要求

矿床工业指标是在一定时期的技术经济条件下，对矿床矿石质量和开采技术条件所提出的一套指标。工业指标一般包括边界品位、最低工业品位、最小可采厚度、夹石剔除厚度、最低工业米·百分值等。边界品位是区分矿石与围岩(岩石或废石)的指标，即品位高于边界品位的为矿石，低于边界品位的为废石。最低工业品位简称工业品位，工业品位被认为是具有经济可采意义的最低品位，它是圈定矿体、估算矿产资源储量的一项指标。

根据地质矿产行业标准《矿产地质勘查规范 铜、铅、锌、银、镍、钼》(DZ/T 0214—2020)，铜矿床工业指标一般要求如表 2-1 所示。

表 2-1　铜矿床工业指标一般要求

项目名称	硫化矿石		氧化矿石
	露天开采	地下开采	
边界品位/%	0.2	0.2~0.3	0.5
最低工业品位/%	0.4	0.4~0.5	0.7
最小可采厚度/m	2~4	1~2	1
夹石剔除厚度/m	4~8	2~4	2

注：①氧化矿石中，对呈微粒分散包裹物、离子吸附等状态存在的难分离的结合式氧化铜，当其占有率大于 20%时，目前尚难利用，应单独圈出。②对混合矿石，若混合矿石占比较高，可按硫化矿石指标(地下开采)上限取值。

矿床工业指标是评价矿床是否具有开发经济价值和储量计算的依据。矿床工业指标也不是一成不变的，可根据政府和行业相关要求、市场需求和价格趋势以及资源保护、合理开发利用、矿床地质条件和采选冶技术水平等诸多因素综合考虑进行调整。据中国有色金属工业协会统计，2011—2018 年，我国铜矿露天开采的平均出矿品位为 0.44%~0.52%，地下开采的平均出矿品位为 0.71%~0.79%。2018 年，我国铜矿露天开采的平均出矿品位为 0.47%，地下开采的平均出矿品位为 0.75%。

(2)铜矿床伴生有益组分评价参考指标

确定主矿产的工业指标时，应同时确定共伴生矿的工业指标。铜矿床伴生有益组分评价参考指标如表 2-2 所示。

表 2-2 铜矿床伴生有益组分评价参考指标

元素	Pb	Zn	Mo	Co	WO_3	Sn	Ni	Bi
含量	0.2%	0.2%	0.01%	0.01%	0.05%	0.05%	0.1%	0.05%
元素	Au	Ag	S	Cd、Se、Te、Ga、Ge、Re、In、Tl				
含量	0.1 g/t	1.0 g/t	1%	0.001%				

2.1.2 开采回采率指标

根据《国土资源部关于铁、铜、铅、锌、稀土、钾盐和萤石等矿产资源合理开发利用"三率"最低指标要求(试行)的公告》(2013 年第 21 号)中的《铜矿资源合理开发利用"三率"最低指标要求(试行)》，铜矿开采回采率指标如表 2-3 所示。

表 2-3 铜矿开采回采率指标要求

单位:%

露天开采			
大型铜矿山			≥95
中小型矿山或矿体形态变化大、矿体薄、矿岩稳固性差的矿山			≥92
地下开采			
矿体厚度/m	铜(当量)品位		
	≥1.2%	0.60%~1.2%	≤0.60%
≤5	88	80	75
5~15	92	83	80
≥15	92	85	85

注：铜为单一铜矿时，根据铜品位确定其开采回采率指标；当铜矿含有多种共伴生元素时，根据铜当量品位确定开采回采率指标。铜当量品位是指矿床铜品位与其伴生有价元素依据市场价格折算铜品位之和，其计算公式为：

$$a_{当} = a_k + \sum a_i f_i$$

式中：$a_{当}$为铜当量品位(%)；a_k 为主元素铜品位(%)；a_i 为有价共伴生元素品位(%)；f_i 为有价共伴生元素的换算系数，f_i=某一共伴生矿产品产值/铜矿产品产值。

据中国有色金属工业协会统计，2011—2018 年，我国铜矿露天开采的平均回采率基本保持在 98%左右，地下开采的平均回采率维持在 84%~88%。2018 年，我国铜矿露天开采的平均回采率为 98.05%，地下开采的平均回采率为 86.69%。

2.1.3　矿山生产建设规模

矿山生产的建设规模应根据矿床开采技术条件、矿床的勘探程度和资源储量、外部建设条件、工艺技术和装备水平、市场需求、资金筹措等因素，经计算论证和技术经济综合比较后确定。生产规模较大的矿山应研究分期建设的可行性和经济合理性。

国家标准《有色金属采矿设计规范》(GB 50771—2012)中规定了有色金属矿山的生产建设规模，其中铜矿山的建设规模级别为：

大型，≥100 万 t/a 矿石；

中型，30~100 万 t/a 矿石；

小型，<30 万 t/a 矿石。

2.1.4　最低开采规模设计标准

为了促进矿山企业实行与资源储量规模相适应的开采规模，《全国矿产资源规划(2016—2020 年)》对我国 35 种重点矿种设定了最低开采规模设计标准，铜、铅、锌等矿种的最低开采规模设计标准如表 2-4 所示。

表 2-4　铜、铅、锌等 7 种重点矿种最低开采规模设计标准

单位：矿石万 t/a

矿产名称	大型	中型	小型
铜	100	30	3
铅	100	30	3
锌	100	30	3
钼	100	30	3
镍	100	30	3
金(岩金)	15	6	3
硫铁矿	50	20	5

2.1.5 采矿能源消耗限额

根据有色金属行业标准《铜精矿生产能源消耗限额》(YS/T 693—2009)，铜矿采矿能源消耗限额值如表 2-5 所示。其中，露天开采的能耗计算范围主要包括穿孔、爆破、采装、运输、破碎、回填、排水等部分，地下开采的能耗计算范围主要包括采装、提升、运输、破碎、充填、通风、排水等部分。

表 2-5 铜矿采矿能源消耗限额值

开采方式	综合能耗等级指标/(kgce·t^{-1})		
	先进值	新建准入值	限定值
露天开采	0.80	1.30	1.80
地下开采	5.50	6.50	8.00

注：开采能源消耗按矿岩采剥(掘)量计算。

2.2 露天开采

2.2.1 工艺流程与特点

(1)生产工艺流程

露天开采时，通常把矿岩划分成具有一定厚度的水平分层，用独立的采装、运输设备进行开采。在开采过程中各分层形成阶梯状，每一个阶梯就是一个台阶或阶段。一个露天开采过程需要经历的生产工艺环节包括：

①穿孔：对于剥离物、矿物比较坚硬的矿山，需进行矿岩的松碎，松碎最常用的方法是穿孔爆破，穿孔是为爆破提供安放炸药的场所。穿孔设备包括牙轮钻机、潜孔钻机和凿岩台车等，目前以牙轮钻机为主。

②爆破：利用炸药进行爆破，将矿岩从岩体中分离出来。爆破采用的炸药主要有乳化炸药和铵油炸药。

③采装：利用电铲等挖掘设备，将矿石转移出来，装入运输设备。

④运输：把采装出来的矿石运送到选矿厂、破碎站或储矿场，岩石则运到排土场。运输方式主要包括汽车运输、铁路运输、胶带运输以及联合运输等。

⑤排土：将废石运输至排土场或排入邻近采空区。废石运输方式和矿石运输方式基本相同。

(2)技术特点

露天开采适用于矿床埋藏较浅(甚至露出地表)、矿床规模较大的矿体。在露天开采过程中，工作帮的范围和位置随着矿山工程的发展不断改变，由于工作台阶位置和数量的变化，相应的剥离岩石量和采出矿石量也会改变，从而使生产剥采比不断变化。露天开采需要确定开采的合理界限，即露天开采境界，境界剥采比不应大于经济合理剥采比。

露天开采的优缺点如下。

①优点。

a. 露天开采不需要大量的井巷工程，只要将上部覆土及两盘围岩剥离，就可以开采有用矿石，生产工艺相对简单，作业条件好，能够采用大型机械化设备，生产效率高。

b. 开采成本较低，但随着开采深度的增加，剥离量逐渐增大，成本也会逐渐增大。

c. 贫化率低，一般为 3%~9%。

d. 通风良好，安全性高。

②缺点。

a. 矿坑面积大，剥离的大量岩土会占用大量土地，同时造成大面积土地植被遭到破坏，剥离的岩土复垦绿化难度大，治理费用较高。

b. 工作条件受天气影响较大，暴风雨、严寒等恶劣的天气条件对人和设备都有影响。

c. 开采过程中产生的噪声、扬尘等环境影响较大。

2.2.2 缓帮开采与陡帮开采

(1)缓帮开采

传统的露天开采工艺采用缓工作帮开采工艺，简称缓帮开采。缓帮由若干个同时作业的相邻工作台阶组成，每个台阶宽度不得小于最小工作台阶宽度，工作帮坡角较缓，一般为 8°~15°。

(2)陡帮开采

陡帮开采是加陡露天矿剥岩工作帮所采用的工艺方法、技术措施和采剥程序的总称。陡帮开采是在工作帮上部分台阶作业、部分台阶暂时不作业，作业台阶和暂不作业台阶轮流开采，使工作帮坡角加陡，以推迟部分岩石的剥离。

陡帮开采是相对缓帮开采而言的露天开采方式，缓帮开采采用台阶全面开采方式，工作帮坡角较缓；陡帮开采采用台阶轮流开采方式，工作帮坡角可达 18°~35°。

陡帮开采在露天境界内把采矿与剥岩的空间关系在时间上做了相应的调整。在保持相同采矿量的前提下，用加陡剥岩工作帮坡角的工艺方法把接近露天境界圈附近的部分岩石推迟到后期采出。该技术是针对凹陷露天矿初期剥岩量比较大，生产剥采比大于平均剥采比这一技术经济特征，为了均衡整个生产期的剥采比，推迟部分剥岩量，节约基建投资的一项有效的工艺措施。它还可缩短最终边帮的暴露时间，有利于边坡的稳定。

该技术广泛适用于新建矿山、剥离高峰尚未到来的凹陷露天矿以及扩建改造的矿山。当缓帮开采不能均衡经济剥采比时，应采用陡帮开采。

该技术的优缺点见下。

①优点。

a. 基建剥岩量和基建投资少，基建时间短，投产早，达产快。

b. 可缓剥大量岩石，降低露天开采前期剥采比，并有利于生产剥采比的均衡和降低剥采比峰值。

c. 推迟最终边坡的暴露时间，减少最终边坡的维护工作量与费用。

②缺点。

a. 采掘设备上、下调动频繁，影响其生产能力。

b. 运输道路工程量较大，陡帮开采时露天采场一般采用移动坑线，当一个岩石条带剥完后，运输干线需移动一次，修筑新的线路，因而与固定坑线相比，线路的修筑和维护工程量大，费用高。

c. 采场辅助工程量大，陡帮开采时，采场内的供风管、供水管及供电线路移设次数增加，费用增加。

d. 管理工作严格。

2.2.3 分区开采与分期开采

(1)分区开采

分区开采指的是把露天采场划分为若干区段，按一定顺序进行开采的方式。分区开采是在已确定的合理开采境界内，在相同开采深度条件下在平面上划分若干小的开采区域，根据每个区域的开采条件和生产需要，按一定顺序分区开采，以改善露天开采的经济效果。

当矿山开采范围大或矿体自然分为若干区段时，宜采用分区开采。分区开采的矿山宜通过剥采比高低搭配以均衡剥采比。矿体走向很长的纵向开采矿山，宜采用沿走向分区段不均衡推进以均衡剥采比。

(2)分期开采

分期开采是指在整个开采期间内，按开采深度、开采工艺、规模和剥采比等划分为不同开采阶段进行开采的方式。一般按照经济合理剥采比原则，先确定最大境界或最终境界，然后在最大开采境界内再划分分期开采小境界。

开采范围大、生产年限长的矿山，宜采用分期开采。分期开采可以和陡帮开采结合使用，以更好地均衡剥采比。

分期开采与分区开采的区别在于，分期开采一般是在深度上划分开采分区，后期与前期之间必然存在扩帮过渡；分区开采是在平面上划分开采分区，不同分区可以接替开采，也可以同时开采。

2.2.4　应用实例

①德兴铜矿。

江西铜业集团有限公司德兴铜矿位于江西省德兴市，是亚洲最大的露天有色金属矿山。德兴铜矿包括铜厂、富家坞和朱砂红三个矿区，铜厂矿区以大坞河为界，分为南山和北山。德兴铜矿拥有丰富的铜资源，矿藏最显著的特点是储量大而集中、埋藏浅、剥采比小，已探明铜金属储量 900 多万 t，位居全国第一。2021 年平均剥采比为 2.005 t/t，平均回采率达 99.16%。

德兴铜矿于 1958 年开始建设北山矿，1965 年建成，采用地下开采；1971 年建成南山矿，采用露天开采。1977 年北山矿停止地下开采，1980 年闭坑。此后，德兴铜矿均采用露天开采，经过多次分期建设和扩建，形成 13 万 t/d 的采选规模。

铜厂采区采用分区、分期陡帮开采方式，开采顺序采用移动坑线推进，各分区采剥工作独立进行。分区、分期的设计有利于均衡生产剥采比，调节生产能力和剥离洪峰；陡帮开采方式使矿区早见矿、早出矿，推迟边坡形成，有利于边坡调整和最终边坡角的优化，保证二期向三期过渡，延缓矿山建设投资。

富家坞采区有官帽山、张家山两座主山峰，原始标高在 600 m 以上。由于富家坞采区的矿石储量分布的最高标高为 425 m，最低标高为 -325 m，要达到 4.5 万 t/d 的生产能力，上部需要剥离的废石量大、周期较长。为降低前期剥采比，富家坞采矿场采用陡帮开采，提前将近一年时间达到 4.5 万 t/d 的生产能力。

德兴铜矿主要采矿设备有：YZ-35 型牙轮钻机，斗容为 13 m^3、16.8 m^3 和 19.8 m^3 的电铲，R-170、R-190、630E、730E、830E、NTE200、MCC400A 型电动轮汽车，废石胶带运输机等。

②拉拉铜矿。

凉山矿业股份有限公司拉拉铜矿位于四川省会理县绿水镇境内，矿床类型属于前寒武系变质沉积-变质型铜矿床，矿区面积 0.8645 km^2，铜矿储量为 1444.91 万 t，矿石铜平均品位为 0.82%；矿床矿石除主要的铜金属外，还伴生有钴、钼、铁、金、银、硫有益组分及稀土元素等。

拉拉铜矿露天采场如图 2-1 所示。矿区浅部采用缓帮开采工艺进行露天开采，开采标高 1890~2226 m，以 2034 m 封闭圈界分为山坡露天开采部分和凹陷露天开采部分；开采台阶高度为 12 m，开拓方式为公路开拓，汽车运输，由 4 m^3 电铲进行装车；穿孔作业采用 YQ-200 型牙轮钻，逐孔起爆；设计生产能力 5000 t/d，拉拉铜矿 2015 年实际出矿量 182 万 t，平均出矿品位为 0.897%，矿石损失率为 9.50%，贫化率为 9.25%。

图 2-1　拉拉铜矿露天采场

③埃斯康迪达铜矿。

智利埃斯康迪达(Escondida)矿产有限公司埃斯康迪达铜矿位于智利北部的阿塔卡马(Atacama)沙漠，按产量计算，该矿是世界上最大的铜矿。埃斯康迪达铜矿包括埃斯康迪达和北埃斯康迪达两个矿床，属于超大型斑岩型铜-金-银矿床，隐藏于地下几百米。矿床上部为次生矿带，下部为原生矿体。矿石类型主要为原生的黄铜矿、斑铜矿及次生的铜蓝和辉铜矿。该矿铜金属储量 7902.8 万 t，铜品位为 0.8%左右。

该矿于 1990 年投产，设计铜金属年产量超 120 万 t，采用传统的露天开采技术进行开采，整个开采周期内的剥采比为 1.7∶1；采场台阶高度为 15 m，采用钻机钻孔，硝酸铵炸药爆破，挖掘机挖掘，卡车装运到采场内的破碎机进行破碎，破碎后的矿石通过胶带运输机运至选矿厂。

2.3　地下开采

地下开采主要包括矿床开拓、采准、矿块切割和回采等步骤。根据矿床的赋存条件与矿体的产状，从地表向地下掘进一系列井巷通达矿体，使地表与矿床之间形成完整的运输、提升、通风、排土、行人、供电、供水等生产系统，这些井巷的开掘工作称为矿床开拓。在完成开拓工程的基础上，掘进一系列巷道，将阶段划分为矿块，在矿块内为行人、通风、运料、凿岩、放矿等创造条件的采矿准备工作称为采准。矿块切割是指在采准工作的基础上，为回采矿石开辟自由面和落矿空间，从而为矿块回采创造必要的工作条件。回采是从矿块里采出矿石的过程，是采矿的核心。回采通常包括落矿、出矿和地压管理 3 种作业。落矿是指将矿石以合适的块度从矿体上采落下来的作业，铜矿大部分是采用凿岩爆破的方法落矿。出矿是指将采下的矿石从落矿工作面运到阶段运输水平的作业。地压管理包括用矿柱、充填体和各种支护结构维护采空区。根据回采时地压管理方式的不同，采矿方法可划分为空场采矿法、崩落采矿法和充填采矿法三大类。

2.3.1　空场采矿法

(1)技术原理

在空场采矿法中，矿块划分为矿房和矿柱(图 2-2)，先采矿房，并在其回采过程中形成逐步扩大的空场，靠矿柱和矿岩本身强度维持稳定。矿柱通常不回采，回采完毕后应封闭采空区。根据回采特点的不同，空场采矿法可分为全面采矿法、房柱采矿法、留矿采矿法和矿房采矿法等。矿房采矿法又分为分段矿房法、分段凿岩阶段矿房法、阶段凿岩阶段矿房法等。在阶段凿岩阶段矿房法的基础上，又发展出了垂直深孔落矿阶段矿房法(vertical crater retreat method)，简称 VCR 法。

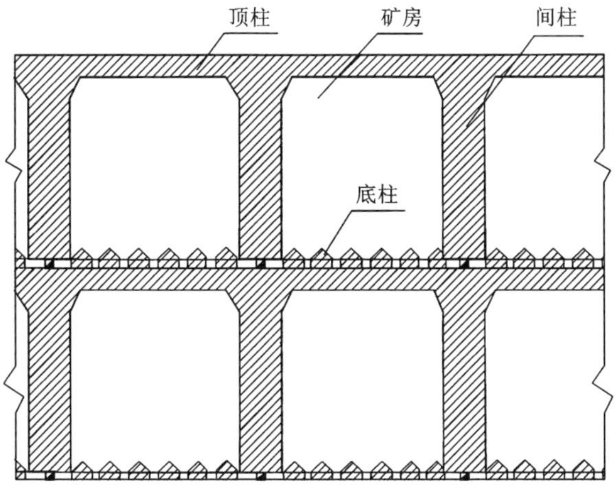

图 2-2　矿房和矿柱的划分

(2)技术特点

使用空场采矿法的基本条件是矿石和围岩都很稳固，采空区在一定时间内，允许有较大的暴露面积。空场采矿法的工艺特点、开采条件及优缺点如表 2-6 所示。

表 2-6　空场采矿法的工艺特点、开采条件及优缺点

序号	采矿工艺	工艺特点	开采条件	优点	缺点
1	全面采矿法	沿矿体走向或逆倾斜方向全面推进，留下不规则矿柱，矿柱一般不回采	适用于矿岩稳固、水平和微倾斜至缓倾斜的矿体，矿体倾角小于 30°，所开采的矿体厚度小于 5 m	a. 工艺简单，采准和切割工作量小，成本较低；生产率高 b. 对矿体形态和倾角变化适应性强，可适用倾角不大于 30°的矿体 c. 应用广泛，技术成熟	a. 由于留下矿柱不回采，造成矿石回采率低 b. 顶板暴露面大，作业安全性差，要求严格的顶板管理和通风管理
2	房柱采矿法	在矿块内交替布置矿房和矿柱，矿房回采过程中，留下连续或间断的规则矿柱，矿柱一般不回采	适用于开采水平、微倾斜、缓倾斜的中厚以下矿体，矿体倾角一般小于 30°	a. 工艺简单，房柱采矿法是劳动生产率较高的采矿方法之一，在国内外的矿山广泛使用 b. 采准切割工程量小，支护工作量少 c. 通风条件良好，新鲜风流自阶段运输平巷经未采矿房的矿石溜井进入切割平巷至矿房中，冲洗工作面后的污风从上山经联络平巷排至上阶段回风平巷 d. 能使用高效大型机械设备，矿房生产能力较高	矿柱矿量所占比重较大，且一般不进行回采，所以矿石损失较大，对于间断矿柱损失量为 15% ~ 20%，对于连续矿柱则高达 40%；可以采用混凝土柱代替自然矿柱，或者改连续矿柱为间断矿柱，以提高矿石回采率
3	留矿采矿法	自下而上逐层回采矿石，崩落的矿石每次只放出约 1/3，其余暂留在矿房中，作为继续上采的工作平台并临时支撑围岩	适用于矿石和围岩基本稳固的薄或中厚矿体，矿体倾角以急倾斜为宜，一般在 65° 以上；倾角小于 60°的矿脉，应采取降低阶段高度、振动放矿等辅助放矿措施	a. 采场结构和回采工艺简单，生产技术易于掌握，管理方便 b. 可利用矿石自重放矿，采准工程量小，采矿成本低	a. 矿柱矿量损失贫化大，且一般不进行回采，矿石损失较大 b. 工人在较大暴露面下工作，安全性差，平场工作繁重，难于实现机械化 c. 矿房回采完毕后，留下大量采空区需要处理 d. 矿房内留下约 2/3 的矿石不能及时放出，积压了大量矿石，影响放矿效率

续表2-6

序号	采矿工艺	工艺特点	开采条件	优点	缺点
4	分段矿房法	在矿块的垂直方向上，将阶段划分为若干分段，以分段作为回采单元进行回采	适用于开采围岩稳固的倾斜和急倾斜中厚或厚矿体，要求矿体倾角不得小于矿石自然安息角，多用于含夹层较少的矿体	a. 回采的作业面多，各分段内独立进行矿房、矿柱的回采，工作面多且互不干扰，并且可使用高效率的无轨装运设备，矿块生产能力大，采矿强度高 b. 作业在暴露面较小的巷道和硐室中进行，安全性好 c. 分段矿房采完后，允许立即回采矿柱和处理采空区，不仅提高了矿柱的矿石回采率，而且为下分段回采创造了良好的条件	a. 每个分段都要掘进分段运输平巷、切割巷道、凿岩平巷等，采准工作量大 b. 矿柱所占比例较高，采用中深孔落矿，矿石损失率、贫化率、大块率高，二次破碎量大 c. 用于开采围岩不够稳固的矿体时，放矿条件差，矿石的损失与贫化有时较大
5	分段凿岩阶段矿房法	以整个阶段为回采单元，将矿房在高度上进一步用分段巷道划分为几个分段，在分段凿岩巷道中进行打眼和爆破	适用于开采倾斜至急倾斜中厚以上矿体	回采强度大，劳动生产率高，采矿成本低，回采作业安全	a. 矿柱矿量所占比例大，可达35%以上，回采矿柱时损失与贫化较大 b. 采准工作量较大
6	VCR法	以整个阶段为回采单元，沿矿房全高钻凿大直径深孔，采用球状药包爆破，自下而上分层落矿，用大型无轨自行设备出矿	适用于矿岩中等稳固以上、矿岩接触面规则的急倾斜厚大或中厚矿体，一般要求开采倾角大于60°	a. 矿块结构简单，省去了切割天井工序，大大减少了矿块的采准工程量和切割工程量 b. 工艺简单，各项作业可实现机械化，生产能力高，效率高，采矿成本显著降低，经济效果好 c. 球状药包爆破对矿石的破碎效果好，降低了大块矿石的概率，有利于后期装运 d. 作业安全可靠，可改善矿工的作业条件	a. 凿岩技术要求高，必须采用高风压的潜孔钻机钻大直径深孔，同时控制钻孔的偏斜技术难度较大 b. 钻孔过程中若遇到矿石破碎带，易发生堵塞，处理较困难 c. 矿体形态变化较大，矿石贫化损失大 d. 要求使用高密度、高爆速、高威力、低感度的球状药包炸药，爆破成本较高

(3)应用实例

①红透山铜矿。

中国有色集团抚顺红透山矿业有限公司红透山铜矿位于我国辽宁省抚顺市，矿区坐落在长白山西脉端，东南北三面环山，总占地面积366万 m^2。矿石主要由黄铜矿、黄铁矿、磁黄铁矿及闪锌矿等四种主要金属硫化物组成，含铜1.7%、锌1.9%、硫15%~20%，伴生有益成分主要有金、银、镉、硒等。

红透山铜矿已连续开采60余年，累积开拓深度超过1700 m，是国内最深金属矿山之一。在开采过程中，随着开采深度的增加，地压显著的频度和强度增加，地质条件也有变化，为适应井下安全高效生产，最终确定采用分段凿岩阶段矿房法：采矿阶段高度60 m，底柱高12.5 m，顶柱高6~8 m；薄矿脉开采时，沿走向布置留间柱3 m，矿房宽度为矿脉宽度，沿走向布置采矿长度40~50 m；开采中厚矿体时，垂直矿脉布置矿房不留间柱，矿房宽度为16~17 m，矿房长度为矿体厚度。该方法具有采矿强度大、供矿稳定等优点，矿房生产能力为200~300 t/d，贫化率为25%~30%，损失率为2%~3%。

②铜绿山矿。

铜绿山矿是大冶有色金属集团控股有限公司的三大主力矿山之一，坐落于湖北省大冶市城区西南约3 km处。铜绿山矿床南北长约2100 m，东西宽约600 m，目前主要开采的Ⅳ号矿体矿岩中等稳固，平均厚度为30 m，平均倾角为60°~70°，走向长度为1000 m，铜平均品位为1.5%，铁平均品位为36.46%。

铜绿山矿自1965年开始建设，1971年正式投产，经过近50年的开采，近地表资源逐渐开发殆尽，已逐步转入深部开采。随开采深部的逐渐增加，地应力逐渐升高，矿岩的稳定性逐渐下降，铜绿山矿通过大量的摸索和现场实践，提出了高分层空场嗣后充填采矿法。该方法采用两步骤回采，矿房阶段高度60 m，预留底柱8 m，不留顶柱和间柱；矿房宽度为6~8 m，当矿体厚度小于15 m时，矿房沿矿体走向布置，当矿体厚度大于15 m时，矿房垂直矿体走向布置。高分层空场嗣后充填采矿法在原有分段空场法的基础上，运用分层充填的回采方式进行回采，降低了分段高度，提高了机械化水平。

2.3.2 崩落采矿法

(1)技术原理

崩落采矿法通过崩落围岩，使围岩充满采空区，达到管理和控制地压的目的。崩落采矿法不划分矿房和矿柱，只有一步回采。根据垂直方向上崩落单元的划分，崩落采矿法可分为单层崩落法、分层崩落法、分段崩落法和阶段崩落法。分段崩落法又可分为有底柱分段崩落法和无底柱分段崩落法。阶段崩落法分为阶段强制崩落法和阶段自然崩落法。

(2)技术特点

由于采空区围岩的崩落将会引起地表塌陷、沉降，所以地表允许陷落是使用该法的基本前提。崩落采矿法的工艺特点、开采条件及优缺点如表 2-7 所示。

表 2-7　崩落采矿法的工艺特点、开采条件及优缺点

序号	采矿工艺	工艺特点	开采条件	优点	缺点
1	单层崩落法	将阶段间矿层划分为矿块，按矿体的全厚进行回采	仅推荐用于地表及围岩允许崩落、顶板岩石不稳固的缓倾斜薄矿体，矿体厚度一般小于 3 m，倾角不大于 35°	采准工作和工作面布置简单	采准和支护工作量大，顶板管理复杂，难以实现机械化，安全条件较差
2	分层崩落法	将矿体划分为矿块，矿块再划分为 2～4 m(一般以 2.5～3 m 为宜)高的水平分层，一般自上而下逐层回采	适用于地表允许崩落、上盘岩石不稳固，矿石品位高、价值大、对矿石贫化损失要求严的矿山	a. 布置方式及回采工艺灵活，矿石可以分采 b. 采准切割简单，矿石回采率高，一般在 90%以上 c. 矿石贫化率低，一般为 4%～5%	a. 工作面比较难实现机械化作业，劳动强度大、效率低，矿块生产能力低 b. 采场支护和造顶材料消耗大 c. 回采工作面通风条件差
3	有底柱分段崩落法	将矿块划分为分段，每个分段下设有出矿专用的底部结构(底柱)，由上而下逐个分段进行回采	适用于地表允许崩落、矿石稳固性中等以上的急倾斜厚矿体或缓倾斜极厚矿体	a. 适用范围广，可用于开采多种条件的矿体 b. 生产能力较大 c. 设备简单，使用和维修方便 d. 通风条件好，有贯通风流	a. 采准切割工程量大，机械化程度低，底部结构复杂 b. 矿石损失贫化较大，一般矿石损失率为 15%～20%，贫化率为 20%～30%

续表2-7

序号	采矿工艺	工艺特点	开采条件	优点	缺点
4	无底柱分段崩落法	将矿块划分为分段，分段不设底柱，分段的凿岩、崩矿和出矿等工作都在回采巷道中进行	适用于地表和围岩允许崩落、矿石稳固性中等以上的急倾斜厚矿体、缓倾斜厚矿体或规模较大的中厚矿体	a. 安全性好，各项回采作业都在回采巷道中进行，二次破碎作业比较安全 b. 采矿方法结构简单，回采工艺简单 c. 机械化程度高，适于采用大型无轨设备 d. 崩矿与出矿以每个步距为最小单元，当地质条件合适时可剔除夹石进行分级出矿	a. 由于回采巷道独头作业，无法形成贯通风流，回采巷道通风困难 b. 每次崩矿量小，矿岩接触面积大，矿石损失和贫化较大 c. 采矿强度不如有底柱分段崩落法 d. 该法矿石损失贫化较大，一般矿石损失率为 15% ~ 20%，贫化率为 20% ~ 30%
5	阶段强制崩落法	在阶段全高划分一个或多个凿岩分段，采用中深孔、深孔或全高一次崩落矿石，一步回采，以阶段全高在崩落的覆盖层下进行大量的放矿	适用于矿体厚度大、形状规整、倾角陡、围岩不够稳固、矿石价值不够高、围岩含有一定品位的矿体	采准工程量小、劳动生产率高、矿块生产能力大、采矿成本低及作业安全	生产技术与放矿管理要求严格、大块产出率高和矿石损失贫化大
6	阶段自然崩落法	回采过程中，整个阶段的矿石在大面积拉底后，借助自重与地压作用逐渐自然崩落，并能碎成适宜尺寸的矿块	适用于矿体厚度大、形状规整、具有中等稳固性的矿体，矿体厚度一般不小于 20 m，倾斜与缓倾斜矿体的厚度应该更大一些；矿石的稳固性要求是当拉底到一定面积时，矿石能自然崩落成符合放矿要求大小的矿石。当矿体有少部分不能自然崩落时，可配合爆破强制崩落	a. 工艺简单、采准工作量小、生产能力大，生产速度为空场采矿法和充填采矿法的 2 ~ 5 倍，采矿损失率小于 5%，贫化率小于 2% b. 开采成本低廉，运营成本为空场采矿法和充填采矿法的 1/6 ~ 1/3 c. 作业安全性好	a. 对矿岩物理性质要求较高，在应用时对矿体开采技术条件的要求相当严格，需要很高的生产管理水平 b. 在放矿过程中存在矿石和崩落围岩直接接触，容易产生较大的贫化损失

(3) 应用实例

①铜矿峪铜矿。

山西北方铜业有限公司铜矿峪铜矿的矿床为火山–气液成因的沉积变质铜矿床，矿床上部露出地表，下部埋藏较深，且品位较低。铜矿峪铜矿于 1958 年开始建设，1975 年正式投产，采用有底柱分段崩落法开采，1984 年开始进行自然崩落法技术改造，1989 年投产，改造后，两种采矿方法同时使用。

铜矿峪铜矿的一期工程主要开采 690 m 主平硐以上的矿体，设计规模为 400 万 t/a，采用电耙出矿工艺；二期工程的开采范围为 690 m 以下的矿体，随着向深部的开采，采场地压危害逐渐加大，不再适合用电耙出矿，改用高效的无轨设备自然崩落法工艺，生产能力从 400 万 t/a 提高到 600 万 t/a，万 t 掘采比由 300 m^3 降低到 170 m^3，矿井需风量由原来的 600 m^3/s 降低到 410 m^3/s，降低了生产成本。

②普朗铜矿。

云南迪庆有色金属有限责任公司普朗铜矿位于云南省迪庆藏族自治州香格里拉市，拥有矿石量 27951.13 万 t，铜金属量 1437570 t，平均品位 0.51%；伴生金矿金属量 36336 kg，银矿金属量 494735 kg，钼矿金属量 55902 t。2017 年正式投产，年采矿量达 1250 万 t，铜精矿含铜产量 5 万 t/a。

普朗铜矿矿体属于厚大矿体，连续性较好，可以形成连续崩落，因此选择了自然崩落法。普朗铜矿一期首采 3720 m 中段以上矿体，矿体最大崩落高度为 370 m，平均崩落高度为 200 m。普朗铜矿首采中段设有 4 个主要水平，从下至上分别为有轨运输水平、回风水平、出矿水平以及拉底水平，上、下水平高差分别为 30 m、20 m 和 16 m，出矿水平和有轨运输水平之间高差为 60 m，拉底水平和出矿水平之间高差为 16 m。

2.3.3　充填采矿法

2.3.3.1　开采工艺

(1) 技术原理

充填采矿法在回采过程中，采用充填料充填采空区，实现地压管理。矿块分矿房和矿柱两步骤回采。充填过程中，可用充填体代替矿柱，以降低矿石损失和贫化率，最大限度地回收矿产资源。根据矿块结构和回采工作面的推进方向，充填采矿法可分为单层充填采矿法、分层充填采矿法、空场嗣后充填采矿法等。根据输送方法的不同，充填方法分为干式充填、水力充填和胶结充填。

充填采矿法所用的充填料包括骨料、胶凝剂及辅助材料和改性添加剂等。骨料主要是废石、尾矿、砂石、戈壁集料、水淬炉渣等。胶凝剂及辅助材料主要包括水泥、粉煤灰、石膏、生石灰、熟石灰、磨细的炉渣、硫化矿物等。改性添加剂主要是为了减少水泥用量，改善充填料浆性能，提高充填质量而添加的辅助药剂，如减水剂、早强剂、速凝剂、缓凝剂、加气剂等。

(2)技术适应性及特点

充填采矿法不仅有利于实现地压管理，保证生产安全，而且可以利用废石、尾矿等固废。近年来，充填采矿法在铜矿得到了广泛应用。如表 2-8 所示汇总了充填采矿法的工艺特点、开采条件及优缺点。

表 2-8　充填采矿法的工艺特点、开采条件及优缺点

序号	采矿工艺	工艺特点	开采条件	优点	缺点
1	单层充填采矿法	用于矿块倾斜全长的壁式回采面沿走向方向，依次按矿体全厚回采，工作面沿走向连续推进，一步回采，矿块间不留矿柱	适用于开采水平和缓倾斜薄矿体。在顶板岩层不允许崩落的条件下，该法是水平和缓倾斜薄矿体唯一可用的采矿方法	a. 矿石回采率高，可达94%左右；贫化率较低，约为7% b. 对于产状复杂的矿体，能够保持岩层稳定，作业安全	a. 采矿效率低、支护工作量大，采矿成本高 b. 不便于采用机械化方法开采
2	分层充填采矿法	将矿块划分为矿房和矿柱，第一步回采矿房，第二步回采矿柱。分层回采矿房，随着工作面推进，逐层充填采空区	上向分层充填采矿法适用于开采矿石稳固、围岩中等稳固、急倾斜和倾斜的各种厚度和形状的矿体。对于矿岩很不稳固、矿石贵重的倾斜和急倾斜矿体，可采用下向分层充填采矿法	a. 采矿和充填工作采用无轨设备机械化作业，机械化程度高，采矿强度较普通充填采矿法高 b. 回采方案较多，对矿体形态变化适应性强 c. 结构简单，采切工作简单，采切比较小，劳动生产率较高 d. 矿石回采率高，贫化率低，经济效益提高	a. 该方法设备投资大，对作业工人技术水平要求较高 b. 增加了充填工序，使回采作业管理复杂，成本提高

续表2-8

序号	采矿工艺	工艺特点	开采条件	优点	缺点
3	空场嗣后充填采矿法	将矿块划分为矿房和矿柱，先用空场法回采矿柱，再进行胶结充填，形成人工矿柱；然后在人工矿柱保护下回采矿房，矿房回采完毕后，进行非胶结充填	中等稳固或稳固的中厚或厚大矿体	a. 兼有空场采矿法和充填采矿法的优点，回采工艺简单，回采率高，易于控制地压，回采作业安全等，且克服了分层充填繁杂作业循环的缺点 b. 多使用中深孔穿爆，生产能力大 c. 一次充填量大，有利于提高充填体质量，降低充填成本 d. 回采与充填工作互不干扰，提高生产效率	a. 高阶段采空区对充填技术要求高，充填难度大 b. 二步骤回采对充填体扰动大，充填体混入后影响矿石出矿品位

(3)应用实例

①凤凰山铜矿。

铜陵有色金属集团股份有限公司凤凰山铜矿位于安徽省铜陵市义安区凤凰山村境内，铜矿石平均品位 1.2%左右。矿山自 1971 年投产，矿山的矿石采选能力为 16.5 万 t/a。2000 年，凤凰山铜矿与铜官山铜矿、金口岭铜矿、铜山铜矿等资源枯竭，已列入关闭破产行列。

该矿所用采矿方法以上向水平分层充填采矿法为主，约占总回采矿量 75%，其余采用浅孔留矿法采矿。上向水平分层充填采矿法自下而上进行分层回采，每分层采出矿石后充入尾砂，用于支撑采空区边帮和作为下一分层回采的工作平台。矿体在垂直方向上以 60~80 m 的高度进行阶段划分并在每个阶段沿矿体走向施工沿脉运输巷道，采场宽为矿体厚度，相邻采场间留 3 m 厚永久间柱，采场留 7 m 高底柱。

②冬瓜山铜矿。

铜陵有色金属集团股份有限公司冬瓜山铜矿前身是狮子山铜矿，位于安徽省铜陵市狮子山区，矿床埋藏深度为-1007~-690 m，属超大型高硫铜矿床，铜矿采选能力为 13000 t/d；矿体为缓倾斜层状矿体，水平走向为 1810 m，最大宽度 882 m，最小宽度 204 m，平均厚度 34 m。

该矿采用大直径深孔空场嗣后充填采矿法，为平硐、竖井与斜坡道联合开拓。矿体按盘区划分，每个盘区 20 个采场，采场长 50 m，宽 18 m，高度为矿体厚度，分两步回采，矿房矿柱结构参数相同。盘区综合生产能力为 2400 t/d，矿石损失率、贫化率均约为 8%。第一步矿柱回采完毕后，采用全尾砂充填系统对采空区进行高强度胶结充填，充填体养护规定时间形成满足强度的人工矿柱后，在其支撑下开展第二步矿房回采作业，最后采用全尾砂充填系统对二步骤采空区进行非胶结充填。

③阿舍勒铜矿。

新疆哈巴河阿舍勒铜业股份有限公司阿舍勒铜矿位于新疆北部阿勒泰地区的哈巴河县境内，生产能力 225 万 t/a，是 1980 年以来探明的大型铜锌矿床之一，600 m 以下为厚大急倾斜矿体。截至 2019 年底，该矿保有铜金属储量 38 万 t，平均品位 2.12%；锌金属 26 万 t，平均品位 1.00%。该矿累计查明铜金属储量 112 万 t，平均品位 2.23%；锌金属 57 万 t，平均品位 1.13%。

该矿采用分段空场嗣后充填法和大直径深孔空场嗣后充填采矿法，采场垂直矿体走向布置，中段高度为 50 m，采场宽 12 m。采场生产能力达 1100 t/d，矿石贫化率为 8%~12%，采矿损失率为 2%~4%，采矿直接成本 130~169 元/t，采用水泥-全尾砂-戈壁集料的充填工艺进行充填，水泥、全尾砂浆、戈壁集料通过各自的供料线按配比要求供至混料漏斗，搅拌后将充填料浆经充填钻孔及井下管道自流输送至采场空区进行充填。全尾砂浆质量分数为 40%~46%，混合胶结充填料浆质量分数为 76%~78%，充填作业每天两班，一个采场（12000 m^3）充填需要 30 d，充填成本 67~105 元。

④谦比希铜矿。

赞比亚境内的谦比希（Chambishi）铜矿由主矿体、西矿体、东南矿体和下盘矿体 4 个矿床组成，主矿体位于卡伏埃背斜西翼，谦比希-恩卡纳盆地的北翼，西矿体 300~500 m 中段矿体厚度大于 25 m，矿体倾角为 31°，矿石铜品位 1.77%。

谦比希铜矿的西矿体 300~500 m 中段采用分段空场嗣后充填采矿法开采，将该区域划分为 6 个盘区，盘区沿矿体走向布置，长度为 360 m；每个盘区分为 2 个回采单元，每个回采单元长度为 180 m；每个回采单元可布置 16 个采场，采场宽度 10 m，矿柱宽度 12.5 m，分段高度 18 m，长度为矿体水平厚度。该法充分发挥了大型机械化设备效率，每个回采单元的综合生产能力为 1946 t/d，盘区综合生产能力为 3892 t/d，西矿体生产能力为 150 万 t/a，出矿品位为 1.68%，矿石损失率、贫化率分别为 8%、10%。

矿石开采后，充分利用井下废石和地表尾矿充填采空区，极大地降低了地表建设尾矿库的费用和部分废石出坑的费用，且在开采过程中及时进行充填，有效地控制了井下地压和地表的塌陷，经济效益和安全效益显著。

2.3.3.2 充填工艺

铜矿充填开采过程中，为了充分利用采选过程中产生的废石和尾矿，一般以尾矿和废石为骨料进行充填，主要有尾砂低浓度充填、尾砂高浓度充填、膏体充填、碎石胶结充填等充填工艺。

2.3.3.2.1 尾砂低浓度充填

(1)技术原理

将尾砂制备成充填料浆并利用充填管网输送到井下采空区形成一定强度的充填体。为了便于管道输送，需要添加大量的水，使充填料浆浓度降低。根据所用的尾砂是否分级，该工艺可分为分级尾砂充填和全尾砂充填。全尾砂细粒级含量较高，井下脱水较为困难，铜矿山早期多采用分级尾砂充填。分级尾砂粒度一般应在37 μm以上，分级设备有脱泥斗、倾斜浓密箱、耙式分级机、螺旋分级机、旋流器等，其中配置最方便的是水力旋流器。随着充填技术的进步，目前逐渐向全尾砂充填方向发展。全尾砂充填时，一般需要采用高效的脱水设备，如深锥浓密机、立式砂仓、压滤机等，前两者在脱水过程中需添加絮凝剂强化脱水效果。为了使充填体的渗透系数和强度达到要求，全尾砂充填中还可能需要添加适量的砂石、戈壁集料、粉煤灰等。

根据是否添加胶凝剂、是否形成胶结充填体，尾砂低浓度充填可分为非胶结充填和胶结充填两种。铜矿山尾砂充填大多采用胶结充填，在对充填体强度不作要求的场合，可以采用非胶结充填。

(2)技术适应性及特点

该工艺适用范围较广泛，对设备和技术的要求相对低，适用于大部分铜矿山。

尾砂低浓度充填的优点是料浆浓度较低，便于采用自流输送，能耗少，管道磨损小，不易发生堵管现象。其缺点是尾砂利用率低，一般只有50%~60%；料浆凝固慢、离析分层、强度低且不均匀；井下脱水量大，胶凝材料及细粒级尾砂流失严重；井下废水、细泥污染环境，排水、排泥费用高；充填体养护时间长，延长回采周期，生产能力低。

2.3.3.2.2 尾砂高浓度充填

(1)技术原理

将分级尾砂或全尾砂制备成较高浓度的充填料浆并利用充填管网输送到井下采空区形成一定强度的充填体，可在充填尾砂中添加一定比例的水泥等胶凝剂制成胶结充填料。高浓度尾砂充填料浆质量浓度远高于低浓度尾砂充填，通常为68%~72%，有时甚至更高。充填料浆在输送管道中输送时，固体颗粒在横断面上呈均匀分布状态，固体颗粒之间不易发生相对位移，充填料浆不易发生离析和沉淀。尾砂高浓度充填所用的尾砂包括分级尾砂和全尾砂，以全尾砂为主。

全尾砂充填料包括+0.25 mm 的粗粒级和-0.25 mm 的细粒级，细粒级与水混合后形成浆体黏附在粗粒级表面，并填充其空隙。尤其是-0.25 mm 的细粒级在高浓度浆体的输送过程中发挥着更加重要的作用：一方面，细粒级在浆体管道的输送过程中，极易趋向于管道周壁，形成润滑层，并阻止粗颗粒下沉或堆积，极大地降低管道输送阻力，减少管道磨损；另一方面，细粒级能确保高浓度充填料浆具有良好的保水性能，使充填料浆不至于在输送过程中产生较明显的沉淀、离析而导致堵管，因而细粒级促使高浓度充填料浆具有良好的稳定性。

(2)技术适应性及特点

该工艺需要使用高效的脱水设备和脱水技术，输送料浆过程中通常需要使用高效的泵送设备。全尾砂高浓度充填技术能够减少矿山固体废料排放，实现无尾化矿山生产，避免了尾砂的工业占地，节省尾矿库征地、建设和维护费用，同时也避免了可能对大气、水体、土壤造成的污染，对保护地表生态环境具有重要的意义；通过尾砂充填可以安全地对残矿进行回采，从而提高矿石回采率，提高矿山经济效益，宜在新建矿山和矿山改造过程中推广应用。其缺点是自流输送较为困难，较易发生堵管现象。

(3)应用实例

拉拉铜矿落凼矿区矿石铜品位为0.78%~1.36%，深部矿段地下开采工程设计规模为132万t/a，2017年开始建设，2020年建成并试车成功。采矿方法包括分段空场嗣后充填法、点柱式上向水平分层充填法和房柱法，其中分段空场嗣后充填法比例约占66%、点柱式上向水平分层充填法约占30%、房柱法(嗣后充填)约占4%。

充填采用分级尾砂作为骨料，以非胶结充填为主，约占95%，胶结充填占5%。选厂尾砂排放浓度约24%，经渣浆泵送至充填制备站，经旋流器分级后底流尾砂粒度以+20 μm为主，自流到立式砂仓储存。非胶结充填时，立式砂仓采用风水联动造浆，放出68%~70%的尾砂浆，自流进入井下充填采空区。胶结充填时，需要添加水泥，灰砂比1：4~1：6，料浆质量分数为70%~72%，在搅拌桶内搅拌均匀后自流至井下充填。该矿充填量为48.54万m^3/a，非胶结充填的充填能力为120~150 m^3/h，胶结充填的充填能力为100~120 m^3/h。该充工艺技术成熟可靠、水泥消耗少、充填成本低，综合效益好。

2.3.3.2.3 膏体充填

(1)技术原理

膏体充填料浆采用粗细级配合理的骨料，如全尾砂，或分级尾砂、河砂搭配细颗粒淤泥等，以水泥、特质胶固粉、粉煤灰、炉渣等为胶凝材料或辅助胶凝材料，按照一定的比例加水混合搅拌而成，通过泵送设备输送至井下采矿区或地表尾矿堆场。相比于尾砂高浓度充填，膏体充填料浆的质量浓度进一步提高，部分骨料可达 75%～88%。由于存在一定量的细粒级且含水率低，充填料浆外观像牙膏，故称之为膏体。膏体具有良好的均质性、悬浮性和稳定性。由于膏体的塑性黏度和屈服切应力大，一般必须采用加压输送。为了防止膏体充填料浆在泵送管路中离析和堵塞，有时需添加减水剂、塑化剂、加气剂等作为泵送剂。

(2)技术适应性及特点

膏体充填过程中，膏体料浆像塑性结构体一样，在管道中作整体运动，膏体中的固体颗粒一般不发生沉淀，层间也不出现交流，膏体在管路中呈柱塞状流动。膏体充填料的内摩擦角较大，凝固时间短，能迅速对围岩和矿柱产生作用，及时控制空区变形。

膏体充填综合运用了微细颗粒材料浓缩脱水技术与设备、高浓度浆体泵送技术与设备、活化搅拌设备、计算机在线控制技术等，具有不沉降、不离析、不泌水等显著优点，能最大限度地利用固废，减少对环境的污染；充填料浆浓度高，减少了水泥用量，降低了充填成本；充填体沉缩率小，接顶率高，充填质量好，强度高；采场无溢流水，改善了井下作业环境，节省了排水及清理污泥费用。其缺点是膏体泵送充填系统一次性投资大，细骨料脱水浓缩、储存和膏体泵压输送技术难度大。

(3)应用实例

①武山铜矿。

武山铜矿全尾砂膏体充填系统是典型高浓度、大流量、长距离、大倍线的全尾砂膏体充填系统。该系统按照满足原矿 5000 t/d 生产规模进行计算，采空区量为 1618 m^3/d，对应充填量为 1832 m^3/d，采用直径 18 m 大型深锥浓密机脱水，单套系统充填料浆流量达 130 m^3/h，充填料浆分数为 74%～76%，充填工业泵输送最大压力高达 12 MPa，输送最长距离达 4.0 km，充填体 28 d 单轴抗压强度(灰砂比 1∶4)达到 5 MPa。该系统于 2020 年建成投产，彻底解决了该矿充填作业对外购江砂的依赖，并且降低了充填成本，提高了充填效率。

②伽师铜矿。

招金集团伽师县铜辉矿业有限责任公司伽师铜矿矿体为砂岩型铜矿，矿体松软，强度极低，顶板无法控制，采场稳定性差；且矿体下盘有 3 条含水层，围岩为黏土岩，遇水易泥化。为保证矿山生产安全，排除富水带与开采区域贯通，预防地表塌陷区的进一步扩展，矿山将无底柱崩落留矿采矿法改为下向分段充填采矿法，采用膏体泵送充填工艺。

该矿膏体充填系统于 2014 年 7 月建成投产，主要包括尾砂浆浓缩系统、骨料-水泥-泵送剂添加系统、膏体搅拌制备系统、泵送系统组成。膏体充填站外貌如图 2-3 所示。充填工艺流程为：选矿厂生产的质量分数为 25%～30%的全尾砂浓缩成质量分数为 70%～72%的底流，经渣浆泵输送到二段双螺旋卧式搅拌槽中，与水泥、泵送剂、粗骨料进行混合搅拌，制备出质量分数为76%~78%的均匀膏体，经柱塞泵泵送至井下采场。充填能力为70~90 m^3/h，年充填量约40万 m^3。

图2-3　膏体充填站

③因民铜矿。

因民铜矿采用深锥浓密机将尾矿浆浓缩至65%~75%，浓缩过程中添加絮凝剂，以提高尾矿浆的沉降速度、降低溢流水含固量。尾矿浆浓密沉降后排出的溢流水回选厂循环使用，浓密后的尾砂料浆与水泥在搅拌桶中充分搅拌制备成膏体充填料浆，通过充填工业泵经管道输送至待充采空区。

2.3.3.2.4　*碎石胶结充填*

(1)技术原理

以废石破碎后得到的碎石为骨料，水泥、胶固粉等为胶凝剂等对采空区进行充填的工艺，称为碎石胶结充填。废石一般来自正在开采的露天、地下采矿场，或已有的废石场，磨碎后的碎石粒径一般为+5 mm。尾砂来自矿山选矿厂。

碎石充填材料输送的方式主要有：①先将碎石倒入采空区，再向碎石中注入搅拌均匀的水泥砂浆，形成碎石胶结充填体；②在碎石倒入采空区的同时，用管路输送水泥砂浆至采空区进行混合；③在待充采空区的上口处，用电耙、铲运机或带折返板的溜槽混合搅拌，而后充填入采空区。

为了充分利用地下矿山掘进废石，碎石胶结充填通常与尾砂胶结充填结合，称为碎石尾砂胶结充填。与普通碎石胶结充填类似，充填过程中，掘进废石破碎至满足要求的块度后倒入采空区内。同时，通过尾砂胶结充填系统往采空区内输送尾砂充填料浆，混合固结后支撑地下采空区。

(2)技术适应性及特点

该工艺适用范围较广泛，无论是大采场或小采场、大规模充填或小规模充填均适用，具有矿石贫化小，生产能力大，能够减小地表废石、尾矿对环境的污染等优点。

(3)应用实例

①丰山铜矿。

大冶有色金属有限责任公司矿业分公司丰山铜矿属大型、中偏高温的矽卡岩、斑岩复合型矿床。矿体沿花岗闪长斑岩体与嘉陵江灰岩接触蚀变带分布，形成南缘和北缘两个矿带。

南缘矿带原采用无底柱分段崩落法进行地下开采，由于矿体开采技术条件复杂，矿石损失率高达 60%以上。1988 年开始进行碎石胶结充填采矿工艺改造，1996 年完成改造。将露天排土场废石破碎为-40 mm 的碎石，以碎石作为充填骨料、325#普通硅酸盐水泥作为胶凝剂开展充填作业。碎石与水泥浆在地表制备后分流下井，在井下-125 m 充填水平进行碎石与水泥浆搅拌混合，用 WG-2 柴油铲运机铲装卸入采空区充填。采场平均采充综合生产能力为 151~180 t/d，平均生产能力为 164 t/d，采矿损失率和贫化率分别为 18.70%和 13.83%。

②建德铜矿。

杭州建铜集团有限公司建德铜矿初建于 1960 年，位于建德市城区西 7 km 处，矿区所处大地构造位置为钱塘褶皱带轴部中段。矿床主要由Ⅰ号单铜矿体和Ⅱ号以铜、锌、硫为主的多金属矿体组成。

Ⅱ号矿体采用上向水平分层胶结充填法采矿。充填骨料为矿井采掘废石，废石采用 PE 400×600 型颚式破碎机粗破、ϕ100 mm 圆锥破碎机细破后，经 MB2730 型棒磨砂机棒磨成-3 mm 砂料。砂料和水泥输送至强力搅拌桶混合均匀后，经充填井自流至井下，并通过井下输送管自流至各充填作业面。充填时灰砂比为 1∶8，浇面时灰砂比为 1∶4，料浆质量分数为 77%。采场生产能力 65 t/d，损失率 4.95%，贫化率 7.72%，充填能力 342.9 m^3/d，充填直接成本 11.31 元/m^3。

③安庆铜矿。

铜陵有色金属集团股份有限公司安庆铜矿采用废石尾砂胶结充填技术进行充填，充填骨料为矿山废石和分级尾砂，胶凝材料为普通硅酸盐水泥。充填过程中，分级尾砂在地表充填制备站搅拌均匀后，通过管道输送，与井下废石同步进入采空区，实现废石与分级尾砂胶结料浆的均匀混合。该矿每年井下掘进工程产生废石量大约 6 万 m^3，采用充填工艺前，一半的废石需被提升至地表堆放，废石量约 8 万 t；采用充填工艺后，这一部分的废石全部用于井下充填，实现了无废石排放。

2.4 露天转地下开采

露天转地下开采是指当矿床覆盖层薄而延伸较大时，上部先用露天开采，接近经济剥采比后，下部转用地下开采的方法。露天转地下开采过程中，露天产量逐渐减少，地下产量逐渐增加，直至露天开采结束，地下开采达到设计规模，这段时间称为过渡期。在露天转地下开采的过渡期间，通常露天与地下同时生产，即露天转地下联合开采，地下采动岩移常常危及露天边坡的稳定性，容易引起露天边坡滑移，威胁露天生产安全；同时，如果露天爆破震动控制不当，则会危害地下工程的稳定性，威胁生产安全。因此，在露天转地下开采的过渡期，普遍存在安全生产条件差和露天地下生产互相干扰的问题。

(1)技术原理

除少数埋藏较浅的矿床全部采用露天开采外，大部分覆盖层不厚但延伸较深的中厚或厚大急倾斜矿床，多采用先露天、后转入地下开采的方式。首先用露天开采方式开采浅部矿床，随着露天开采的深度不断增大，剥采比越来越大，直至接近经济合理剥采比时，开采方式由露天开采向地下开采逐步过渡，直至最终完全转为地下开采。

露天转地下开采技术包括三个阶段：露天开采期、露天转地下开采过渡期和地下开采期。为保证露天边坡稳定性和地下开采安全，露天转地下一般需留设露天、地下境界顶柱，也称为隔离层。隔离层厚度是一个重要的技术和经济指标，隔离层厚度过大会造成资源浪费，过小则会导致生产安全性降低。

露天转地下开采的规划设计包含以下基本原则：

a. 应本着充分发挥露天开采优势和安全生产的原则，合理确定隔离区厚度。

b. 过渡期间的地下开采作业不应影响露天作业的正常进行和安全生产。选择地下开采方法时，应避免发生露天开采与地下开采作业间的不协调现象，注意采装顺序与回采工艺与露天采场开采密切配合，露天采装最终境界应与地下工程间保持足够的距离，避免露天爆破对地下井巷和采场的破坏作用；临近露天底部的穿爆作业不能超深，应控制露天爆破的装药量，采用微差爆破、控制爆破等减震措施，避免使用硐室爆破；合理安排露天开采与地下开采的爆破时间，避免两者之间的相互影响。

c. 露天转地下开采的过渡期，地下开拓系统将逐步形成并具有一定生产能力，此时可充分利用地下巷道和采空区，研究过渡期的矿石和废石运输系统及采矿方法方案，研究露天废石回填地下采空区的可能性，或论证用地下开拓系统提升露天开采矿石的经济合理性。尤其是过渡期较长的矿山，注重露天与地下工程和工艺要素的组合，更能发挥联合开采的优势。

d. 露天转地下开采的过渡期，随着地下开采工作的进行，地下开采的上部可能形成塌陷区，且地下井巷较多与露天采场相连通。因此，过渡期可能出现通风短路、漏风严重、地表水下灌、爆破毒气侵入井下巷道等不利现象，应采取适宜的采矿方法和有效措施预防。

(2) 技术适应性及特点

露天转地下开采技术适用于覆盖层不厚但延伸较深的中厚或厚大急倾斜矿床，是露天开采技术与地下开采技术的结合。

该技术具有如下特点：

a. 露天开采随着开采深度的进行，岩石剥离量逐渐增加，开采费用增加。采用露天转地下联合开采，可以减少剥离量。

b. 露天转地下开采的矿山，露天开采已进行多年，已形成完整的生产系统和配套设施，如选矿厂、机修厂、供水供电网络、排土场等。因此在露天转为地下开采后，可充分利用露天开采原有的设施，有利于过渡的进行。

c. 地下开采基建工程量较大，达产时间较长，而露天开采末期生产能力下降较大，需要研究联合开采技术措施以解决过渡期在时间和产量上的有效衔接问题。

(3) 应用实例

①永平铜矿。

永平铜矿是典型的露天转地下联合开采矿山之一，目前已全面转入地下开采。该矿露天开采于 1985 年投产，设计开采规模为 1 万 t/d。经过 20 多年的露天开采，露天境界的保有储量难以维持设计规模，为了维持矿山稳定生产，实施了露天转地下开采。

露天转地下开采技术改造工程于 2006 年开工建设，2010 年建成投产。为防止地表陷落，减少废石和尾矿排放，地下开采采用分段空场嗣后充填采矿法。充填料浆制备站建于地表，站内设两个立式砂仓、水泥仓、高浓度搅拌槽等，形成了两套制备能力约为 100 m^3/h 的充填料浆制备系统。井下开采主要集中在Ⅱ号矿体和Ⅳ号矿体，2012 年正式开始对井下采空区进行充填，充填方式均为自流输送。截至 2014 年底，Ⅳ号矿体采空区进行非胶结充填，Ⅱ号矿体北部回采矿房(采空区)进行了胶结充填，部分矿柱(采空区)进行了非胶结充填。Ⅱ号矿体南部 -100 m 中段形成的采空区因压力不够，充填料浆自流输送无法到达。2016 年，增添了充填加压泵，开始进行加压，以保证采充平衡。

②丘基卡马塔铜矿。

丘基卡马塔(Chuquicamata)铜矿是智利国家铜业公司(Codelco)旗下第二大

铜矿，它曾是世界上最大的露天铜矿。该矿 1910 年开始开采，其矿石为铜钼矿石，拥有 10.28 亿 t 铜矿石储量，铜品位 0.82%，矿石产量为 18.5 万 t/d，每年铜产量约占全球铜供应总量的 4%。

2019 年该矿进入地下矿的开采，开采期限为 40 年，矿区主巷道长达 7.5 km，配有 4 个送风巷道和 2 个抽风竖井。该地下矿井的开发成本估计为 4.2 亿美元，每天将生产约 14 万 t 矿石，每年生产 36.6 万 t 铜和 1.8 万 t 钼精矿。

本章参考文献

[1] 李文超，王海军，王雪峰. 全国矿产资源节约与综合利用报告—2020[M]. 北京：地质出版社，2020.

[2] 于润沧. 采矿工程师手册(上下册)[M]. 北京：冶金工业出版社，2009.

[3] 王运敏. 现代采矿手册-上册[M]. 北京：冶金工业出版社，2011.

[4] 陈国山. 采矿技术[M]. 北京：冶金工业出版社，2011.

[5] 王青，任凤玉. 采矿学[M]. 2 版. 北京：冶金工业出版社，2011.

[6] 张钦礼，王新民. 金属矿床地下开采技术[M]. 长沙：中南大学出版社，2016.

[7] 于润沧. 金属矿山胶结充填理论与工程实践[M]. 北京：冶金工业出版社，2020.

[8] 自然资源部. 矿产地质勘查规范 铜、铅、锌、银、镍、钼(DZ/T 0214—2020)[S]. 北京：地质出版社，2020.

[9] 住房和城乡建设部，国家质量监督检验检疫总局. 有色金属采矿设计规范(GB 50771—2012)[S]. 北京：中国计划出版社，2012.

[10] 工业和信息化部. 铜精矿生产能源消耗限额(YS/T 693—2009)[S]. 北京：中国标准出版社，2010.

[11] 国家市场监督管理总局，国家标准化管理委员会. 金属非金属矿山安全规程(GB 16423—2020)[S]. 北京：中国标准出版社，2020.

[12] 国土资源部. 国土资源部关于铁、铜、铅、锌、稀土、钾盐和萤石等矿产资源合理开发利用“三率”最低指标要求(试行)的公告(2013 年第 21 号)[EB/OL]，http://g.mnr.gov.cn/201701/t20170123_1429753.html，2013-12-30.

[13] 国土资源部. 全国矿产资源规划(2016—2020 年)[EB/OL]. 自然资源部网站，http://www.mnr.gov.cn/gk/ghjh/201811/t20181101_2324927.html，2016-11-15.

[14] 刘跃伟. 德兴铜矿北山分区分期开采研究与实践[J]. 有色金属(矿山部分)，1998(4)：9-12，24.

[15] 李小军，黄雷波. 富家坞采区陡帮开采设计优化[J]. 铜业工程，2011(4)：19-21.

[16] 许盛林. 德兴铜矿采矿运输设备可持续发展探讨与展望[J]. 铜业工程，2019(2)：20-24.

[17] 卜智强. 拉拉铜矿露天开采贫化损失管理[J]. 四川有色金属，2016(4)：24-26.

[18] 秦萍，张宝德，戴普峰，等. 勠力“铜”心 扬帆远航：党的十八大以来中国铜业有限公司改革发展掠影[J]. 中国金属通报，2017(11)：65-69.

[19] 刘宝廷，宫锐．分段凿岩阶段矿房法在某铜锌矿的应用[J]．有色矿冶，2019，35(3)：12-16.
[20] 戴宏辉．铜绿山矿采矿方法优化研究及应用[J]．采矿技术，2021，21(1)：12-14.
[21] 刘育明．自然崩落法的发展趋势及在铜矿峪矿二期工程中的技术创新[J]．采矿技术，2012，12(3)：1-4.
[22] 曾宪涛．普朗铜矿自然崩落法采矿底部结构稳定性研究[J]．中国矿山工程，2019，48(1)：1-7.
[23] 芮新志，王振乾．凤凰山铜矿上向水平分层尾砂充填采矿法工艺流程技术改进[J]．世界有色金属，2018(1)：66，69.
[24] 王薪荣，徐曾和，许洪亮．空场嗣后充填采矿法工艺技术探讨[J]．中国矿业，2017，26(8)：99-103.
[25] 周强，于先坤．冬瓜山铜矿充填技术的发展与应用实践[J]．现代矿业，2019，35(8)：76-79.
[26] 肖保峰，姚香．阿舍勒铜矿深孔阶段空场嗣后充填采矿法试验与应用[J]．采矿技术，2006，6(3)：195-198.
[27] 李辉，马浩吉，张晋军，等．分段空场嗣后充填采矿方法在谦比希铜矿中的应用[J]．铜业工程，2018(3)：58-61.
[28] 邓良，陈发兴，梁仕义，等．拉拉铜矿充填系统设计研究与实践[J]．中国矿山工程，2019，48(3)：9-13.
[29] 吴爱祥，王勇，王洪江．膏体充填技术现状及趋势[J]．金属矿山，2016(7)：1-9.
[30] 于云龙．武山铜矿新建全尾砂膏体充填系统研究[J]．现代矿业，2019，35(2)：99-103.
[31] WU A X, WANG Y, WANG H J, et al. Paste fill system designs for a broken and water-rich copper mine[C]// Paste 2014. Vancouver, June 2014.
[32] 张华，容文俊，卢鑫，等．全尾砂膏体充填工艺在因民铜矿区的应用[J]．西部探矿工程，2017，29(6)：101-104.
[33] 岑佑华，余琳．丰山铜矿上向分段碎石胶结充填采矿法研究与实践[J]．中国矿山工程，2006，35(2)：1-3，10.
[34] 汪小广．建德铜矿应用废石磨砂胶结充填采空区[C]//2013年第四届中国矿业科技大会论文集．南京，2013：213-215.
[35] 郭利杰，杨小聪，周科平．废石尾砂胶结充填工艺模型试验及在安庆铜矿的应用[J]．有色金属工程，2015，5(5)：55-60.
[36] 陈华．永平铜矿露坑并采初探[J]．铜业工程，2009(3)：1-3.
[37] 朱光明．永平铜矿坑采充填加压输送系统技术探讨[J]．铜业工程，2017(5)：97-100.

第3章 选矿技术

选矿是铜矿石中有价金属(组分)分离富集的重要手段。利用矿物间性质的差异,将铜及共伴生矿物与脉石矿物分离,一方面可以使铜等有价元素得以富集,另一方面可以将脉石矿物尽可能抛弃。硫化铜矿可以选出80%以上的尾矿,铜多金属矿往往也可以选出70%左右的尾矿,并分离出两个或多个精矿,不仅可以明显降低冶炼成本,而且可以大大减少冶炼渣产量。

3.1 铜矿选矿技术指标

铜矿选矿应考虑的技术指标主要包括矿石入选品位、铜精矿质量指标、选矿回收率、共伴生资源综合利用率等。

3.1.1 矿石入选品位

入选品位是指工业上可利用的矿段或矿体的最低平均品位,即在当前技术经济条件下,开发利用在技术上可能、经济上合理的最低品位。矿石入选品位并不是一个独立的指标,它是根据矿床工业指标、精矿质量指标、选矿回收率等指标进行技术经济评价后,得出的一个结果。

理论上,选矿厂只应处理大于工业品位的矿石。当矿石品位介于边界品位与工业品位之间时,称为低品位矿石。低品位矿石单独处理时,通常被认为在技术经济上是不合理的。从选矿厂生产的角度上讲,当市场发生变化,或者通过技术革新、设备改进及管理增效等手段,使低品位矿石产出的边际收益大于其采选所投入的边际成本时,低品位矿石也可以作为资源加以利用。因此,工业实践中,矿石的入选品位通常是大于或等于边界品位,低于或等于工业品位。国家标准《铜矿山低品位矿石可采选效益计算方法》(GB/T 29998—2013)规定了铜矿山低品位矿石采选效益计算方法、低品位矿石采选经济临界品位的计算方法以及铜多金属矿伴生可利用组分的折算方法,可以按照标准进行计算。

根据对全国270个选矿厂2011年生产数据的调查,我国铜矿选矿厂的矿石平均入选铜品位为0.48%。按照矿石种类分类,平均入选铜品位为:硫化铜矿0.47%,氧化铜矿1.13%,混合铜矿0.80%,其他矿石0.45%。按照选矿厂规模分类,平均入选铜品位为:大型0.45%,中型0.78%,小型0.63%。

3.1.2 铜精矿质量指标

铜精矿按化学成分可分为一级品、二级品、三级品、四级品和五级品。铜精矿化学成分应符合有色金属行业标准《铜精矿》(YS/T 318—2007)的规定(表 3-1)。

表 3-1　铜精矿有色金属行业标准

品级	化学成分(质量分数)/%				
	Cu	杂质			
		As	Pb+Zn	MgO	Bi+Sb
一级品	≥32	≤0.10	≤2	≤1	≤0.10
二级品	≥25	≤0.20	≤5	≤2	≤0.30
三级品	≥20	≤0.20	≤8	≤3	≤0.40
四级品	≥16	≤0.30	≤10	≤4	≤0.50
五级品	≥13	≤0.40	≤12	≤5	≤0.60

注：①铜精矿中金、银、硫为有价元素，应报分析数据。②铜精矿中水分(质量分数)不得大于12%，冬季应不大于 8%。③铜精矿中不得混入外来夹杂物，同批精矿要求混匀。

工业上，铜精矿品位含铜一般为 20%~30%，尾矿含铜 0.05%~0.1%。根据对我国 239 座铜矿山 2011 年生产数据的调查，我国铜精矿的平均含量为 21.66%。根据中国有色金属工业协会的统计，2011—2018 年，我国铜尾矿的铜品位均在 0.1%以下。生产者当然希望铜精矿的铜品位越高越好、尾矿品位越低越好，但是为尽可能经济高效回收有价元素，应当兼顾考虑精矿品位、尾矿品位、回收率及选矿成本。

国家标准对铜精矿有害元素、杂质元素和天然放射性核素也有要求，有害元素、杂质元素限量应符合国家标准《重金属精矿产品中有害元素的限量规范》(GB/T 20424—2006)的限值(表 3-2)，天然放射性核素限值应符合国家标准《有色金属矿产品的天然放射性限值》(GB 20664—2006)的要求(表 3-3)。

表 3-2　铜精矿中所含有害元素限量

有害元素	Pb	As	P	Cd	Hg
质量分数/%，≤	6.0	0.50	0.10	0.05	0.01

表 3-3 有色金属矿产品的天然放射性核素活度浓度限制值

天然放射性核素	活度浓度限制值/($Bq \cdot g^{-1}$)
^{238}U	≤1
^{226}Ra	≤1
^{232}Th	≤1
^{40}K	≤10

3.1.3 选矿回收率

根据原国土资源部发布的《铜矿资源合理开发利用“三率”最低指标要求(试行)》(2013 年第 21 号公告),选矿回收率应达到如表 3-4 所示的指标要求。

表 3-4 铜矿选矿回收率指标要求 单位:%

矿石类型	结构构造类型	硫化矿铜品位≥1.0 混合矿铜品位≥1.5 氧化矿铜品位≥3.0			0.6≤硫化矿铜品位<1.0 1.0≤混合矿铜品位<1.5 1.5≤氧化矿铜品位<3.0			0.4≤硫化矿铜品位<0.6 0.6≤混合矿铜品位<1.0 1.0≤氧化矿铜品位<1.5			硫化矿铜品位<0.4 混合矿铜品位<0.6 氧化矿铜品位<1.0		
		粗中粒	细粒	微细粒	粗中粒	细粒	微细粒	粗中粒	细粒	微细粒	粗中粒	细粒	微细粒
硫化矿	块状、粒状结构	90.0	87.5	86.0	88.5	86.0	84.0	86.5	84.0	82.0	83.0	80.5	79.0
	条带状构造	89.5	86.5	85.0	87.5	85.0	83.0	86.0	83.0	81.5	82.0	80.0	78.0
	似层状、网脉状构造	87.5	85.0	83.0	86.0	83.0	81.5	84.0	81.5	80.0	80.5	78.0	76.5
	浸染状、交代结构	86.5	84.0	82.0	85.0	82.5	80.5	83.0	80.5	79.0	79.5	77.5	76.0
混合矿	块状、粒状结构	87.0	84.5	83.0	85.5	83.0	81.0	83.5	81.0	79.5	80.0	77.5	76.0
	条带状构造	86.0	83.5	82.0	84.5	82.0	80.0	83.0	80.0	78.5	79.0	77.0	75.5
	似层状、网脉状构造	84.5	82.0	80.0	83.0	80.0	78.5	81.0	78.5	77.0	77.5	75.5	74.0
	浸染状、交代结构	83.5	81.0	80.0	82.0	79.5	77.9	80.0	77.9	76.0	77.0	74.5	73.0
氧化矿	块状、粒状结构	78.5	76.0	74.5	77.0	74.5	73.0	75.0	73.0	71.5	72.0	70.0	68.5
	条带状构造	77.5	75.0	74.0	76.0	74.0	72.0	74.5	72.0	71.0	71.5	69.0	68.0
	似层状、网脉状构造	76.0	74.0	72.0	74.5	72.0	71.0	73.0	70.8	69.5	70.0	68.0	66.5
	浸染状、交代结构	75.0	73.0	71.5	74.0	71.5	70.0	72.0	70.0	68.5	69.0	67.0	66.0

据调查,我国选矿厂选矿铜平均回收率为 89.10%。按照矿石种类分类,铜平均回收率为:硫化铜矿 89.49%,氧化铜矿 73.13%,混合铜矿 84.88%,其他矿石 87.86%。按照选矿厂规模分类,铜平均回收率为:大型 89.53%,中型

86.26%，小型 88.09%。

3.1.4　共伴生资源综合利用率

根据《铜矿资源合理开发利用“三率”最低指标要求(试行)》，共伴生矿产资源的综合利用率指标要求如表 3-5 所示。矿山的矿产资源综合利用率可以根据地质矿产行业标准《矿产资源综合利用技术指标及其计算方法》(DZT 0272—2015)计算。

据调查，我国铜矿山共伴生有锌、铅、钼、金、银、铁、硫、钨、锡、钴、铋等 10 余种元素，共伴生综合利用率为 53.60%。其中：镍、钨和锌的选矿回收率较高，分别为 88.12%、80.76%和 78.28%；铅和钼的选矿回收率较低，仅分别为 42.57%和 54.78%。

表 3-5　铜矿山矿产资源综合利用率指标要求　　单位：%

铁回收状态	露天开采或 Cu≥1.2%地下开采			Cu 0.6%~1.2%地下开采			Cu≤0.6%地下开采		
	矿石含硫品位			矿石含硫品位			矿石含硫品位		
	>10.0	2.0~10.0	≤2	>10.0	2.0~10.0	≤2	>10.0	2.0~10.0	≤2
无铁/不回收铁	65.0	55.0	50.0	55.0	50.0	45.0	50.0	45.0	40.0
易选铁	55.0	50.0	45.0	45.0	42.0	40.0	40.0	37.0	35.0
中等可选	47.0	43.0	40.0	40.0	38.0	36.0	37.0	35.0	32.0
难选铁	40.0	37.0	35.0	36.0	34.0	32.0	35.0	32.0	30.0

3.1.5　选矿能源消耗限额

根据有色金属行业标准《铜精矿生产能源消耗限额》(YS/T 693—2009)，铜矿选矿能源消耗限额值要求如表 3-6 所示，能耗计算范围主要包括矿石破碎、磨矿、浮选、脱水、尾矿排放、供水、药剂制备等部分。

表 3-6　铜矿选矿能源消耗限额值

综合能耗	等级指标/(kgce · t^{-1})		
	先进值	新建准入值	限定值
选矿能源消耗	5.00	6.00	6.50

注：选矿能源消耗限额值按选矿处理量计算。

3.2 硫化铜矿选矿工艺

硫化铜矿常用的浮选工艺包括混合浮选工艺、部分混合浮选工艺、优先浮选工艺、部分优先—混合浮选工艺、等可浮工艺、浮选与磁选联合工艺等。

3.2.1 混合浮选工艺

(1)技术原理

①硫化铜矿石混合浮选工艺。

硫化铜矿石的浮选关键是将硫化铜和硫化铁分离。浸染状硫化铜矿石中铜和硫的含量低，铜硫比相对较大，此类铜矿石常采用混合浮选工艺分离得到铜硫混合精矿并丢弃尾矿，称为铜硫混浮。铜硫混合精矿的铜、硫一般需要进一步分离得到铜精矿和硫精矿，这一过程往往需要对铜硫混合精矿再磨后再进行分离。硫化铜矿石混浮原则流程如图 3-1 所示。如果硫化铜矿石中含有金、银、钼等稀贵金属，为防止石灰高碱环境对伴生稀贵金属的抑制，并实现后期铜、硫的高效分离，需要在低碱环境下采用高选择性捕收剂浮选。

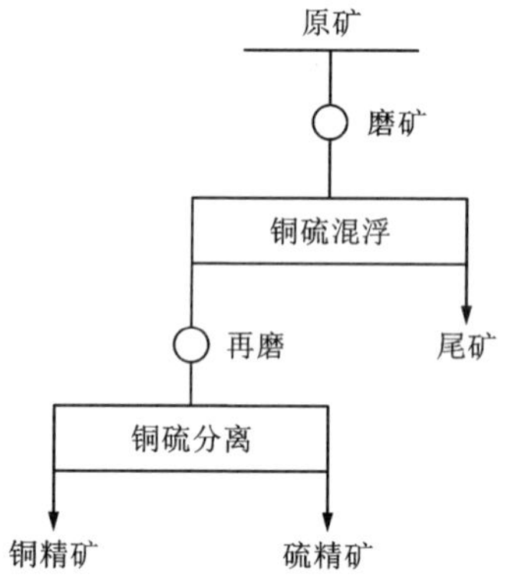

图 3-1　硫化铜矿石混浮原则流程图

②铜铅锌硫化矿石混合浮选工艺。

针对铜铅锌硫化矿石，其混合浮选工艺一般是在第一段磨矿后将铜、铅、锌、硫全部浮出，抛弃尾矿；然后将混合精矿再细磨，进行铜铅浮选及其分离，锌、硫则进入铜铅浮选尾矿中，原则流程如图 3-2(a)所示。当原矿中含硫较高时，通过锌硫分离、硫浮选得到硫精矿，原则流程如图 3-2(b)所示。

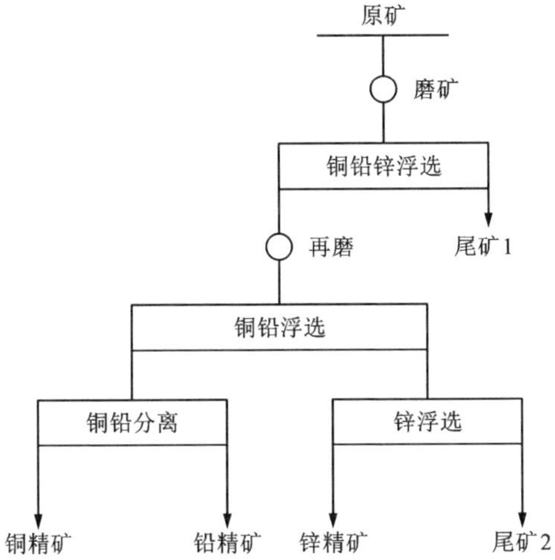

(a) 流程 1

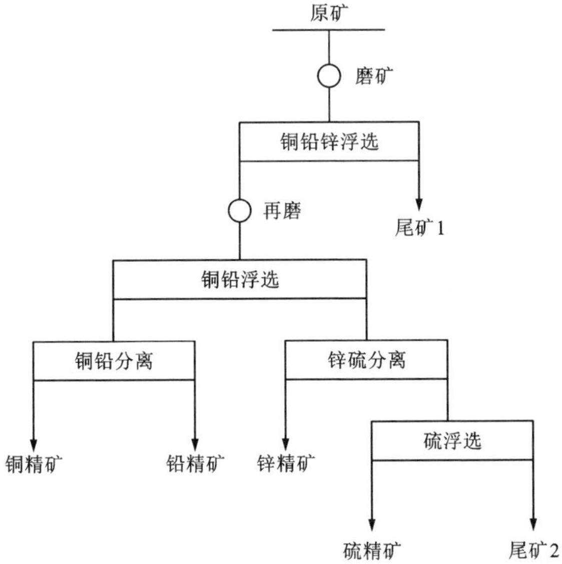

(b) 流程 2

图 3-2　铜铅锌硫化矿石混合浮选原则流程图

③铜钼硫化矿石混合浮选工艺。

斑岩铜矿居世界铜储量前列，几乎都伴生有辉钼矿，统计表明，钼储量中约有 30%伴生于斑岩铜矿和矽卡岩铜矿床中。在回收硫化铜矿物的同时，一般需要考虑钼的回收。斑岩铜矿的铜钼硫等硫化矿物多呈粗粒集合体嵌布，可浮性较好，常采用铜钼硫化矿石混合浮选流程进行回收，其原则流程如图 3-3 所示。

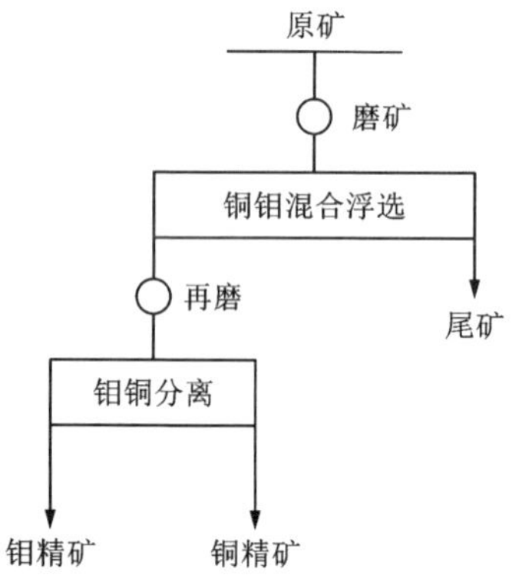

图 3-3　铜钼硫化矿石混合浮选原则流程图

(2)技术适应性及特点

混合浮选工艺是多金属硫化矿石浮选中常用的工艺流程，适用于品位低(脉石含量较多)、有用矿物致密共生的复杂矿石。矿石中矿物多呈集合体，在粗磨条件下，可浮选得到混合精矿。由于在粗磨之下浮选就能丢弃大部分脉石，使得进入后继作业的矿量大为减少，因此与优先浮选流程相比，混合浮选工艺具有节省磨浮设备、降低电耗、节省药剂量和基建投资等优点。然而，处理富矿时，混合浮选优点不太突出。此外，该工艺流程也存在有用矿物之间分离较为困难、精矿品位不高等缺点。

(3)应用实例

①德兴铜矿泗洲选矿厂。

德兴铜矿属特大型斑岩铜矿山，矿石类型以细脉浸染型硫化矿为主。矿石中铜矿物主要为黄铜矿，其次为辉铜矿、蓝辉铜矿、铜蓝、黝铜矿、砷黝铜矿等，少量孔雀石、斑铜矿等。其他主要金属硫化物为黄铁矿，其次为极少量的磁黄铁矿。钼的独立矿物为辉钼矿，钼、铼主要存在于辉钼矿中。金主要以自然金存在，其次为金银矿，黄铁矿和黄铜矿是金、银的主要载体矿物。脉石矿物主要有石英、绢云母、绿泥石、白云母、伊利石、黑云母等。矿石平均品位为：Cu 0.476%，S 2.00%，Mo 0.0108%，Au 0.20 g/t，Ag 1.02 g/t。

德兴铜矿泗洲选矿厂采用铜硫混浮再磨再选工艺进行生产，日处理矿石 3.8 万 t，工业试验工艺流程如图 3-4 所示。捕收剂为 Mac-12 和丁基黄药，粗选 Mac-12 用量为 20~24 g/t、丁基黄药用量为 10~20 g/t，矿浆 pH 为 8.0~9.0，铜回收率达 85%以上，品位可达 25%以上，伴生金、银回收率分别可达 65%、60%以上。该厂采用高选择性 Mac-12 捕收剂低碱度分离技术进行浮选，每年减少使用 2 万 t 石灰，有效地提高了铜及伴生金、银的回收率。

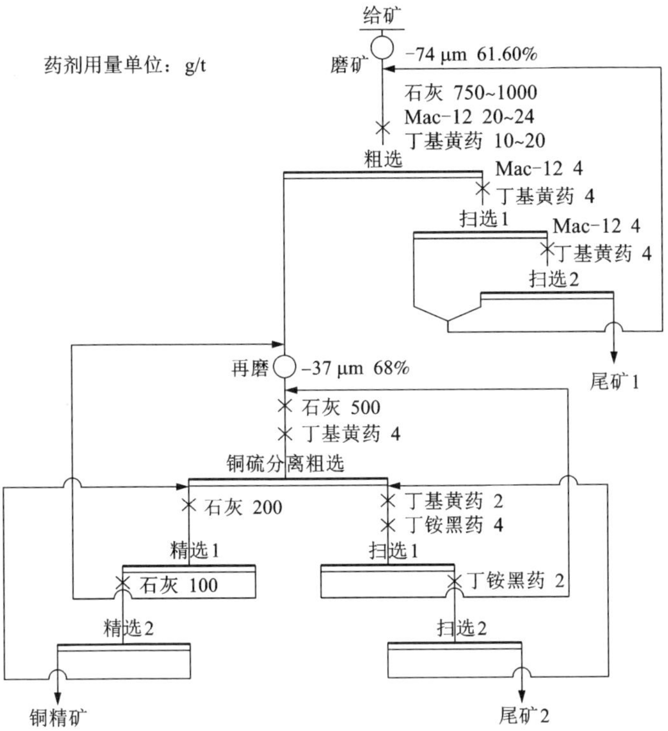

图 3-4 德兴铜矿泗州选矿厂工业试验工艺流程图

②甲玛铜矿。

西藏甲玛铜矿矿石种类复杂多变，总体上分为两类，一类为露天矿石，另一类为井下矿石。其中，露天矿石又分为角岩矿石和南坑矿石，矿石中有价回收元素为铜，其次为钼、金及银。露天矿石中的角岩矿石含硫较高，最高达 6%左右，铜矿物以黄铜矿为主，并含有少量的次生铜矿物。南坑矿石氧化率(20%～60%)高低不等。角岩矿石和南坑矿石铜的平均品位为 0.45%左右。井下矿石含硫量较低，虽然铜矿物以黄铜矿为主，但铜的品位较高，平均品位为 0.7%左右。

西藏甲玛铜矿采用混合浮选工艺对铜、金、银等各金属进行回收，选矿厂日处理矿石 4.0 万 t，原矿综合铜品位为 0.57%左右。针对品位较低的露天矿石和品位较高的井下矿石，分别采用如图 3-5(a)、图 3-5(b)所示的生产工艺流程。该选矿厂铜回收率为 75.65%，金回收率为 43.01%，银回收率为 55.72%，钼回收率为 22.38%。此外，选矿厂利用闲置浮选机设计了一套独立的快速浮选系统，达到有用金属“能收早收”的目的，有效延长了精选系统的浮选时间，同时缓解了粗扫选作业的浮选压力。

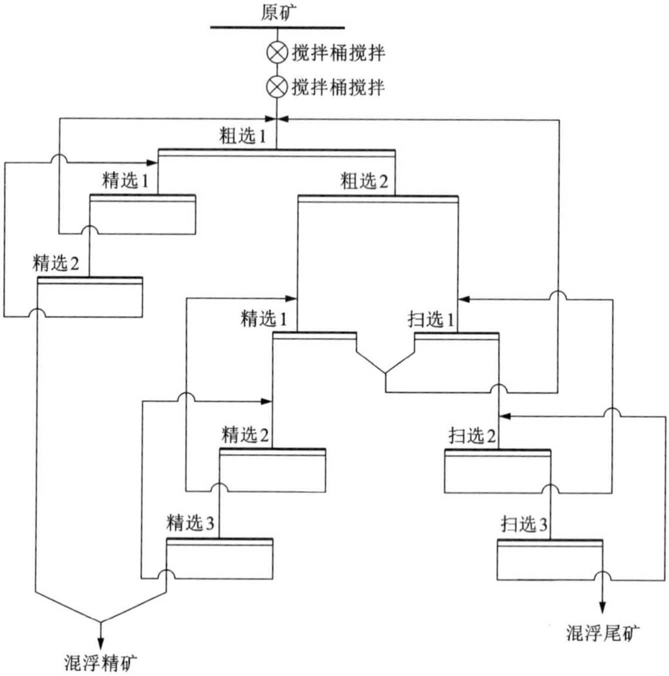

(a) 露天矿石处理流程

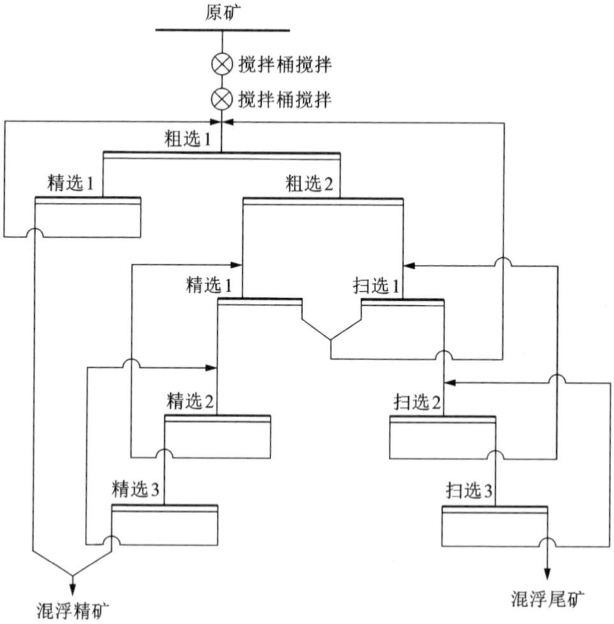

(b) 井下矿石处理流程

图 3-5　西藏甲玛铜矿露天矿石生产工艺流程

3.2.2 部分混合浮选工艺

(1)技术原理

部分混合浮选工艺是三种或三种以上金属(有价组分)矿物的多金属硫化矿石常见的浮选工艺。

①铜铅锌硫化矿石部分混合浮选工艺。

针对铜铅锌硫化矿石的分选常常将易浮的铜铅矿物与相对难浮的锌硫矿物分别浮出，得到混合精矿，然后再进行铜铅和锌硫的浮选分离，浮选原则流程如图3-6所示。

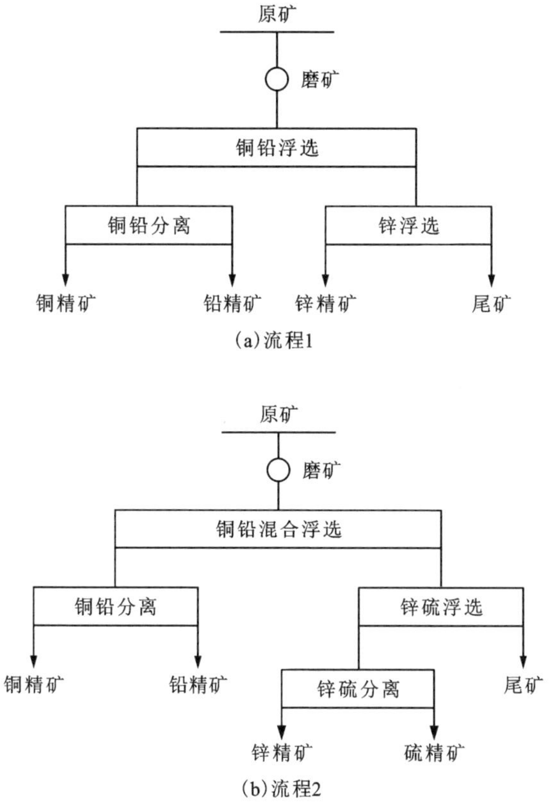

图3-6　铜铅锌矿石部分混合浮选原则流程图

②铜锌硫化矿石部分混合浮选工艺。

铜锌硫化矿石部分混合浮选流程考虑锌矿物可浮性较差，在不加或少加抑锌药剂条件下，选出铜硫，锌矿物则在铜矿物混合浮选尾矿中加活化剂选出；得到的铜硫混合精矿可经再磨、脱药后，优先浮选出铜，槽中产物则为硫精矿，原则流程如图 3-7(a)所示；当矿石中有易浮锌矿物部分进入铜硫部分混合浮选精矿中，可再进行锌硫分离，得出部分锌精矿，浮选原则流程如图 3-7(b)所示。

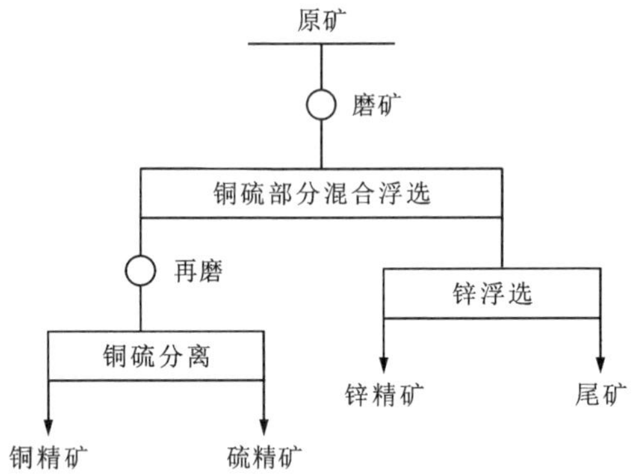

(a)流程1

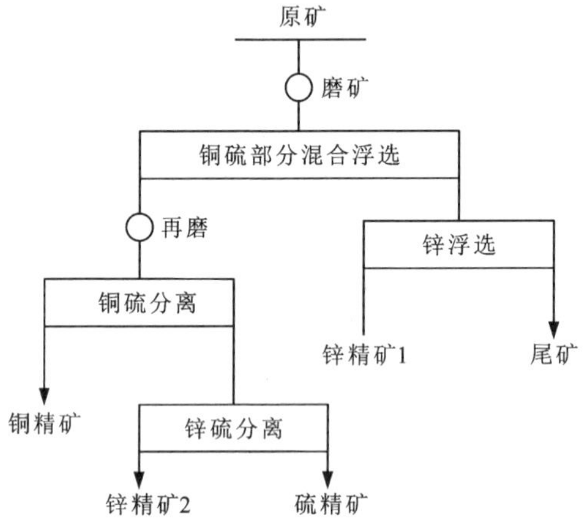

(b)流程2

图 3-7 铜锌硫化矿部分混合浮选原则流程图

(2)技术适应性及特点

部分混合浮选流程兼有优先浮选和混合浮选两种流程的特点，浮选分离的工艺条件方便控制，因此，被广泛采用。目前，我国大多数的铜铅锌硫化矿选矿厂应用此工艺流程。

3.2.3 优先浮选工艺

(1)技术原理

优先浮选工艺是对含两种或两种以上有价金属(组分)的矿石，一种有价金属

(组分)采用一个浮选循环选别，按有价金属(组分)矿物可浮性由高到低顺序依次浮选后丢尾的浮选工艺。

①硫化铜矿石优先浮选工艺。

当致密块状硫化铜矿石中黄铁矿含量高、脉石少时，采用抑硫浮铜的优先浮选工艺，浮选尾矿即是硫精矿；或者当脉石含量高时，再进行铜尾矿选硫。硫化铜矿石优先浮选原则流程如图 3-8 所示。

②铜镍/钴硫化矿石优先浮选工艺。

铜镍/钴硫化矿石优先浮选原则流程如图 3-9 所示：优先浮选铜矿物，钴或镍被抑制，浮铜尾矿再选钴或镍。

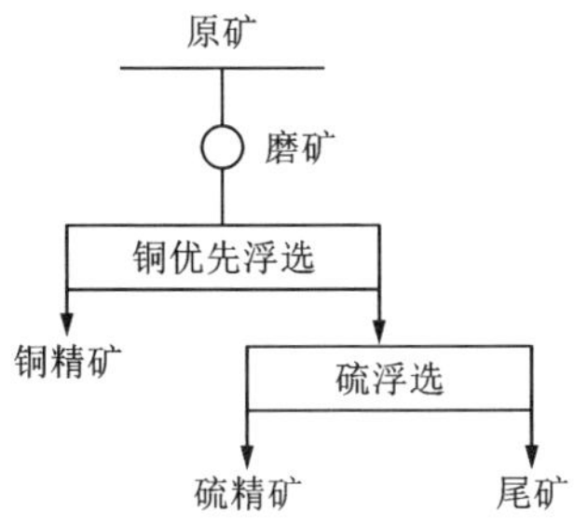

图 3-8　硫化铜矿石优先浮选原则流程图

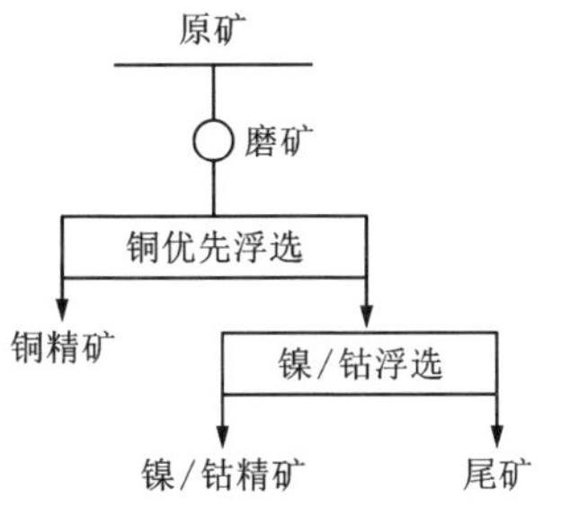

图 3-9　铜镍/钴硫化矿石优先浮选原则流程图

③铜锌硫化矿石优先浮选工艺。

铜锌硫化矿石优先浮选流程是按照矿物可浮性由高到低的顺序，先浮选铜，再浮选锌、硫，浮选原则流程如图 3-10 所示。该浮选流程在矿石简单、闪锌矿未被活化，铜、锌、硫三种矿物可浮性差异较大时，才可获得较好的浮选指标。对于复杂矿石难以获得较好的浮选指标，原因在于锌、硫经强烈抑制，而后活化再选时，其可浮性大为降低。

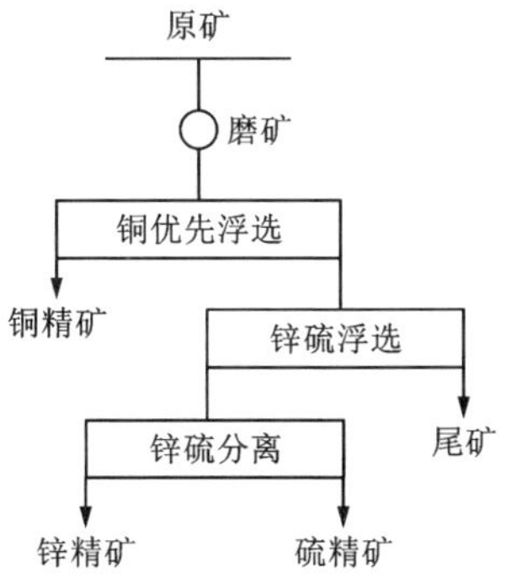

图 3-10　铜锌硫化矿石优先浮选原则流程图

④铜铅锌硫化矿石优先浮选工艺。

铜铅锌硫化矿石优先浮选流程先浮选铅，得到铅精矿，再浮选铜、锌、硫，分别得到铜精矿、锌精矿和硫精矿，铜、锌、硫浮选工艺与铜锌硫化矿石优先浮选工艺类似，浮选原则流程如图 3-11 所示。

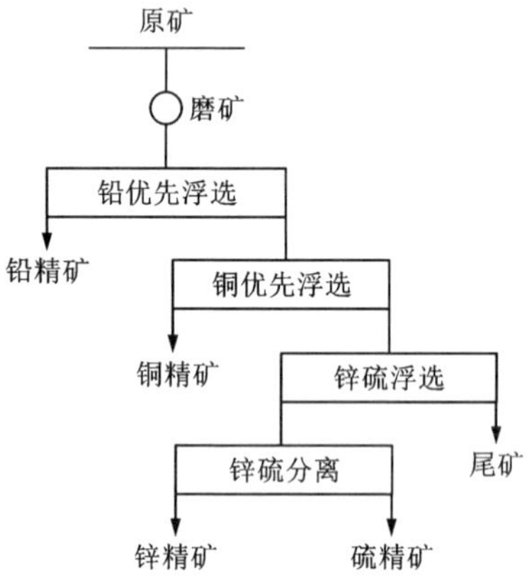

图 3-11　铜铅锌硫化矿石优先浮选原则流程图

(2)技术适应性及特点

优先浮选工艺适合处理成分简单、可回收有用矿物种类不多、有用矿物之间的浮选差异较大的硫化矿石。例如，对于铜硫矿，一般是先浮铜，然后再浮硫。致密块状含铜黄铁矿，矿石中黄铁矿的含量相当高，常采用高碱度、提高捕收剂用量的方法浮铜矿，抑制黄铁矿。其尾矿中主要是黄铁矿，所以尾矿便是硫精矿。对于浸染状铜硫矿石，也常采用优先浮选工艺，浮铜后的尾矿再浮硫。为了降低浮硫时硫酸的消耗及保证安全操作，浮铜时，尽量采用低碱度的工艺条件。

(3)应用实例

①武山铜矿。

武山铜矿铜矿物种类繁多，主要有黄铜矿、辉铜矿、兰辉铜矿、斑铜矿、黝铜矿-砷黝铜矿、孔雀石等；脉石矿物主要为石英、方解石、高岭土、白云母、透辉石、石榴子石等；伴生金银主要以自然金银独立矿物相存在，绝大部分为包裹体金银，其次为裂隙金银和粒间金银。

武山铜矿根据铜、硫矿物可浮性差异，采用优先浮选工艺，原则流程和工艺流程图分别如图 3-12 和图 3-13 所示。根据铜浮选中矿(铜精选 1 尾矿)的解离特性，将其返回旋流器分级，粗颗粒再磨。根据矿石含泥高且黏性大的特点，在选硫之前进行分级脱泥。该工艺得到的铜精矿品位可达 23. 15%，铜回收率可达 86. 68%。

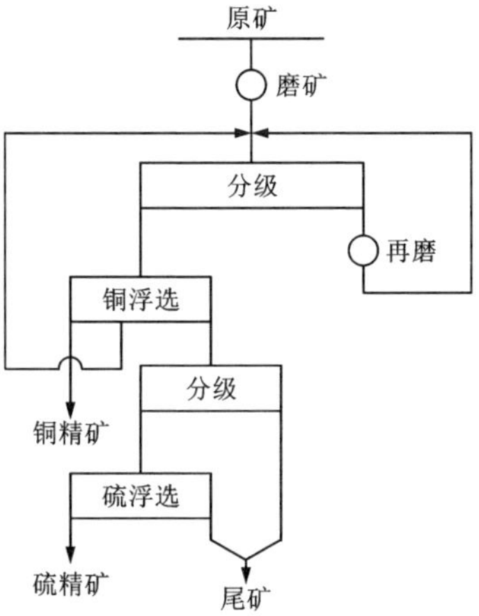

图 3-12　武山铜矿浮选原则流程图

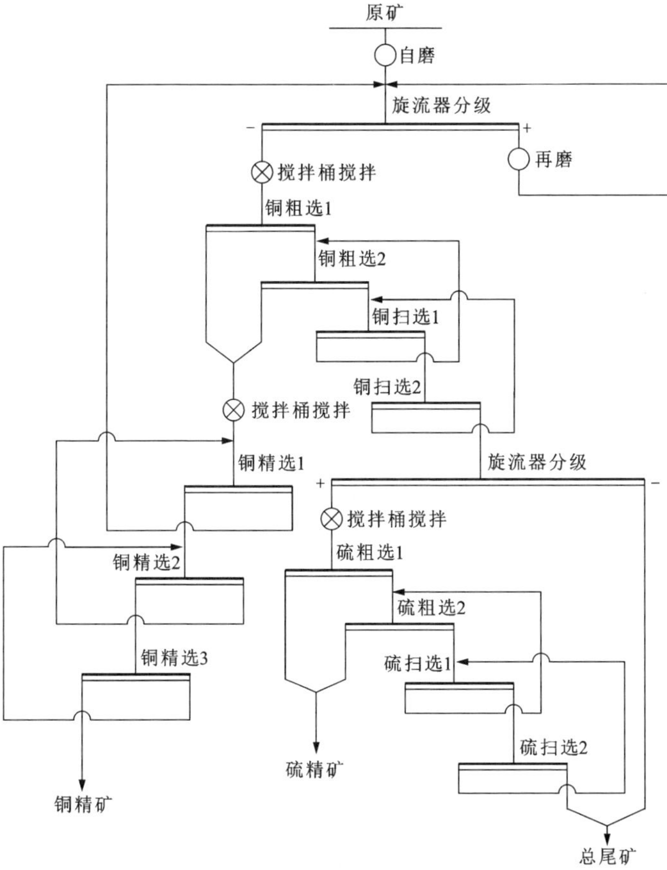

图 3-13　武山铜矿选矿工艺流程图

②乌拉尔铜锌矿。

乌拉尔地区在俄罗斯铜、锌生产中占十分重要的地位，是处理铜、铜锌矿石及精矿的采选冶基地。乌拉尔铜锌矿石的特点是嵌布粒度很细，铜矿物和锌矿物与黄铁矿和脉石矿物紧密连生，黄铁矿含量高达70%，黄铁矿易浮。

优先浮铜后，在添加石灰乳的高碱度矿浆中采用戊基黄药和起泡剂进行铜锌混合浮选、铜锌混合粗精矿再分离的流程，可获得良好的浮选指标。乌拉尔选矿厂扩大试验选矿指标为：处理铜品位为1.46%、锌品位为0.46%的加伊斯克矿石时，铜精矿铜品位为15%，铜回收率为85%，锌精矿锌品位为45%，锌回收率为32%；处理铜品位为3.6%、锌品位为1.2%的列特里叶矿石时，铜精矿铜品位为15%，铜回收率为82%，锌精矿锌品位为45%，锌回收率为45%。

3.2.4 部分优先—混合浮选工艺

(1)技术原理

该技术的原理是将矿石中的一部分易浮的铜先浮选出来，得到铜精矿；再将其余的铜及有用组分通过混合浮选并进一步分离，得到二段铜精矿。铜部分优先浮选时，宜采用选择性好的硫氨酯等选择性捕收剂在低碱度下浮选。

①硫化铜矿石部分优先—混合浮选工艺。

该工艺原则流程如图3-14所示。该工艺通过优先浮选得到铜精矿1，对优先浮选的尾矿进行铜硫混合浮选和铜硫分离，得到铜精矿2。

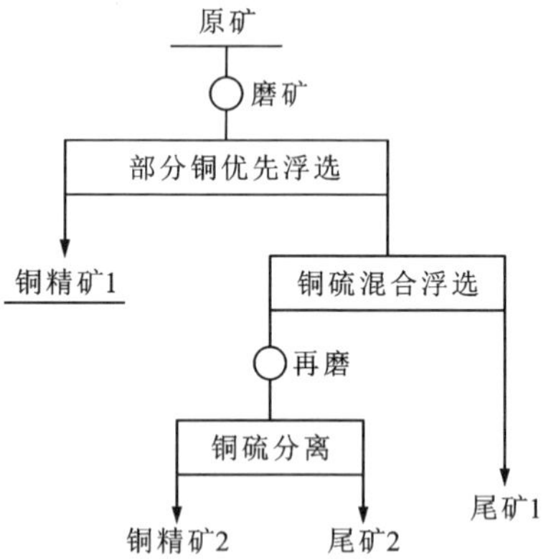

图3-14 硫化铜矿石部分优先—混合浮选工艺原则流程图

②铜钴/锌硫化矿石部分优先—混合浮选工艺。

该工艺原则流程如图3-15所示。首先选出易浮铜矿物，产出部分合格铜精矿；然后将优先浮选尾矿进行混合浮选，选出其余的氧化铜矿物、某些次生硫化铜等难浮铜矿物，以及可浮性与之相近的钴/锌矿物，得到混合精矿；再对混合精矿进行铜与钴/锌浮选分离。

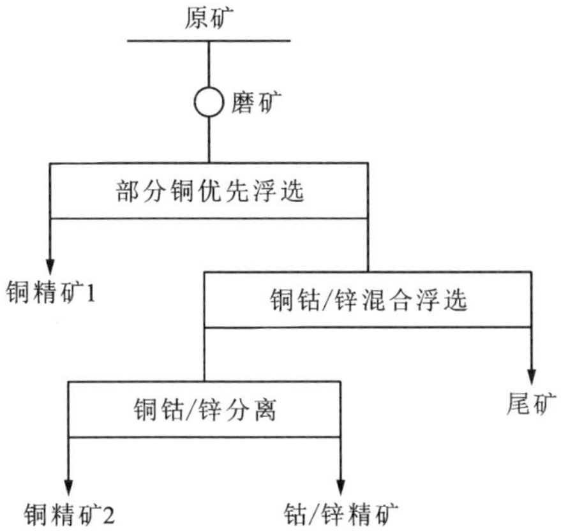

图 3-15　铜钴/锌硫化矿石部分优先—混合浮选工艺原则流程图

(2)技术适应性及特点

粗选段先在低碱度环境下用少量高选择性的铜矿物捕收剂优先浮出单体铜矿物及富铜连生体，再用强捕收剂回收贫连生体、大部分硫及其他有用矿物，避免了高石灰用量下对易浮硫矿物的抑制，在后续混合浮选时，也不需要大量酸活化。

(3)应用实例

①德兴铜矿大山选矿厂。

德兴铜矿大山选矿厂成立于 1988 年，设计规模为 6 万 t/d，1991 年建成 3 万 t/d 生产系统，1994 年建成其余 3 万 t/d 生产系统。2002 年实现了 6 万 t/d 达产达标，2005 年形成了 6.2 万 t/d 生产能力。2010 年大山选矿厂 3 万 t/d 扩建项目完成，形成 9.2 万 t/d 生产能力。

为提高铜精矿品位，该选矿厂于 2000 年提出部分优先—混合浮选工艺方案：粗选段先用少量高选择性的铜矿物捕收剂优先浮选出单体铜矿物及富铜连生体，再用强捕收剂回收贫连生体、大部分硫及其他有用矿物。该工艺较好地解决了铜硫分离中石灰高碱条件对辉钼矿严重抑制问题，实现了铜钼矿物的协同高效浮选回收。改进前的混合浮选工艺和改进后的部分优先—混合浮选工艺流程如图 3-16 所示。工业对比试验结果表明，与混合浮选工艺相比，铜精矿的铜品位和回收率分别提高 2.20 和 0.31 个百分点，钼品位和回收率分别提高 0.25 和 35.99 个百分点。

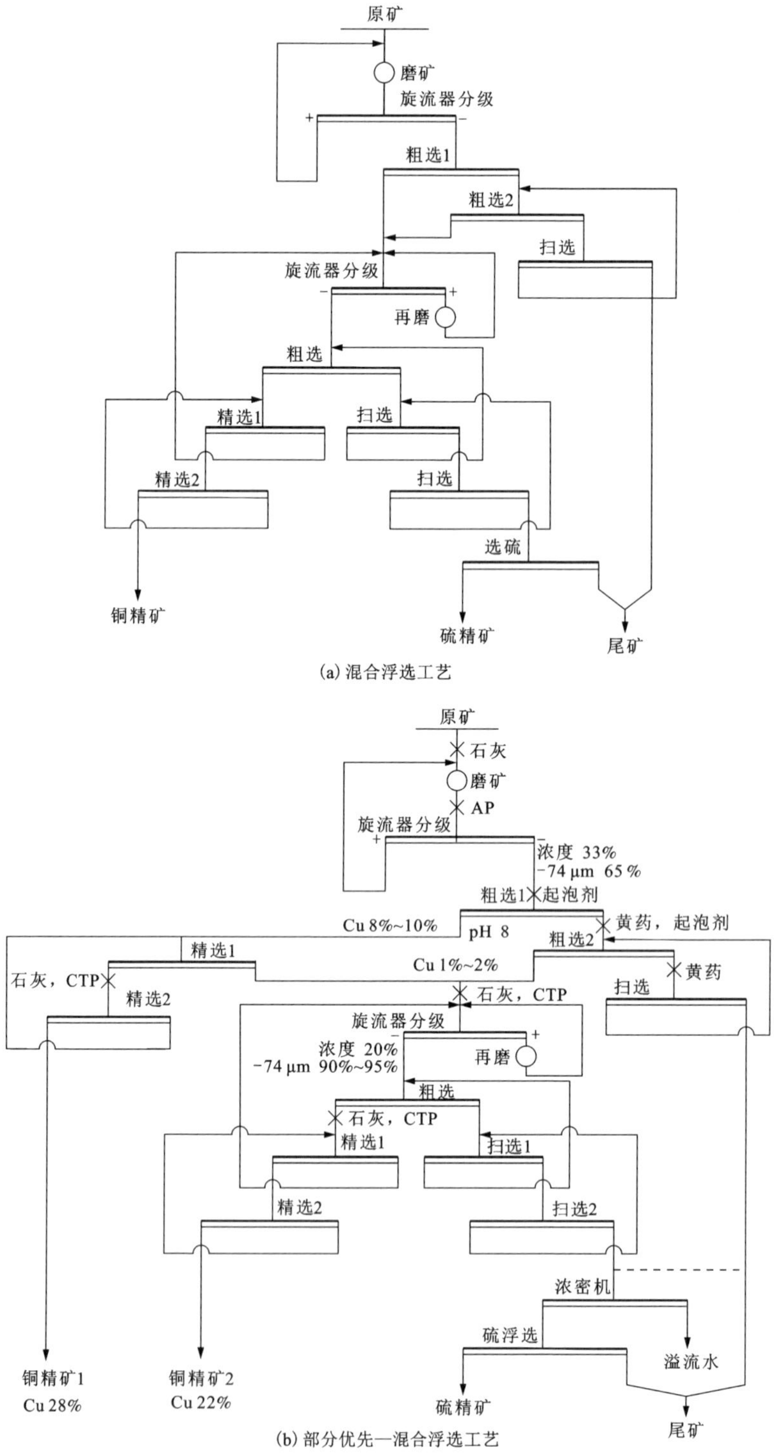

图 3-16　大山选矿厂改进前和改进后的工艺流程图

②冬瓜山铜矿。

冬瓜山铜矿是狮子山矿区的深部矿床，属热液蚀变的接触变质原生硫化铜矿石，由含铜磁黄铁矿、含铜蛇纹石、含铜矽卡岩、含铜黄铁矿、含铜磁铁矿、含铜玢岩等多种含铜矿石组成。矿石成分复杂，这些矿物之间的共生关系紧密，赋存关系复杂，是国内外较少见的难选硫化矿石之一。其铜金属储量104.68万t(铜平均品位1.024%)；硫元素储量1801.26万t(硫平均品位17.63%)。

冬瓜山铜矿选矿原则流程如图3-17所示。选矿工艺中，主流程采用铜部分优先—铜硫混合浮选工艺，部分优先浮选作业的粗精矿与混合浮选粗精矿再磨分离的粗精矿合并后精选产出铜精矿。实践表明，冬瓜山铜矿选矿厂可分别获得含Cu 22.79%、S 31.87%、Fe 31.62%的铜精矿，含S 31.53%、Fe 53.00%的硫粗精矿；Cu、S的回收率分别为89.06%、39.87%。

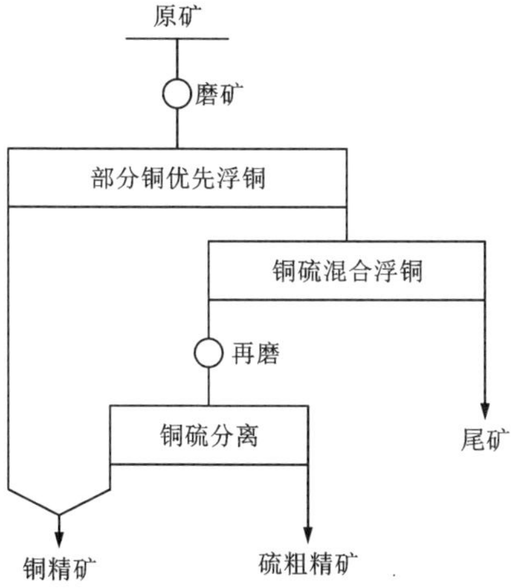

图3-17　冬瓜山铜矿选矿原则流程图

③浙江平水铜矿。

浙江平水铜矿建于1967年，位于绍兴市东南12 km处，为中低温热液交代充填黄铁矿型多金属原生硫化矿床，金属矿物主要为黄铁矿，其次为闪锌矿、黄铜矿以及微量斑铜矿、黝铜矿、方铅矿、赤铁矿，脉石矿物主要为石英、绢云母、硫酸钡、方解石及碳酸盐类等；原矿含Cu 0.86%，Zn 1.50%，S 41.67%。

浙江平水铜矿选矿原则流程如图3-18所示，该矿采用原矿粗磨，部分优先浮选铜，铜锌再混合浮选、混精再磨分离的流程，获得了含Cu 18.63%的铜精矿、含Zn 50.30%的锌精矿、含S 39.45%的硫精矿，Cu、Zn、S的回收率分别为85.49%、80.54%、79.44%。

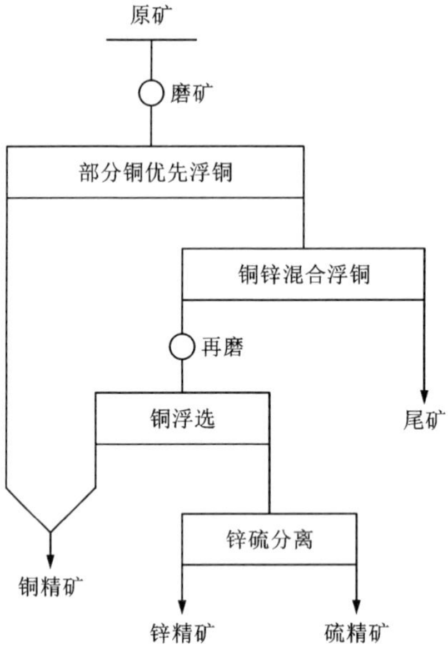

图 3-18　浙江平水铜矿浮选原则流程图

④阿舍勒铜矿

阿舍勒铜矿是一个大型铜锌黄铁矿多金属矿床，矿石结构和矿物之间嵌布关系复杂，主要金属矿物有黄铁矿、黄铜矿、砷黝铜矿和闪锌矿，其在矿石中的质量分数分别为：黄铁矿 66. 49%；黄铜矿 5. 81%；砷黝铜矿 0. 63%；闪锌矿 1. 76%。黄铜矿是矿石中最主要的铜矿物，不规则产出，以微粒为主。黄铜矿与黄铁矿关系非常密切，常与砷黝铜矿共生在一起，或以集合体形式嵌布在黄铁矿颗粒之间。矿石性质表明此矿石是非常复杂难选的，铜锌分离困难。

设计的选矿流程为铜锌混浮混精再磨后分离浮选，即在-74 μm 占 85%的磨矿细度下进行铜锌混合浮选，为三粗两扫浮选流程。将得到的混合粗精矿进行再磨，再磨细度为-45 μm 占 95%，然后进行铜锌分离浮选，采用一粗三精三扫流程，得到的浮选泡沫为最终铜精矿产品，铜锌分离浮选尾矿进行锌硫分离浮选，生产锌精矿。在后续的生产过程中，基于“早收快收”选矿原则，阿舍勒铜矿对生产工艺流程进行了改进，采用部分优先—混合浮选工艺流程，流程如图 3-19 所示。采用该工艺，可获得含 Cu 20. 37%、Zn 2. 36%的铜精矿产品，铜回收率可达 89. 34%。

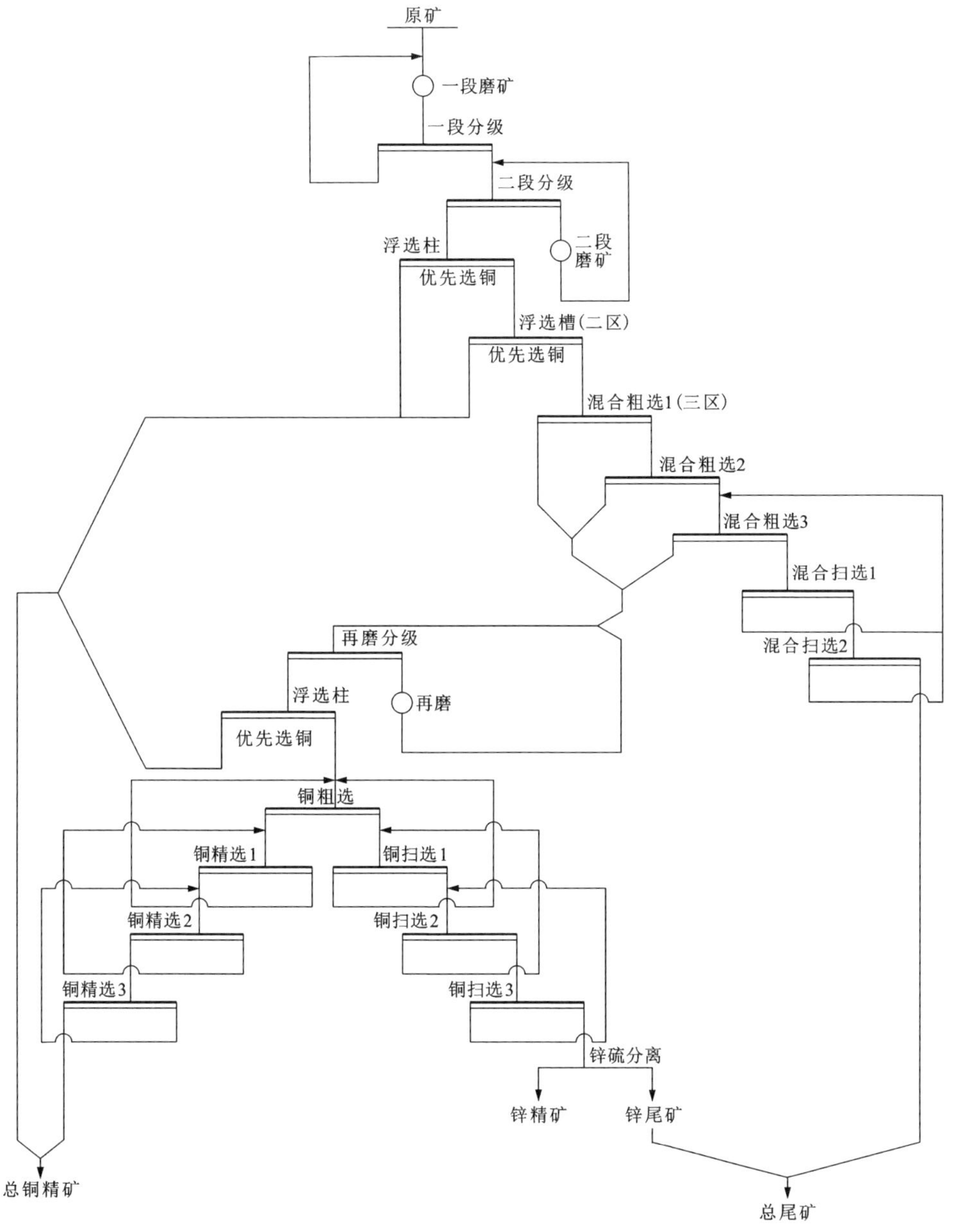

图 3-19　阿舍勒铜矿选矿工艺流程

3.2.5 等可浮工艺

(1)技术原理

等可浮工艺是根据可浮性相等的原则，在浮选一种主要有用矿物的同时，将另一种矿物中可浮性相同的部分一并浮出，形成混合精矿，而后再分离。

①硫化铜矿石等可浮工艺。

该工艺在粗选时采用低 pH 条件，使铜矿物与黄铁矿的连生体及部分易浮黄铁矿进入泡沫产品中，所得等可浮精矿经再磨后进行铜硫分离，得到铜精矿和硫精矿1；对等可浮尾矿进行硫浮选，得到硫精矿 2。其浮选原则流程如图 3-20 所示。

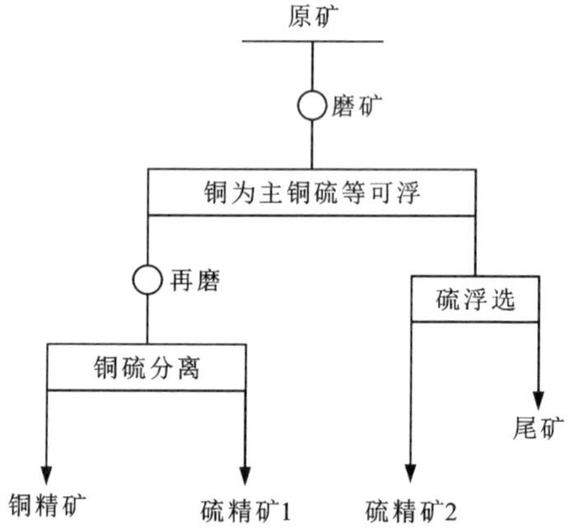

图 3-20 硫化铜矿石等可浮原则流程图

②铜钼硫化矿石等可浮工艺。

该工艺利用铜钼矿石中易浮的铜矿物与钼矿物可浮性相近的特性，在等可浮作业中不加或者少加铜矿物的活化剂，将易浮铜与钼矿物一起浮选，得到铜钼混合精矿 1；相对难浮的铜矿物与硫矿物混合浮选再分离，得到铜精矿 2 和硫精矿。铜钼硫化矿石等可浮原则流程如图 3-21 所示。

③铜锌硫化矿石等可浮工艺。

当铜锌硫化矿石中含有易浮和难浮两种可浮性的锌矿物时，无论是采用优先浮选或者是混合浮选流程，均不能获得较好的分选指标，所得精矿产品互含较高，回收率降低。等可浮工艺则利用矿石中易浮的锌矿物与铜矿物可浮性相近的特性，在等可浮作业中不加锌矿物的活化剂，而与铜矿物一起浮游，在等可浮作业中也只加少量选择性较强的捕收剂，以免下一步铜锌分离时产生困难。这样将可浮性难、易的锌矿物分别在不同的作业中浮选，有利于控制分选条件，可获得较好的分选指标。铜锌硫化矿石等可浮原则流程如图 3-22 所示。

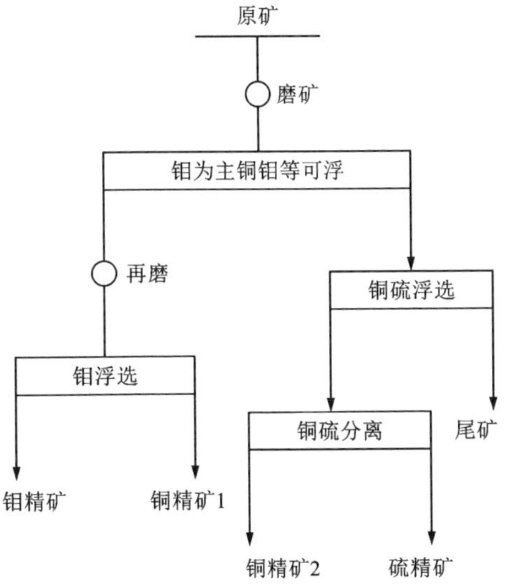

图 3-21　铜钼硫化矿石等可浮原则流程图

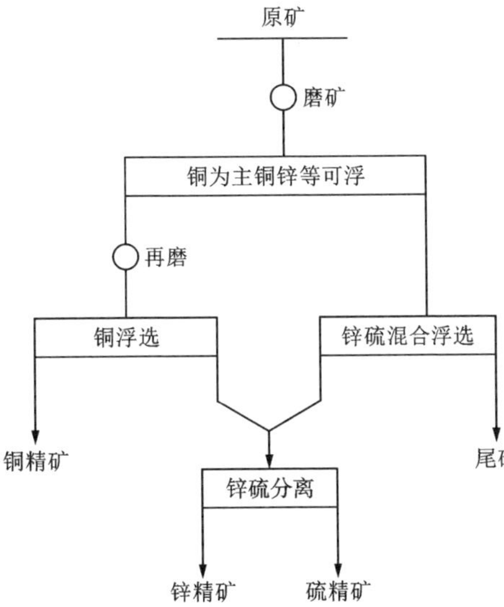

图 3-22　铜锌硫化矿石等可浮原则流程图

④铜铅锌硫化矿石等可浮工艺。

针对铜铅锌硫化矿石，把易浮的锌、硫矿物与较难浮选的锌、硫矿物分别选别到铜铅混合粗精矿和锌硫混合粗精矿中，再进一步分选，最终可以得到铜、铅、锌、硫精矿产品。该流程可以免去对易浮的锌矿物的活化和随后分离时的强抑制，也可免去对难浮锌矿物的抑制和随后浮选时的强活化。铜铅锌硫化矿石等可浮原则流程如图 3-23 所示。

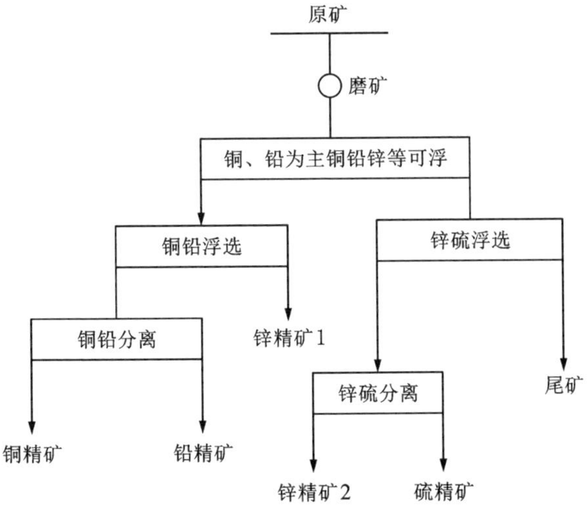

图 3-23　铜铅锌硫化矿石等可浮原则流程图

(2)技术适应性及特点

它适合于处理同一种矿物包括易浮与难浮两部分的复杂多金属矿石。由于等可浮工艺避免了强拉强抑，有利于后续的浮选分离。该流程一般可以获得较好的技术指标，并且药剂消耗量少；主要缺点是流程相对复杂、循环多，设备投资大，运行费用相对较高。

(3)应用实例

①多宝山铜矿。

多宝山铜矿属大型铜矿床，位于黑龙江省嫩江县北部大兴安岭隆起带与松辽沉降带的衔接部位，铜矿物主要为斑铜矿、黄铜矿、铜蓝和赤铜矿等。其中：黄铜矿作为最主要的硫化铜矿物，以微粒状或星条状分布于脉石矿物中；钼主要以辉钼矿形式散布在脉石矿物的裂缝；金则以原生金或金银矿的形式嵌在斑铜矿和黄铜矿中；铁存在于黄铁矿和磁铁矿。此外，非金属矿主要由石英、斜长石、绢云母、绿泥石、方解石、磷灰石和锆石等组成。原矿含 Cu 0.491%、Mo 0.0115%、S 41.67%。

多宝山斑岩铜钼矿的浮选试验表明，采用等可浮浮选方案选别该斑岩铜钼矿是行之有效的。与混合浮选方案相比，等可浮浮选方案利用变压油作捕收剂不仅可获得较优的铜钼混合精矿，钼回收率和品位分别为 90.77%和 0.80%，而且使钼精矿的钼回收率提高 18%以上，钼品位提高 5%以上。

②玉龙铜矿。

西藏玉龙铜矿位于西藏昌都市江达县，为超大型铜矿。金属矿物主要有黄铁矿，其次是黄铜矿、铜蓝、蓝辉铜矿、辉铜矿、斑铜矿、褐铁矿、磁铁矿、黄钾铁矾，极少量的辉钼矿、辉铋矿、脆硫铜铋矿、硫砷铜矿、块铜矾、斜方辉铅铋矿(含银)、白钨矿、黑钨矿等；脉石矿物主要为石英和云母、长石、方解石、辉石和黏土类矿物，另外就是少量的石榴子石、绿帘石、滑石及含量甚微的榍石、磷灰石、锆石、独居石等。其中，玉龙铜矿Ⅱ矿体混合矿原矿铜品位 1.89%、硫品位 25.62%。

玉龙铜矿于 2013 年 6 月建成一座处理量 1200 t/d 的选矿试验厂，并于 6 月底进行了工业调试，工艺流程如图 3-24 所示。工业试验得到了 Cu 21.36%、S 31.84%的铜精矿和 S 45.35%、Cu 0.52%的硫精矿，铜、硫的回收率分别为 75.05%、87.69%。

3.2.6 浮选与磁选联合工艺

(1)技术原理

矽卡岩型铜矿作为铜硫铁矿主要的矿石类型，在我国辽宁、河北、湖北和安徽等地均有分布。此类矿石铜品位不高，铜矿物以黄铜矿为主，铁矿物则以磁铁

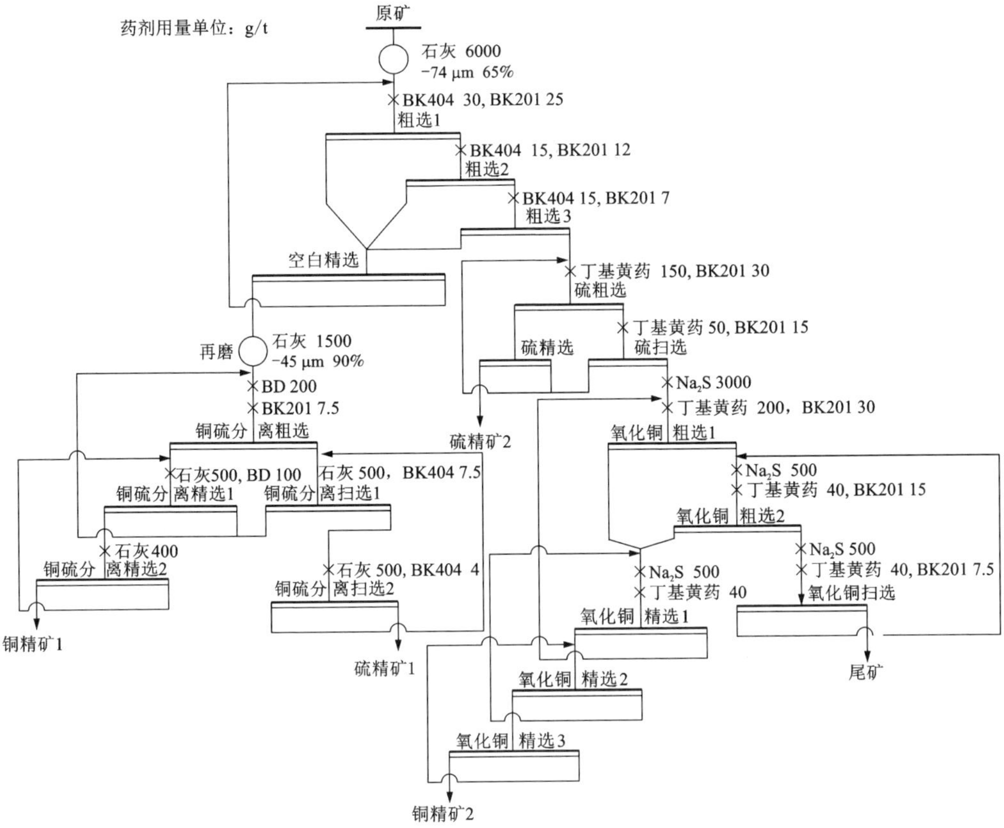

图 3-24 玉龙铜矿选矿工业试验工艺流程图

矿、黄铁矿和磁黄铁矿为主。该类型矿石常采用浮选与磁选联合工艺。

①优先浮铜—磁选磁铁矿工艺。

当铜硫铁矿石中硫含量较低时，其选矿流程与浮选单一硫化铜矿物相同，原则流程如图 3-25 所示。

②铜硫混合浮选—混合精矿再磨分离—铁磁选工艺。

如图 3-26 所示的流程适用于矿石中硫含量低的硫化铜硫铁矿石，其选矿流程与浮选浸染状硫化铜相同。

③优先浮铜—硫浮选—磁铁矿磁选—铁精矿脱硫工艺。

当矿石中硫含量较高时，浮选原则流程如图 3-27 所示。

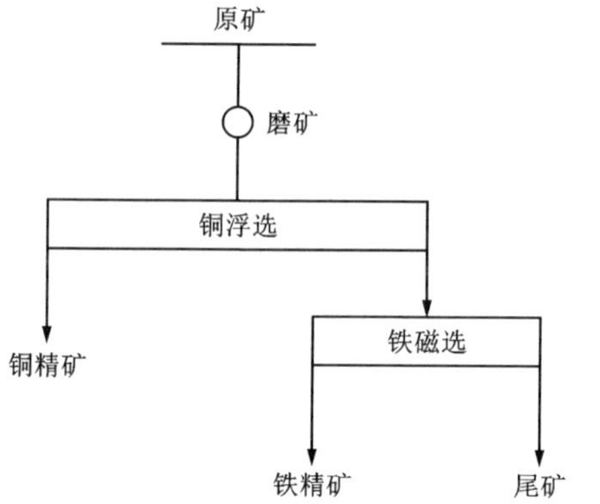

图 3-25　优先浮铜—磁选磁铁矿原则流程图

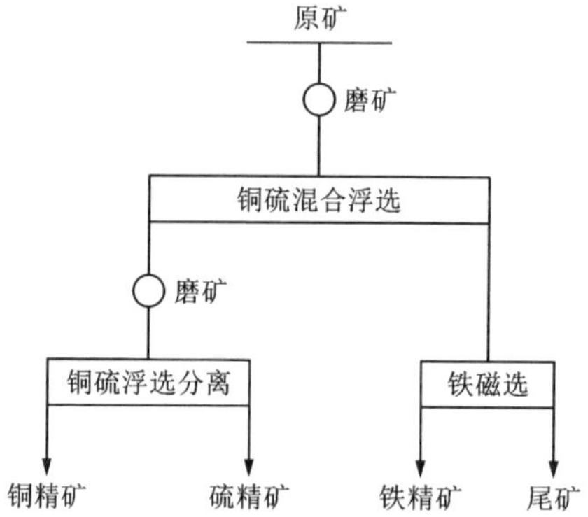

图 3-26　铜硫混合浮选—混合精矿再磨分离—磁选铁矿原则流程图

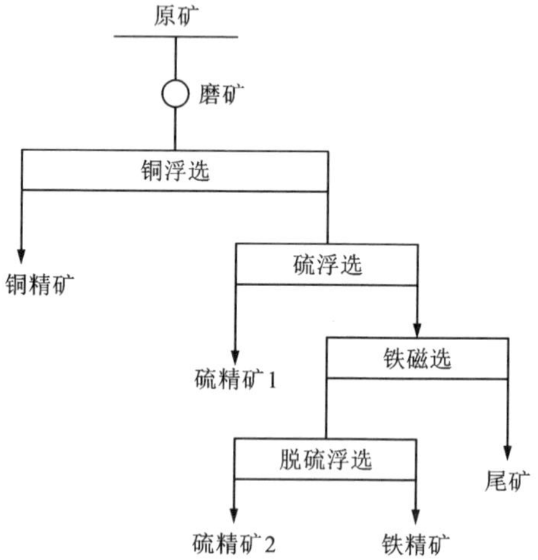

图 3-27　优先浮铜—硫浮选—磁铁矿磁选—铁精矿脱硫原则流程图

(2)技术适应性及特点

浮选与磁选联合工艺适合浮选含磁铁矿的硫化铜矿石。对含有磁铁矿、伴生铜的硫化铁矿，也适用该工艺。

(3)应用实例

①大冶铁矿。

大冶铁矿位于湖北省黄石市，是一座含铜、硫、钴等金属的大型铁矿山。矿石中的铁矿物主要为磁铁矿，其次是赤铁矿等，其他还有黄铜矿和黄铁矿等，含 Fe 46.22%、Cu 0.387%、Au 0.29 g/t、Ag 1.5 g/t、S 2.243%、Co 0.018%，所含元素种类较多，经济价值较高。该矿的铁矿石保有储量4526.1万t，铜13.8177万t，金10.3543t，银53.5570t，硫80.0856万t，钴0.6427万t。

自20世纪50年代建成至今，选矿厂一直采用浮选—磁选联合工艺流程处理矿石。浮选流程为：先进行混合浮选，得到铜硫混合精矿，然后再进行铜硫分离。其中，混合浮选工艺采用一粗两扫二精的流程，铜硫分离采用一次粗选二次扫选两次精选获得铜精矿和硫精矿。磁选流程为：经磁选获铁粗精矿，该粗精矿经细筛、磁筛及中矿再磨再选的再磨系统获得合格铁精矿。设计处理原矿267万t/a，产铁精矿110万t/a，产品有铁精矿、铜精矿(含金、银)和硫精矿(含钴)。2011年选矿产量为214.70万t，铁回收率为83.09%，铜回收率为80.87%。

②龙桥铁矿。

安徽省庐江龙桥矿业有限公司龙桥铁矿位于安徽省庐江县，矿石中的铁矿物主要有磁铁矿、假象赤铁矿、黄铁矿、黄铜矿、菱铁矿等，脉石矿物主要有透辉石、石榴子石、金云母、绿泥石、方解石、高岭石、石英等。矿石铁品位41.99%，硫品位2.69%，铜品位0.08%。龙桥铁矿始建于2002年，2006年正式投产，采选能力为100万t/a，2010年启动年采选300万t扩建工程，2018年矿建工程完工并投入试运行。

该矿采用浮选—磁选联合工艺流程处理矿石，即先用磁选工艺回收铁矿物，磁选尾矿采用混合浮选的方法浮选得到铜硫精矿，再经过混合精矿再磨，最后进行铜硫分离浮选的工艺流程。混合浮选流程为一次粗选二次扫选二次精选。铜硫分离浮选采用一次粗选一次扫选二次精选流程，分离浮选精矿即为铜精矿，尾矿即为硫精矿。该矿扩建工程2019年试生产阶段的选矿指标如表3-7所示。

表3-7 龙桥铁矿扩建工程2019年试生产情况

名称	矿量/(万t·a^{-1})	全铁品位/%	铁回收率/%	硫品位/%	硫回收率/%	铜品位/%	铜回收率/%
铁精矿	88.88	65.5	80.0	0.25	4.74	0.012	7.78
铜精矿	0.54	28.5	0.17	26.48	2.52	18.0	58.5
硫精矿	7.04	20.33	1.73	45.0	59.5	0.04	1.79
干抛废石	47.34	10.21	3.30	1.71	8.60	0.039	6.70
尾矿	105.28	14.0	14.8	1.50	24.64	0.045	25.23
原矿	249.08	37.14	100.0	2.39	100.0	0.07	100.00

3.3 氧化铜矿选矿工艺

氧化铜矿常用的浮选工艺包括硫化浮选法、直接浮选法、螯合剂—中性油浮选法和离析—浮选法等。

3.3.1 硫化浮选法

(1)技术原理

该工艺采用硫化钠或者硫氢化钠等可溶性硫化剂将氧化铜矿石预先硫化，再采用浮选硫化矿石的方法进行浮选。

(2)技术适应性及特点

该工艺具有较好的选择性，是国内外氧化铜矿石和混合铜矿的主要浮选方法。其处理的氧化铜矿物主要是铜的碳酸盐类矿物，如孔雀石、蓝铜矿等，也可以用于浮选赤铜矿，而硅孔雀石如不预先进行特殊处理，则其硫化效果很差，甚至不能硫化。

一般情况下，氧化铜矿石大都具有氧化率高、结合率高、含泥量大、原矿品位低、细粒不均匀嵌布、氧硫混杂等特点，这决定了氧化铜矿石选矿的难度。硫化过程进行的好坏，对后续浮选效果具有关键作用。一般采用的硫化剂是硫化钠。孔雀石硫化生成的 CuS 薄膜不稳定，易脱落，所以选别氧化铜时应注意早收多收。硫化钠既是氧化铜矿物的有效活化剂，又是硫化铜矿物或被硫化过的氧化铜矿物的抑制剂，必须防止或减轻这种抑制作用。生产实践中，为了防止硫化剂过量问题，经常采用分段加药的方式或同时应用其他方式来控制矿浆中的硫化剂浓度。

(3)应用实例

国内外既有采用硫化浮选法处理氧化铜矿石的选矿厂，也有采用硫化浮选法处理硫化矿和氧化矿的混合矿石的选矿厂。

①东川汤丹氧化铜矿。

东川汤丹氧化铜矿位于云南省东川区，是东川铜矿的主力矿山。其矿床属于沉积变质大型层状铜矿床，是我国迄今为止探明储量最大的独立氧化铜矿床。矿石中主要硫化铜矿物为斑铜矿、黄铜矿、辉铜矿和铜蓝；主要脉石矿物是白云石，次为方解石。铜矿物的嵌布粒度极细，呈浸染状，特别是氧化铜矿物中占绝对多数的孔雀石、硅孔雀石大部分呈高度分散的“色染体”形式产出，提高磨矿细度也达不到单体解离。

由昆明理工大学、中国矿业大学、昆明冶研新材料股份有限公司和云南金沙矿业股份有限责任公司共同完成的东川汤丹难选氧化铜矿选矿新工艺及新设备研究，于 2003 年完成了小型实验和连选试验。新工艺采用阶段磨选流程，以硫化浮选法选别氧化铜矿，原矿铜品位为 0.63%，连选指标为：铜精矿品位 18.12%，回收率 80.12%。

②凌云铜矿。

凌云铜矿矿石中金属矿物多数为氯铜矿，其次少量的孔雀石、磁铁矿、赤铁矿、白钛石及褐铁矿等。矿石中的脉石矿物比较复杂，矿物种类较多，既有斜长石、磁铁矿、白钛石等原生矿物，也存在次生矿物石英、绢云母、绿泥石、方解石等。

凌云铜矿选矿厂采用硫化法浮选，浮选流程为一粗三扫三精。选矿厂设计规模为 1000 t/d，选矿厂为两个系统，每个系统规模为 500 t/d，于 2010 年 7 月 1 日投产。设计采用 ϕ2400 mm×4500 mm 格子型球磨机与 ϕ2000 mm 高堰螺旋分级机组成一段闭路磨矿，磨矿细度-74 μm 占 65%，浮选采用一粗三扫三精流程，粗选、扫选采用 BF-4 浮选机，精选采用 BF-1.2 型浮选机。投产初期浮选指标不是太好，回收率仅为 74%左右。2011 年 5 月在螺旋分级机溢流处增加旋流进行二次分级，使磨矿细度提高到-74 μm 占 80%，浮选技术指标得到大幅度提高。2014 年 3 月，铜精矿品位达到 21.32%，回收率达到 83.76%。

3.3.2　直接浮选法

(1)技术原理

该工艺是在氧化矿石不经过预先硫化的情况下，直接采用高级脂肪酸及其皂类、高级黄药、硫醇类、羟肟酸等捕收剂进行浮选的方法。该工艺是最早应用于浮选氧化铜矿的方法。工业上常用的捕收剂是脂肪酸，所以该工艺又称脂肪酸浮选法。

(2)技术适应性及特点

该工艺仅适用于以孔雀石为主，脉石成分简单、性质不复杂、品位高的氧化铜矿；优点是可以保证较高的回收率，缺点是选择性差，当矿石中含有钙、镁的碳酸盐矿物或矿泥较多时，该法浮选效果较差。

(3)应用实例

基洛夫格勒选矿厂采用直接浮选法进行生产。矿床类型是块状含铜黄铁矿和浸染状，主要金属矿物有黄铜矿、铜蓝、黄铁矿、辉钼矿和闪锌矿。原矿铜品位为 0.82%~1.07%，铜精矿品位为 15.0%~15.9%，回收率为 87.4%~88.3%。

3.3.3 螯合剂–中性油浮选法

(1)技术原理

该法是采用有机螯合剂与中性油组成混合捕收剂，对氧化铜矿石进行浮选的方法。

(2)技术适应性及特点

该法所采用的螯合剂主要有羟肟酸、LIX–65N、苯并三唑等。由于螯合剂可以与矿物表面的铜形成环状螯合物，提高浮选的选择性，因此该工艺具有选择性好、药剂用量少的优点，尤其适于处理难选氧化铜矿石。该工艺的主要问题是捕收剂成本较高。

3.4 浮选药剂

浮选药剂是在矿物浮选过程中，用于调整矿物表面性质，提高或降低矿物可浮性，使矿浆性质和泡沫稳定性更有利于矿物分选的化学药剂，选矿药剂具有用量小、效果明显、花费少等优点，是影响矿物浮选过程的重要因素之一。浮选药剂按作用机理不同可分为捕收剂、起泡剂及调整剂等，调整剂又分为 pH 调整剂、分散剂、活化剂及抑制剂。

3.4.1 捕收剂

捕收剂为能选择性作用于目的矿物表面，并使其表面疏水性增强而提高矿物可浮性的有机化合物。根据捕收剂的分子结构，可将捕收剂分为极性捕收剂和非极性捕收剂两大类。根据极性捕收剂在水中的解离情况，可将其分为离子型和非离子型两类。铜矿浮选捕收剂包括黄药、黄原酸酯、硫氨酯、黑药、硫氮、硫氮酯、硫脲、硫醇、巯基苯并噻唑、三硫代碳酸酯、脂肪酸、羟肟酸等。

(1)黄药

黄药又称烃基黄原酸盐或烃基二硫代碳酸盐，其化学结构通式如图 3–28 所示，式中 R 为烃基或有取代基的烃基，M 为 Na^+或者 K^+。

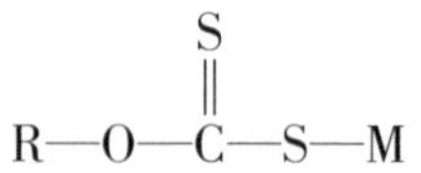

图 3–28 黄药的化学结构通式

黄药一直是应用最广泛也是最重要的一类硫化矿捕收剂。当 M 为 Na^+时，称钠黄药；当 M 为 K^+时，称为钾黄药。一般情况下，黄药都是黄原酸钠盐产品，习惯称为钠黄药或黄药。工业上使用的黄药主要是烃基为乙基到辛基的各种黄药，其中含有四个碳原子以上的黄药又称为高级黄药。硫化铜矿浮选一般使用乙基黄药和异丁基黄药，氧化铜矿、混合铜矿、难选硫化铜矿可使用异戊基黄药、已基黄药和仲辛基黄药。

黄药在纯净状态时为黄色，工业品一般为淡黄色至橘红色粉末，有臭味，易溶于水，一般可配制成 1%~15%(质量浓度)的水溶液使用。低级黄药无起泡性，随烃链增长，黄药的表面活性增强。黄药能溶于酒精、丙酮等极性有机溶剂，但不溶于乙醚、石油醚等非极性溶剂。在金属硫化矿浮选中，黄药通常配制成质量浓度为 10%左右的溶液使用，用量一般为 50~100 g/t，浮选矿浆 pH 一般为 8~11。

工业上一般采用混捏机法生产黄药，该法的优点是设备和生产工艺简单，但存在合成效率低、环境污染严重等问题。自溶剂法黄药制备技术是一种以反应原料二硫化碳为溶剂的黄药生产新技术，该法的产品纯度、收率分别达到 90%、95%，比混捏机法分别提高 4 和 6 个百分点。与混捏机法相比，该技术具有产品质量好、收率高，环境友好等优点，具有广阔的工业应用前景。

(2) 黄原酸酯

黄原酸酯是黄药的衍生物，其化学结构通式如图 3-29 所示，式中 R^1、R^2 是烃基或有取代基的烃基。

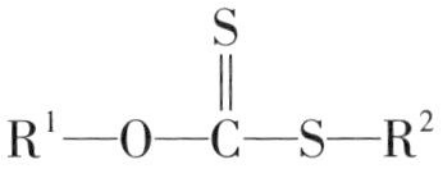

图 3-29　黄原酸酯的化学结构通式

黄原酸酯类捕收剂主要包括二烷基黄原酸酯、烷基黄原酸丙烯酯、烷基黄原酸丙烯腈酯、烷基黄原酸丙腈酯、烷基黄原酸甲酰酯和烷基黄原酸甲酸酯等。黄原酸丙烯酯常以 S-3302、AF-3302 为代号；丁基黄原酸丙烯酯常以 AB-1 为代号，在我国称为 OS-43；正丁基黄原酸丙腈酯被称为丁黄腈酯，代号为 OSN-43。黄原酸酯一般用于硫化铜矿、硫化铜钼矿的浮选，它可以在较低 pH 值下进行浮选，并且对铜、钼具有良好的选择性。

异丁基黄原酸苯甲酰基酯是一种新型的黄原酸酯捕收剂，其化学结构式如图 3-30 所示。

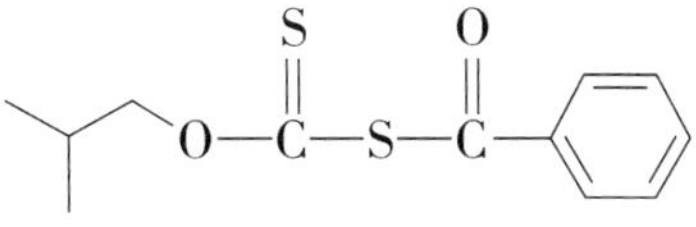

图 3-30　异丁基黄原酸苯甲酰基酯的化学结构式

异丁基黄原酸苯甲酰基酯分子结构中 C ═S 的 S 原子和 C ═O 的 O 原子都是活性位点，有利于捕收剂分子在黄铜矿表面的吸附，吸附模型如图 3-31 所示。

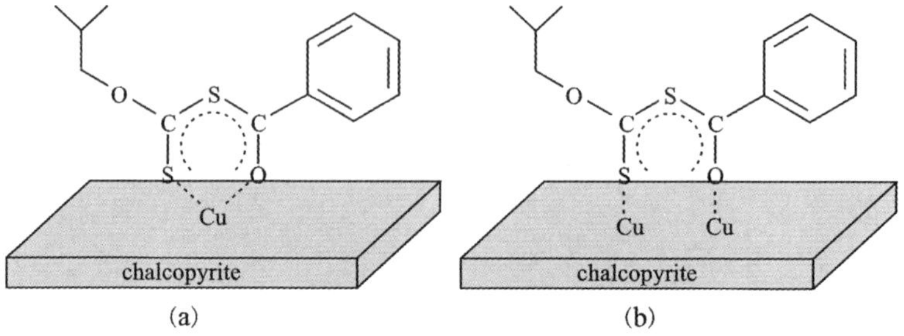

图 3-31　异丁基黄原酸苯甲酰基酯在黄铜矿表面的吸附模型

(3) 硫氨酯

硫氨酯即硫代氨基甲酸酯，化学名为 O-烷基-N-烷基硫代氨基甲酸酯，简称一硫代氨基甲酸酯或硫氨酯，其化学结构通式如图 3-32 所示，式中 R^1、R^2 为烃基或有取代基的烃基，R^3 为 H、烃基或有取代基的烃基。

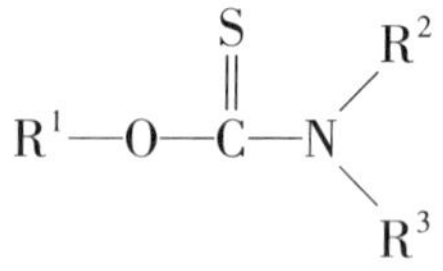

图 3-32　硫氨酯的化学结构通式

硫氨酯捕收剂一般是呈黄色或淡黄色的油状液体，具有特殊气味，密度略低于水，在水中的溶解度较小。硫氨酯是硫化铜矿的优良捕收剂，其特点是选择性强、用量少，对铜、锌以及铜钼矿具有较好的捕收性能，而对黄铁矿的捕收能力较弱，有利于优先选铜，对含有金、银、钴等有价金属的硫化铜矿也具有良好的捕收性能。它在矿浆中具有良好的分散性，可直接加入浮选槽或搅拌槽中使用。

20 世纪 50 年代美国 Dow 化学公司研发了商品名为 Z-200 的硫氨酯捕收剂，它是目前最常用的硫氨酯捕收剂，被认为是浮选药剂历史上研发最为成功的硫化矿浮选高效捕收剂之一。Z-200 的化学名为 O-异丙基-N-乙基硫代氨基甲酸酯，也称为乙硫氨酯、(异丙) 乙硫氨酯、(丙) 乙硫氨酯，其化学结构式如图 3-33 所示。

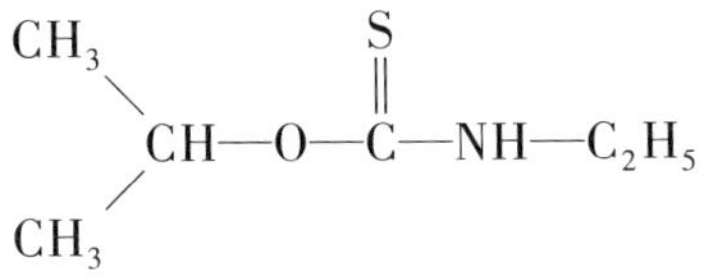

图 3-33　Z-200 的化学结构式

Z-200 的外观为淡黄色油状透明液体，20℃下密度为 0.996 g/cm^3，折射率为 1.497。该捕收剂在酸性介质中比较稳定，有较强的起泡性，捕收剂用量一般仅为黄药的 1/4~1/3，同时还适用于沉积铜、自然铜等的浮选。

(4) 黑药

黑药是二烃基二硫代磷酸盐(盐)，其化学结构通式如图 3-34 所示，式中 R 为芳基或烷基，M 为 H^+、Na^+或 NH_4^+。

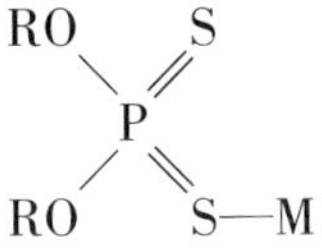

图 3-34　黑药的化学结构通式

式中 R 为芳基时称为酚黑药；R 为烷基时称为醇黑药。M 为 H^+时称为酸式黑药，酸式黑药用氨中和可制成铵黑药(M 为 NH_4^+)，用氢氧化钠或者碳酸钠中和可制成钠黑药(M 为 Na^+)。

黑药在硫化矿的浮选中应用历史悠久，最常用的黑药是丁铵黑药(R 为丁基)和甲酚黑药(R 为甲酚基)。黑药的主要化学性质与黄药相似，在一定条件下会发生氧化、分解以及与重金属离子成盐等反应，但其化学性质比黄药稳定。

黑药与重金属离子作用也能生成难溶盐，但其溶度积要比黄原酸盐大，因此，黑药的捕收能力不如黄药捕收剂，但其选择性要比黄药强。工业上往往将黄药与黑药混合使用，可以获得捕收能力与选择性均佳的浮选效果。黑药的捕收性能与黄药基本相似，但其捕收能力弱于黄药，而选择性比黄药强，特别是其对黄铁矿的捕收能力很弱，因此，黑药捕收剂比较适用于硫化铜矿的优先浮选及分离，并且对金银等贵金属的浮选回收也非常有效。黑药通常兼具较好的起泡性，能使浮选泡沫更加稳定并可减少起泡剂用量。

(5) 硫氮

硫氮的化学名为 N，N-二烷基二硫代氨基甲酸盐，简称二硫代氨基甲酸盐或硫氮，其化学结构通式如图 3-35 所示，式中 R^1、R^2 可以是烷基、芳香基、环烷基、杂环基等，R^2 还可以为 H，一般情况下 R^1 和 R^2 是两个相同的烷基；M 为

Na^+或 K^+，一般为 Na^+。

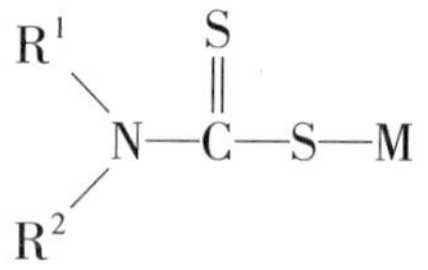

图 3-35　硫氮的化学结构通式

最常见的硫氮捕收剂是乙硫氮，即 N，N-二乙基二硫代氨基甲酸钠。硫氮捕收剂可以用于硫化铜以及贵金属硫化矿的浮选，其捕收能力比黄药强，用量比黄药要少得多。

(6)硫氮酯

硫氮酯是硫氮的衍生物，其化学名为 N，N-二烷基二硫代氨基甲酸酯，简称二硫代氨基甲酸酯或硫氮酯，其化学结构通式如图 3-36 所示，式中 R^1 为烃基，R^2 可以是氢，也可以是与 R^1 相同或不同的烃基，R^3 为烃基。常用的硫氮酯捕收剂中，R^1 和 R^2 一般为相同的烃基。

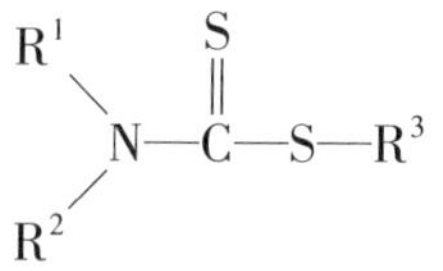

图 3-36　硫氮酯的化学结构通式

硫氮酯捕收剂主要包括硫氮丙烯酯和硫氮氰乙酯两种。硫氮丙烯酯多为油状液体，属非离子型化合物，使用时可直接添加或乳化后加入。欲将这类捕收剂和水乳化时，烷基酚、环氧乙烷的聚合物、磺化琥珀酸酯等均可用作乳化剂。硫氮丙烯酯对硫化铜矿有良好的捕收性能，且其捕收能力比硫氮氰乙酯强。

(7)硫脲

硫脲类捕收剂包括二苯基硫脲、N-烃氧羰基硫脲等。

二苯基硫脲是浮选历史上应用最早的硫化矿捕收剂之一，其化学名为 N，N′-二苯基硫脲，又称白药，化学结构式如图 3-37 所示。

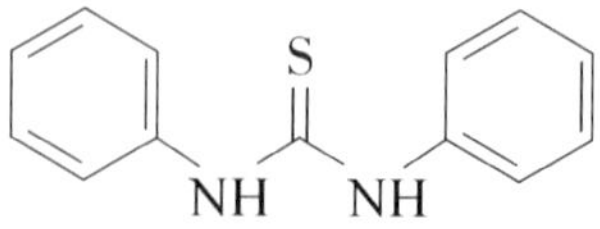

图 3-37　二苯基硫脲的化学结构式

白药对黄铁矿的捕收能力很弱，适用于多金属硫化矿浮选。因它难溶于水，故在选矿时常添加于球磨机中，或以苯胺或邻–甲苯胺作溶剂配成质量分数为10%～20%的溶液使用。白药价格较高，且使用不方便，故目前选矿厂已较少使用。

N–烃氧羰基硫脲捕收剂是一类新型硫脲类捕收剂，其化学结构通式如图 3–38 所示，式中 R^1 为烃基或有取代基的烃基，R^2、R^3 为 H、烃基或有取代基的烃基。

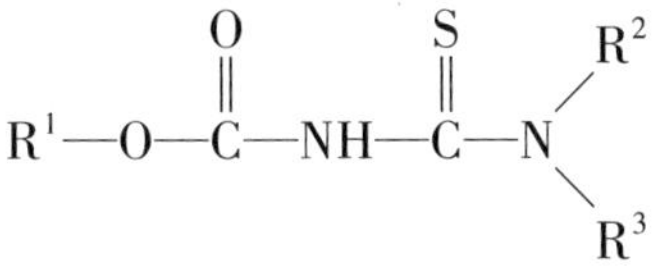

图 3–38　N–烃氧羰基硫脲的化学结构通式

N–烃氧羰基硫脲捕收剂对铜、钼、金、银等金属离子具有良好的螯合作用，可用于硫化铜矿、铜钼矿的浮选，有利于硫化铜矿伴生金、银、钼的回收。它不仅可以提高铜精矿中铜的品位和回收率，而且可显著提高伴生金、银、钼的浮选指标，使铜硫分离的石灰用量降低 2/3。

(8) 硫醇

硫醇的结构通式为 R–SH，与同碳原子数的醇相比，硫醇的沸点较低，为易挥发物质。分子量小的硫醇或硫酚都具有特殊的臭味，不适宜用作捕收剂。随着分子量增大，其挥发性减少，臭味减弱，分子量大的硫醇，如十二烷基硫醇，基本上没有什么特别难闻的气味。硫醇既可用于硫化铜矿浮选，也可用于混合铜矿、氧化铜矿浮选，可以与黄药等捕收剂组合使用。

正十二烷基硫醇是无色或浅黄色液体，它在水中的溶解度和离解度都很低，使用时必须添加分散剂，较好的分散剂为壬基聚氧乙烯醚。美国阿科玛公司生产的商品牌号为 Pennfloat 3 的产品主要成分是正十二烷基硫醇。此外还含有水溶性的分散剂，该捕收剂能增加铜、钼和贵金属的回收率，用量比常用捕收剂低。

(9) 巯基苯并噻唑

巯基苯并噻唑又称 2–巯基苯并噻唑、苯并噻唑硫醇、硫醇基苯并噻唑，其化学结构式如图 3–39 所示。

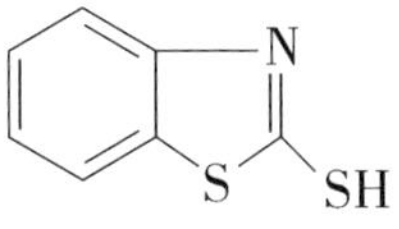

图 3–39　巯基苯并噻唑的化学结构式

巯基苯并噻唑的商品名有 Flotagen AC-400、404 号药剂、405 号药剂、MBT 等，其钠盐叫新卡普耐克斯(new capnex)，在浮选中可用作硫化铜矿、混合铜矿或氧化铜矿的捕收剂，常与黄药等捕收剂组合使用。巯基苯并噻唑纯品为白色晶体，熔点 179℃，工业品一般为黄色粉末；难溶于水，能溶于醇或醚，因其具有微弱酸性，可溶于氢氧化钠、氢氧化钾、碳酸钠溶液中，浮选时需要与氢氧化钠等配制成溶液使用。

(10)三硫代碳酸盐

三硫代碳酸盐的典型代表产品是异丙基三硫代碳酸钠。它易溶于水，但在空气中与水蒸气作用会放出硫醇气味，故在合成和贮存时都必须用去湿剂防潮。二异丁基二硫代次膦酸钠也可代替黄药浮选含黄铁矿高的铅铜矿石和贵金属矿石，用量较常用捕收剂低 20%~30%，但矿浆中存在 Pb^{2+}、Fe^{2+}或 Fe^{3+}离子时，会降低浮选的选择性。

(11)脂肪酸

脂肪酸的化学结构通式为 R—COOH。它是应用最为广泛的氧化矿捕收剂。我国工业应用的脂肪酸捕收剂主要有两类产品：一类是油酸，另一类是混合脂肪酸(皂)。在油脂化工领域，脂肪酸是最基础、产量最大、使用最广的化工原料，通过油脂的水解以及分离精制等工艺，可以生产各类脂肪酸产品，主要包括油酸、硬脂酸、软脂酸以及椰子油脂肪酸等。

(12)羟肟酸

羟肟酸可以看作羧酸的一种衍生物，即羧酸中的羟基(—OH)被羟氨基(—NHOH)取代的产物。羟肟酸能与 Cu^{2+}、Fe^{3+}、Ti^{4+}、La^{2+}等金属离子形成稳定的金属螯合物，因此可广泛用于金属氧化矿的浮选。目前工业上所用的羟肟酸主要包括烷基羟肟酸和芳基羟肟酸。烷基羟肟酸是一般是采用 C_7~C_9 羧酸为原料制备的，称为 $C_{7\sim9}$ 羟肟酸；也有以 C_5~C_9 羧酸为原料制备的，称为 $C_{5\sim9}$ 羟肟酸。芳基羟肟酸主要有苯甲羟肟酸、水杨羟肟酸、1-羟基-2-萘甲羟肟酸(H203)和 2-羟基-3-萘甲羟肟酸(H205)等。

(13)烃类油

烃类油捕收剂即中性油捕收剂，其成分为烃类化合物，包括脂肪烃和芳香烃。烃类油多来自石油、煤焦油、木焦油，以石油为主，煤焦油亦有一定产量，而木焦油产量少，工业价值不大。烃类油捕收剂难溶于水，在矿浆中难于分散，主要呈油珠状存在，在矿物表面形成的油膜也较厚，故捕收剂用量一般较大，通常为 0.2~1 kg/t 或更高。然而，烃类油用量过大，会使浮选泡沫产生消泡作用，导致浮选过程恶化。总体上说，烃类油的相对分子质量越大，其黏度越高，沸点温度也越高，疏水性越强，因此捕收能力越强。

烃类油捕收剂在浮选铜钼矿时，有利于提高辉钼矿的回收率。但烃类油捕收剂的黏度过高时，虽然能提高辉钼矿的粗选回收率，同时也强化了黄铜矿和黄铁矿的浮选，造成铜钼分离困难，对钼精矿品位影响较大。因此，应综合考虑各因素以选择适宜的烃类油捕收剂。

3.4.2 起泡剂

泡沫浮选过程包括3个步骤：矿物颗粒与气泡碰撞，矿物颗粒附着在气泡上，稳定的气泡混合物聚集到泡沫相。

起泡剂在矿物浮选过程中具有十分重要的作用。起泡剂主要作用于气-水界面，并能降低气-水界面的表面张力，使空气能在矿浆中弥散成小气泡，提高气泡矿化程度和气泡稳定性。起泡剂一般为异极性的有机表面活性化合物，在其分子结构中有极性基和非极性基。起泡剂的极性基亲水疏气，易与水分子缔合，起泡剂的非极性基亲气疏水。因此，矿浆中加入起泡剂后，起泡剂分子将富集于气-液界面，并在气泡表面作定向排列。

常用的起泡剂有松醇油、脂肪醇、醚醇等。

(1)松醇油

松醇油也称2号油，为淡黄色油状液体，不溶于水。工业上使用的松醇油是由松节油经过化学加工合成的，有效成分为α-、β-、γ-萜烯醇。由于它的来源广，价格便宜，起泡性能好，是我国目前使用最广泛的起泡剂。

(2)脂肪醇

脂肪醇起泡剂主要为$C_5\sim C_{11}$脂肪醇、芳香醇及混合醇等。

甲基异丁基甲醇简称MIBC，它是性能最突出的醇类起泡剂。MIBC纯品为无色液体，密度为0.813 g/mL，沸点为131.5℃。MIBC能够形成大小均匀、光滑清爽的气泡，从而降低泡沫产品的夹杂程度，有利于提高产品的精矿品位。

混合六碳醇($C_5\sim C_7$)的起泡性能与甲基异丁基甲醇相似，泡沫较稳定。在铜钼分离精选浮选中，与甲基异丁基甲醇效果基本相当。

起泡剂11号油主要成分是$C_7\sim C_{11}$的混合醇，为淡黄色至棕色的油状液体，可以用作有色、稀有金属等矿物浮选起泡剂，具有性能稳定、起泡能力强、浮选速度快、泡沫层充实、易于操作、无刺激性气味和无毒等优点。

730系列起泡剂主要成分有2，2，4-三甲基-3-环己烯-1-甲醇、1，3，3-三甲基双环[2，2，1]庚-2-醇、樟脑、$C_6\sim C_8$醇、醚、酮等。其中最有代表性的是730A起泡剂，为淡黄色油状液体，微溶于水，与醇、酮等混溶，密度为0.90～0.91 g/cm^3。730A起泡剂与松醇油相比，起泡能力更强、起泡速度可调。

(3)醚醇

醚醇类起泡剂分子中既有羟基又有醚基，水溶性好，起泡性能强，是一类性能优越的起泡剂。该类起泡剂的制造原料大多来源于环氧烷类，属于石油化学工业的产物。醚醇类起泡剂主要包括二聚乙二醇甲醚、二聚乙二醇丁醚、三聚丙二醇甲醚、三聚丙二醇丁醚等。

3.4.3 调整剂

3.4.3.1 pH 调整剂

pH 调整剂的作用是改变矿物的表面状况和矿浆中的离子组成，创造有利于浮选的作用条件。pH 调整剂在浮选过程中往往同时伴随着抑制或活化作用。pH 调整剂可以分为酸性调整剂和碱性调整剂。

(1)酸性调整剂

酸性调整剂主要包括硫酸、盐酸和磷酸等，此外还包括二氧化碳和二氧化硫或亚硫酸等。铜矿浮选一般是在碱性条件下进行，较少在浮铜作业中使用酸性调整剂。酸性调整剂一般用于铜硫分离后的硫化铁矿物活化。

(2)碱性调整剂

碱性调整剂有石灰、碳酸钠和氢氧化钠等。石灰是硫化铜矿浮选中最常用的调整剂，对捕收剂在矿物颗粒表面吸附行为的影响十分关键，同时也影响黏土矿物分散、矿浆流变性、泡沫稳定性以及颗粒沉降等。碳酸钠水溶液显弱碱性，pH 为 8~10，它对矿浆 pH 的条件作用比较缓和，可以起到 pH 缓冲作用。在铜铅锌复杂矿石的铅锌分离过程中，用碳酸钠而不用石灰，不仅可以维持矿浆 pH 稳定，还可避免 Ca^{2+} 对铅矿物的抑制作用。

碱性调整剂还可以降低难免离子对浮选的影响。例如，闪锌矿与硫化铜矿物共生时，开采出来的矿石中，少量硫化铜矿物被氧化生成为硫酸铜。在矿浆中 Cu^{2+} 离子与闪锌矿表面作用使之活化，给铜锌分离造成困难，加入石灰或碳酸钠等调整剂，可以使 Cu^{2+} 离子沉淀，避免 Cu^{2+} 离子对闪锌矿的活化。

3.4.3.2 分散剂

分散剂能使矿浆中的矿粒处于分散状态，从而使捕收剂或絮凝剂能更好地选择性吸附于目的矿物颗粒表面，达到分选的目的。根据 DLVO 理论，固液分散体系的稳定性取决于颗粒间斥力和引力的平衡，要使固体颗粒能均匀分散，则颗粒间的斥力就必须克服引力，反之就会发生凝聚或絮凝。颗粒间的斥力主要取决于其静电斥力作用以及表面水化作用。

分散剂包括无机分散剂和有机分散剂。无机分散剂主要有水玻璃、氢氧化钠、碳酸钠、六偏磷酸钠等，有机分散剂主要是分子量较小的有机聚合物，如单宁、木质磺酸钙等。分散剂通常也具有抑制剂的作用，特别是有机分散剂往往会显著影响矿物的可浮性，其抑制作用更为突出，主要用作有机抑制剂。因此，目前浮选过程使用的分散剂主要是无机分散剂，其中应用最为广泛的是水玻璃和六偏磷酸钠。

3.4.3.3　活化剂

活化剂在浮选过程中对特定的矿物具有活化作用，可促使和增强矿物与捕收剂互相作用，从而提高矿物的可浮性。

活化剂按化学性质可分为金属离子活化剂、无机酸和无机盐、硫化物、有机活化剂等几类。

(1) 金属离子活化剂

凡是能与捕收剂分子作用形成难溶盐的金属离子一般都具有活化作用。例如，在黄药捕收剂浮选硫化铜矿时，能与黄原酸生成难溶盐的铜、铅等金属离子，对黄铁矿、闪锌矿、辉锑矿等具有活化作用。其中硫酸铜和硝酸铅是最常用的活化剂。

(2) 无机酸和无机盐

无机酸主要用于清洗目的矿物表面的氧化物污染膜或黏附的矿泥。例如在铜硫分离过程中被石灰抑制的硫化铁矿物，采用硫酸或盐酸调节矿浆 pH 至 6~7，可恢复硫化铁矿物的可浮性。碳酸钠等无机盐，也可以活化被石灰抑制的黄铁矿、磁黄铁矿等硫化铁矿物。

(3) 硫化物

对于部分氧化的金属硫化矿，硫化浮选是一种行之有效的方法。硫化物活化剂有硫化钠、硫氢化钠、硫化氢、硫化钙等，最常用的是硫化钠和硫氢化钠。硫化钠水溶液呈强碱性，用量大时反而有抑制作用。当硫化钠用量小不足以使矿物充分硫化，而用量大起抑制作用时，可以使用硫氢化钠。

(4) 有机活化剂

许多有机化合物可以通过清洗矿物表面或改变矿物表面结构而活化矿物浮选。例如，乙二胺磷酸盐和 2，5-二硫酚-1，3，4-硫代二唑(DMTDA 或 D_2)可以用作氧化铜矿的活化剂。

乙二胺磷酸盐可以单独使用，也可以与硫化钠配合使用。用乙二胺磷酸盐作活化剂，硅孔雀石不需硫化就能很好地被黄药浮选；但用它处理孔雀石，则会由于 Cu^{2+} 溶解而受到抑制。

D_2 具有互变的同分异构体，如图 3-40 所示。

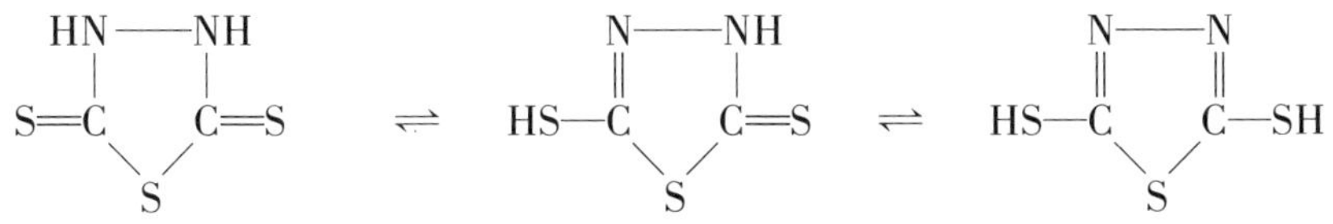

图 3-40　D_2 的互变同分异构体

D_2 也可以单独使用或与硫化钠配合使用。用 D_2 作活化剂,孔雀石也不需硫化就能很好地被黄药捕收,但其对硅孔雀石活化作用不强。

3.4.3.4 抑制剂

抑制剂是指能选择性作用于矿物表面，削弱捕收剂与矿物表面的作用，提高矿物表面的润湿性并使矿物表面亲水而降低矿物可浮性的有机化合物和无机盐类。按化合物种类，抑制剂可分为无机抑制剂和有机抑制剂。

(1)无机抑制剂

无机抑制剂主要包括水玻璃，石灰，硫酸锌，硫化钠，亚硫酸盐、二氧化硫、亚硫酸和硫代硫酸盐，氰化物和重铬酸盐等。

①水玻璃：水玻璃对石英、硅酸盐类矿物以及铝硅酸盐矿物有很好的抑制作用，在浮选中常作为脉石的抑制剂使用。

②石灰：在硫化铜、铅、锌矿物浮选中，石灰用于抑制硫化铁矿物。实际生产中，石灰常被配制成石灰乳添加。

③硫酸锌：硫酸锌是闪锌矿的抑制剂。硫酸锌单独使用时，其效果较差，通常需要与石灰、硫化钠、碳酸钠、亚硫酸盐或硫代硫酸盐配合使用。

④硫化钠：硫化钠可以用作多种硫化矿的抑制剂，当硫化钠用量大时，大部分硫化矿都会受到抑制。辉钼矿的天然可浮性较好，不受硫化钠的抑制，因此，硫化钠常用于辉钼矿浮选中，抑制其他硫化矿。

⑤亚硫酸盐、二氧化硫、亚硫酸和硫代硫酸盐：它们都是黄铁矿和闪锌矿的抑制剂。工业生产中，亚硫酸通常是采用二氧化硫通入水中得到的。二氧化硫有毒性，运输和储存不便，因此，在不具备就近使用二氧化硫条件的选矿厂，不推荐使用二氧化硫。

⑥氰化物和重铬酸盐：氰化物是黄铁矿、闪锌矿和黄铜矿的抑制剂。重铬酸盐常用作方铅矿的抑制剂。氰化物和重铬酸盐毒性较大，已被限制使用。

(2)有机抑制剂

有机抑制剂具有来源广泛、易于生物降解、价格低廉等特点，近年来应用较多。有机抑制剂主要包括淀粉、糊精、木质素磺酸盐、羧甲基纤维素、巯基乙酸钠、水杨酸等。淀粉和糊精在铜钼硫化矿石浮选中用作辉钼矿的抑制剂。木质素磺酸盐在铜钼硫化矿石浮选中用于抑制硫化铜矿物、硫化铁矿物、碱土金属矿物及碳质脉石。羧甲基纤维素用于磁铁矿、赤铁矿及方解石、硅酸盐和铝硅酸盐脉石矿物的抑制。巯基乙酸钠可用于选钼精选作业，钼精矿含铜比较高时，可加入巯基乙酸钠抑制铜。在捕收剂用量不高的条件下，水杨酸对黄铁矿有明显的抑制作用，而对黄铜矿影响不大。

3.4.4 絮凝剂和凝聚剂

絮凝剂是指能使水溶液中的溶质、胶体或者悬浮物颗粒产生絮状物沉淀的物质。凝聚剂是使固液悬浮体系中的分散颗粒产生凝结现象的物质。絮凝剂是有机聚电解质或非离子型聚合物，凝聚剂主要是无机盐类或无机聚合物。按照化学成分，絮凝剂包括天然高分子絮凝剂、合成高分子絮凝剂和微生物絮凝剂，凝聚剂可分为无机盐凝聚剂和无机高分子凝聚剂。在铜矿选矿过程中，絮凝剂和凝聚剂主要用于促进矿物颗粒团聚、精矿和尾矿的沉降脱水等。

3.4.4.1 无机凝聚剂

无机盐凝聚剂一般指传统铝、铁盐类化合物，无机高分子凝聚剂(IPF)则指铝、铁盐的水解-沉淀动力学中间产物，即羟基聚合离子。其他一些品种，如钙盐、镁盐、活化硅酸等主要作为中和剂或助凝剂使用。

(1)无机盐凝聚剂

①铝盐。

硫酸铝是较早使用的一种凝聚剂。其分子中含有不同数量的结晶水，分子式为 $Al_2(SO_4)_3 \cdot nH_2O$，其中 n 为 6、10、14、16、18 或 27，常用的是 $Al_2(SO_4)_3 \cdot 18H_2O$，其相对分子质量为 666.43，相对密度 1.61，外观为白色，光泽结晶。硫酸铝易溶于水，水溶液呈酸性，pH 值在 2.5 以下，室温时溶解度大致是 50 g，沸水中溶解度提高到 89 g 左右。硫酸铝使用便利，凝聚效果较好，不会给处理后的水质带来不良影响。当水温低时硫酸铝水解困难，形成的絮体较松散。

硫酸铝在我国使用最为普遍，大都使用块状或粒状硫酸铝。根据其中不溶于水的物质的含量，可分为精制和粗制两种。因硫酸铝易溶于水，故可干式或湿式投加，湿式投加时一般控制其质量分数为 10%~20%。硫酸铝使用时的有效 pH 随原水的硬度而异，一般为 5.5~8.0。粗制硫酸铝中有效氧化铝含量基本与精制后相同，主要区别是粗制硫酸铝中不溶于水的酸性物含量较高，腐蚀性强，溶解与投加设备应考虑防腐。

②铁盐。

三氯化铁和硫酸亚铁均可用作凝聚剂。三氯化铁($FeCl_3 \cdot 6H_2O$)是黑褐色的结晶体，有强烈吸水性，极易溶于水，其溶解度随温度上升而增加。我国供应的三氯化铁有无水物、结晶水物和液体。液体、结晶水物或受潮的无水物腐蚀性极大，药剂配制和加药设备必须考虑用耐腐蚀器材。水处理中配制的三氯化铁溶液浓度较高，其质量分数可达 45%。三氯化铁加入水后与天然水中碱度起反应，形成氢氧化铁胶体，当被处理水的碱度低或投加量较大时，在水中应先加适量的石灰。

(2)无机高分子凝聚剂

无机高分子凝聚剂是20世纪60年代后期逐渐发展起来的，其凝聚效果好、价格相对较低，有逐步成为主流药剂的趋势。目前国外无机高分子凝聚剂的产量已占絮凝剂和凝聚剂总产量的30%~60%。我国在无机凝聚剂方面逐渐发展出聚铝类、聚铁类以及各种无机复合型凝聚剂。

①聚铝类凝聚剂：聚铝类凝聚剂是由若干结构简单的碱式铝离子如$Al(OH)^{2+}$、$Al_2(OH)_4^{2+}$、$Al_3(OH)_5^{4+}$等进一步水解、缩合生成的复杂多核多羟基配位聚合物，其相对分子质量在几千范围内。这类凝聚剂是通过中和悬浮粒子表面电荷，使悬浮颗粒凝聚而达到净水效果的。

②聚铁类凝聚剂：铁盐和铝盐均是传统的无机凝聚剂，且具有相似的水解-沉淀行为。在聚铝类凝聚剂的启发下，日本于20世纪70年代开始研究聚铁类凝聚剂，并应用于实践，取得了良好的效果。

③无机复合型凝聚剂：主要包括聚合氯化铝铁、聚硅硫酸铝、聚硅氯化铝和聚合硫酸氯化铁等。

3.4.4.2 有机絮凝剂

有机絮凝剂按照来源可分为天然高分子絮凝剂和合成高分子絮凝剂；按照解离后功能基的电性可分为阳离子型、阴离子型、非离子型、两性有机高分子絮凝剂；按照外观形态可分为固体型和乳液型絮凝剂。

(1)按来源分类

①天然高分子絮凝剂。

天然高分子化合物是一类重要的絮凝剂，目前天然高分子絮凝剂的主要品种有淀粉类、半乳甘露聚糖类、纤维素衍生物类、微生物多糖类及动物骨胶等。因为受到原料本身性能的限制，直接使用天然高分子絮凝剂的情况不多，绝大多数用的是它们的改性产品。经过改性后的天然高分子絮凝剂具有分子量分布广、活性基团多、结构多样化等特点，而且天然高分子原料来源丰富，价格低廉，尤其突出的是它安全无毒，可以完全生物降解。

②合成高分子絮凝剂。

合成高分子絮凝剂是由一种、两种或多种有机单体在一定条件下聚合而形成的高分子化合物，如聚丙烯酰胺(PAM)、聚乙烯醚、磺化聚乙烯等系列聚合物。其中聚丙烯酰胺类应用最为广泛，用量占有机高分子絮凝剂的80%左右。

(2)按功能基电性分类

①阳离子有机高分子絮凝剂。

包括阳离子型聚丙烯酰胺、聚甲基丙烯酰氧乙基三甲基氯化铵(PDMC)、聚二甲基二烯丙基氯化铵(PDADMAC)、甲基丙烯酰氧乙基三甲基氯化铵-丙烯酰胺共聚物(PDMC-PAM)、二甲基二烯丙基氯化铵-丙烯酰胺共聚物等。

②阴离子有机高分子絮凝剂。

包括阴离子型聚丙烯酰胺、聚苯乙烯磺酸钠、聚丙烯酸钠等。

③非离子有机高分子絮凝剂。

包括非离子型聚丙烯酰胺、聚乙烯醇、聚乙烯基甲基醚、聚氧化乙烯、淀粉等。这类絮凝剂不易受 pH 和金属离子影响，适用的 pH 范围较大，多用于酸性体系。

④两性有机高分子絮凝剂。

它是指高分子链节上既含有阴离子基团又含有阳离子基团的有机高分子化合物，常见的两性有机高分子絮凝剂包括两性聚丙烯酰胺等。这类絮凝剂兼具阴离子絮凝剂和阳离子絮凝剂的特性，可处理阴、阳离子污染物共存的废水体系，适用的 pH 范围较大，且具有抗盐性好、滤饼含水率低等优点。

(3)按外观形态分类

根据絮凝剂的形态，可分为固体型和乳液型。

①固体型絮凝剂。

一般是以颗粒或粉末的形式存在。目前大部分的絮凝剂是固体型絮凝剂，它具有易于存储和运输的优点，但固体型絮凝剂使用时有粉尘，溶解速度慢。

②乳液型絮凝剂。

乳液型絮凝剂以高分子乳液形式存在，质量分数可达 30%～40%。它在水中的溶解分散速度快，易于实现自动化加药。传统乳液型絮凝剂的缺点是不稳定、不宜长期储存。微乳液型絮凝剂的乳液粒径比传统乳液型絮凝剂小，是热力学稳定的分散体系，稳定性和絮凝效果更好。

本章参考文献

[1]　孙传尧. 选矿工程师手册[M]. 北京：冶金工业出版社，2015.

[2]　王毓华，邓海波. 铜矿选矿技术[M]. 长沙：中南大学出版社，2012.

[3]　黄礼煌. 浮选[M]. 北京：冶金工业出版社，2018.

[4]　艾光华. 铜矿选矿技术与实践[M]. 北京：冶金工业出版社，2017.

[5]　段旭琴，胡永平. 选矿概论[M]. 北京：化学工业出版社，2011.

[6]　刘殿文，张文彬，文书明. 氧化铜矿浮选技术[M]. 北京：冶金工业出版社，2009.

[7]　李东光. 絮凝剂配方与制备[M]. 北京：化学工业出版社，2019.

[8]　国家质量监督检验检疫总局，国家标准化管理委员会. 铜矿山低品位矿石可采选效益计算方法(GB/T 29998—2013)[S]. 北京：中国标准出版社，2014.

[9]　国家发展和改革委员会. 铜精矿(YS/T 318—2007)[S]. 北京：中国标准出版社，2007.

[10]　国家质量监督检验检疫总局，国家标准化管理委员会. 重金属精矿产品中有害元素的限量规范(GB/T 20424—2006)[S]. 北京：中国标准出版社，2006.

[11] 国家质量监督检验检疫总局，国家标准化管理委员会. 有色金属矿产品的天然放射性限值(GB 20664—2006)[S]. 北京：中国标准出版社，2007.

[12] 国土资源部. 矿产资源综合利用技术指标及其计算方法(DZ/T 0272—2015)[S]. 北京：中国标准出版社，2015.

[13] 工业和信息化部. 铜精矿生产能源消耗限额(YS/T 693—2009)[S]. 北京：中国标准出版社，2010.

[14] 国土资源部. 国土资源部关于铁、铜、铅、锌、稀土、钾盐和萤石等矿产资源合理开发利用"三率"最低指标要求(试行)的公告(2013 年第 21 号)[EB/OL]，http://g. mnr. gov. cn/201701/t20170123_1429753. html，2013-12-30.

[15] 冯安生，李文军，吕振福，等. 我国铜矿资源开发利用"三率"调查与评价[J]. 矿产保护与利用，2016(5)：11-15.

[16] 罗时军，刘建国，何月华，等. 提高德兴铜矿泗洲选矿厂铜回收率的途径[J]. 金属矿山，2018(12)：119-122.

[17] 王诚华. 德兴铜矿伴生有价元素回收的生产实践[J]. 金属矿山，2006(5)：77-79.

[18] 刘建伟，张永，赵艳宾，等. 西藏甲玛铜矿浮选改造及生产实践[J]. 矿冶，2020，29(3)：36-39.

[19] 舒加强，阮华东. 中矿选择性分级再磨工艺在武山铜矿的应用[J]. 现代矿业，2011，27(3)：85-86.

[20] 古恰叶夫，李长根，林森. 乌拉尔铜-锌矿石选矿工艺研究结果[J]. 国外金属矿选矿，2005，42(7)：23-24.

[21] 谢捷敏. 大山选矿厂工艺及设备的改进[J]. 有色金属(选矿部分)，2005(4)：30-34.

[22] 朱穗玲，吴熙群，李成必. 快速浮选新工艺的研究与应用[J]. 有色金属(选矿部分)，2003(6)：1-5.

[23] 余玮，何庆浪，陈旭俊. 大山选矿厂铜精矿品位提高的生产实践[J]. 有色金属(选矿部分)，2006(1)：6-9.

[24] 张心平，罗琳，王淑秋，等. 冬瓜山铜矿石浮选新工艺新程研究[J]. 有色金属(选矿部分)，1999(2)：1-6.

[25] 吴熙群，李成必，何国勇，等. 提高铜硫矿石铜选矿指标的有效途径[J]. 有色金属(选矿部分)，2005(1)：1-6.

[26] 宣乐信，阮伟. 平水铜矿无废矿山建设的研究和实践[J]. 有色矿冶，2008(3)：87-89.

[27] 万道河，焦江涛，黄新，等. 阿舍勒铜矿选铜工艺流程的改造实践[J]. 新疆有色金属，2009(S2)：96-99.

[28] 刘文华，范先锋. 阿舍勒多金属矿石铜锌分离研究[J]. 有色金属(选矿部分)，1998(5)：1-5.

[29] LIN Q Q，GU G H，WANG H，et al. Recovery of molybdenum and copper from porphyry ore via iso-flotability flotation[J]. Transactions of Nonferrous Metals Society of China，2017，27(10)：2260-2271.

[30] 陈飞，江维，王立刚，等. 西藏玉龙铜矿铜矿石选矿试验研究及应用[J]. 有色金属(选

矿部分)，2015(5)：5-9.

[31] 苗迎春. 大冶铁矿绿色矿山建设途径研究[D]. 武汉：湖北大学，2013.

[32] 安徽省庐江龙桥矿业有限公司. 安徽省庐江龙桥矿业有限公司龙桥铁矿年采选 300 万 t 扩建工程竣工环境保护验收调查报告[R]. 安徽省庐江龙桥矿业有限公司，2020-09-09.

[33] 刘殿文，张文彬. 东川汤丹难处理氧化铜矿加工利用技术进步[J]. 中国工程科学，2005，7(S1)：260-265.

[34] 严更生. 氯铜矿浮选生产实践[J]. 新疆有色金属，2015，38(6)：65-67.

[35] 贾云，钟宏，王帅，等. 捕收剂的分子设计与绿色合成[J]. 中国有色金属学报，2020，30(2)：456-466.

[36] MA X, WANG S, ZHONG H. Effective production of sodium isobutyl xanthate using carbon disulfide as a solvent: Reaction kinetics, calorimetry and scale-up[J]. Journal of Cleaner Production, 2018, 200: 444-453.

[37] MA X, XIA L Y, WANG S, et al. Structural modification of xanthate collectors to enhance the flotation selectivity of chalcopyrite[J]. Industrial & Engineering Chemistry Research, 2017, 56(21): 6307-6316.

[38] CHIPFUNHU D, BOURNIVAL G, DICKIE S, et al. Performance characterisation of new frothers for sulphide mineral flotation[J]. Minerals Engineering, 2019, 131: 272-279.

[39] CAO Y J, SHANG L P, YANG X H. Research on 730 series frother for copper sulfide ore separation by cyclonic-static microbubble flotation column[J]. Procedia Earth and Planetary Science, 2009, 1(1): 771-775.

[40] ZANIN M, LAMBERT H, PLESSIS C D. Lime use and functionality in sulphide mineral flotation: a review[J]. Minerals Engineering, 2019, 143: 105922.

[41] 米玉辉. 螯合剂 D_2 的研制及应用[J]. 有色金属(选矿部分)，1995(1)：20-24.

[42] 徐晓军，刘邦瑞. 用乙二胺磷酸盐和 D_2 药剂活化难浮氧化铜矿物的研究[J]. 有色金属，1991(3)：28-33.

[43] HAN G, WEN S M, WANG H, et al. Effect of starch on surface properties of pyrite and chalcopyrite and its response to flotation separation at low alkalinity[J]. Minerals Engineering, 2019, 143: 106015.

[44] HAN G, WEN S M, WANG H, et al. Selective adsorption mechanism of salicylic acid on pyrite surfaces and its application in flotation separation of chalcopyrite from pyrite[J]. Separation and Purification Technology, 2020, 240: 116650.

[45] 吕帅，彭伟军，苗毅恒，等. 聚丙烯酰胺类絮凝剂在矿业领域的研究进展[J]. 矿产保护与利用，2021，41(1)：79-84.

[46] 符星琴，张跃军. 甲基丙烯酰氧乙基三甲基氯化铵聚合物合成和应用研究进展[J]. 精细化工，2020，37(4)：657-664.

第4章 化学选矿技术

化学选矿是利用矿物间化学性质的差异，采用化学处理或者化学处理与物理选矿结合的方法，使矿物原料中有用组分分离富集的过程。化学选矿是处理低品位难处理矿石、难选中矿、尾矿、冶炼渣的重要方法。近年来，随着低品位难处理矿石的增多以及对资源综合利用和环境保护要求的提高，化学选矿得到越来越多的应用。

4.1 化学选矿工艺

化学选矿的单元过程包括焙烧、浸出、萃取、离子交换与吸附、膜分离、沉淀、电积、离析等，化学选矿工艺一般是这些单元过程的组合，有时还需要与浮选等物理选矿过程联用。

化学选矿与湿法冶金在处理过程上有类似之处，它们涉及的都是一些化学反应和分离过程，同一单元过程在本质上是相同的。不同的是，湿法冶金的对象是高品位原矿、物理选矿或化学选矿得到的精矿等原料，化学选矿的处理对象是低品位硫化矿、难选氧化矿、表外矿以及难选中矿、尾矿、冶炼渣等低品位难处理矿物原料；湿法冶金的目的主要是提取有价金属，化学选矿的目的包括分离富集有价金属、提高资源利用率、保护生态环境等；湿法冶金以产出金属产品为目标，化学选矿一般以产出化学精矿和粗金属为主要目标，在一些化学选矿工艺中，有时也可以直接得到金属产品。

铜矿石的化学选矿工艺包括浸出—萃取—电积(LXE)法、浸出—置换法、浸出—沉淀—浮选(LPF)法、离析—浮选法等。浸出—萃取—电积(LXE)法是通过浸出得到浸出液，利用萃取—反萃使浸出液中的铜富集，然后再利用电积得到电积铜的方法。目前，工业生产上，主要采用浸出—萃取—电积法，其工艺流程如图4-1所示。浸出—置换法是通过浸出和置换沉淀得到金属铜的方法，置换沉淀剂一般是金属铁。浸出—沉淀—浮选(LPF)法是采用金属铁或硫化物等沉淀剂，将浸出液中的铜离子沉淀，得到金属铜或硫化铜，再通过浮选分离富集铜的方法。离析—浮选法是采用氯化焙烧使氧化铜矿物中的铜以氯化物的形式挥发出来，在还原气氛中将铜的氯化物还原，得到金属铜，然后再浮选分离的方法。浸出—置换法、浸出—沉淀—浮选(LPF)法、离析—浮选法在工业上应用较少。

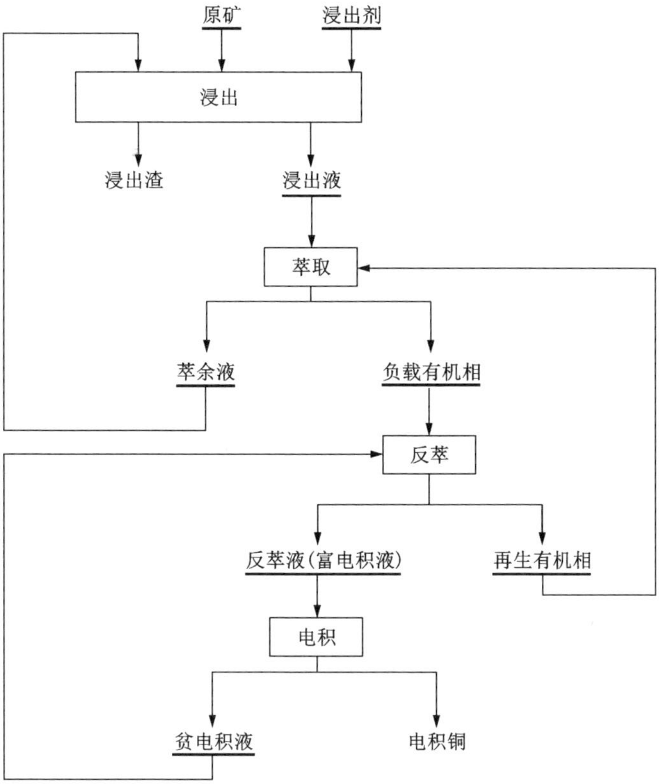

图 4-1　浸出—萃取—电积法工艺流程

4.2　浸出技术

4.2.1　按浸出剂的运动方式分类

铜矿石在浸出过程中，根据浸出剂的运动方式，可将浸出分为渗滤浸出和搅拌浸出两种，渗滤浸出又分为堆浸、槽浸和就地浸出三种。

4.2.1.1　**堆浸**

(1)技术原理

堆浸是低品位氧化铜矿最重要的浸取方法，通常是指用专门开采的矿石筑堆进行浸取的作业。堆浸是目前应用最为广泛的铜矿石浸出技术。对开拓矿山等过程产生的废石进行浸取，称作废石堆浸。对矿石实施堆浸，包括底垫铺设、筑堆、布液等多个工序。

对粒度较细的铜矿石粉，在堆浸前需要采用滚筒制粒机等设备进行造粒；对粒度较粗的矿石，可进行破碎，也可不经破碎直接堆浸。适宜的粒度可以使矿堆具有良好的渗透性。渗透性指标包括两个方面，一是矿堆各部分具有均匀的渗透性，二是渗透速率合适，一般要求渗透速率大于 50 L/(h·m^2)。

筑堆阶段需要使用皮带运输机或铲车等设备运输物料。以智利 El Abra 铜矿为例，矿石运输设备有布料输送机、带倾卸装置的履带运输机、斗轮式履带取料机、带轨道浸出渣输送机和带倾卸装置移动式堆垛输送机等。

矿堆启用时，先用松土犁将矿堆表面纵横各犁一遍，然后铺上布液系统向矿堆给送浸出剂，用集液系统收集浸出液。布液方式一般为旋转喷淋布液，喷淋强度通常为 15~40 L/(h·m^2)。

GEOCOAT©工艺是 GeoBiotics 公司发明的黄铜矿精矿堆浸工艺，属于湿法冶金过程。该工艺将浮选富集并浓缩至矿浆质量分数达 50%~60%的铜精矿悬浮液喷洒在经破碎、筛分处理过的岩石载体上，从而达到铜精矿在岩石上稳定包覆的效果，然后对其进行堆浸。这种堆浸体系有利于空气和热量的流通，从而达到将堆浸和生物氧化的优点相结合的效果。

(2)技术适应性及特点

堆浸工艺主要用于处理呈细粒或浸染分布、品位较低、硬度较高的矿石，这类矿物通过常规手段难以实现经济高效的利用。堆浸规模可达数万吨。浸出剂的给送方式为连续喷洒或定时浇灌。浸出剂可采用水、酸、酸性三价铁溶液、碱或浸矿菌等。

堆浸的优点是操作简单，投资少，处理规模大，机械化程度高。

堆浸的缺点是生产周期长，受气温影响大，受降雨影响大。

(3)应用实例

①德兴铜矿。

德兴铜矿针对采矿场剥离的含铜 0.1%~0.2%的废石，采用酸性废水细菌浸出—萃取—电积工艺提取金属铜。1997 年堆浸厂建成投产，设计电积铜生产能力为 2000 t/a。堆浸场设在祝家排土场，如图 4-2 所示。废石自下而上分层堆积，每层设计高度为 20 m，占地面积 25 万 m^2。布液方式为循环喷淋，流量为 6~8 L/(h·m^2)。浸出液中铜离子质量浓度为 0.3 mg/L 左右，pH 为 2.2 左右。该工艺无须破碎和选矿，直接从低品位矿石中浸出铜，然后经萃取—电积产出电积铜，不仅解决了酸性废水污染问题，而且有效地回收了废石中的铜。

②永平铜矿。

1996 年，该矿利用废弃排土场建成了年产 200 t 铜的铜电积厂。但该厂自投产以来，由于堆浸场矿石筑堆面积小，矿石含泥量较高，筑堆方式不合理等原因，造成浸出液品位不稳定，铜浸出率低，每年仅生产 70~90 t 铜。2000 年，对 3 万 t

图 4-2　德兴铜矿废石堆浸场

矿石堆场进行技术改造，将前进式筑堆方式改为后退式筑堆方式，即矿石从堆场前端开始并逐渐向后进行筑堆，这样可避免机械碾压，使矿堆基本呈疏松、均匀状态，从而使矿堆具有较好的溶液渗透性。矿堆采用如图 4-3 所示的 5 层结构，在堆矿前，先用粒度为 50~100 mm 的排土场块状废石或低品位硫化矿铺一层 80 cm 厚的排水层。将堆矿高度由 6 m 改为 1.8~2.2 m，进行薄层浸出，这样可使矿石浸矿周期大大缩短，铜浸出速度明显提高。该工程于 2001 年完成改造，2002 年产铜 183.4 t，2003 年产铜 210 t，实现达标生产。

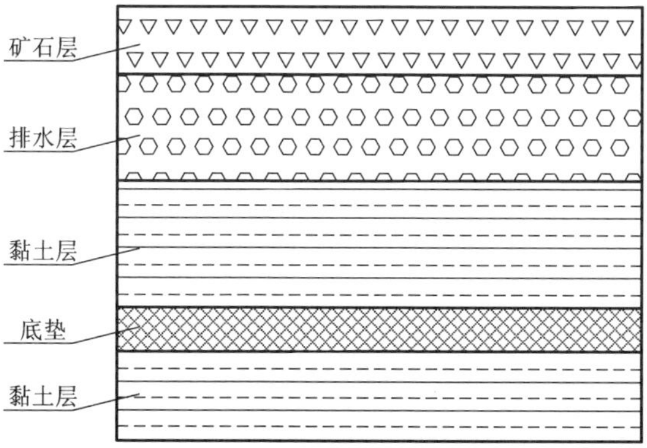

图 4-3　永平铜矿堆浸场的矿堆结构

永平铜矿南矿坑每年产生约 130 万 t 酸性废水，酸性废水中平均含铜 0.06~0.07 g/L。2014 年起，永平铜矿将部分酸性废水用于南部排土场废石堆浸，多余的酸性水用于生产海绵铜，利用该法，可以有效提高浸出液中的铜含量。

③紫金山铜矿。

2005 年，紫金山铜矿建成我国第一座铜矿石的生物堆浸—萃取—电积提铜矿山，设计规模为年采矿石量 330 万 t 和年产阴极铜 1 万 t。

堆浸的主要参数为：粒度-40 mm，堆高 8~10 m，堆场面积 $2.2\times10^5\ m^2$，喷淋液 pH 1.0~1.5，堆浸初期和末期喷淋强度 9~12 L/(h · m^2)，中期喷淋强度 15~20 L/(h · m^2)。

2006 年处理矿石量为 170 万 t，铜矿石平均品位为 0.38%，浸出周期为 7 个月，铜浸出率达 80%以上，生产阴极铜 7000 多 t，每吨阴极铜生产成本仅为 1.39 万元。2009 年处理矿石量为 575 万 t，铜矿石平均品位为 0.337%，生产阴极铜 12840.75 t，每吨铜生产成本为 1.54 万元。

④埃尔 · 阿布拉铜矿。

埃尔 · 阿布拉(El Abra)铜矿位于智利北部，该矿采用堆浸—萃取—电积工艺处理氧化铜矿，氧化铜矿平均品位为 0.54%。该矿于 1996 年投产，电积铜生产规模为 22.5 万 t/a。该矿使用的堆浸方式称为“On-Off Pads”，即“可以重复使用的底垫”。浸出分为两个阶段，第一阶段硫酸浸出 45 天，铜浸出率可达 70%，第一阶段浸出后的废渣到废石堆浸厂进行第二次堆浸。这项工程也是堆浸机械化的代表，使用可移动的大型皮带运输机筑堆，筑堆的速度达到 8600 t/h，该技术极大地提高了企业的经济效益。

⑤奎布瑞达 · 布兰卡湿法炼铜厂。

奎布瑞达 · 布兰卡(Quebrada Blanca)湿法炼铜厂位于智利北部的奎布瑞达 · 布兰卡，海拔 4400 m，是世界上海拔最高的湿法炼铜厂。该厂处理的铜矿石品位为 1.3%，主要铜矿物为辉铜矿和蓝铜矿。该厂采用薄层细菌堆浸技术，为了保证细菌的活性，需要在堆浸的矿物底部通入空气。该厂铜的浸出率可达 82%，生产能力为年产 7.5 万 t 阴极铜。

4.2.1.2 **槽浸**

(1)技术原理

槽浸(tank leaching)是在堆浸工艺基础上改进和发展起来的一种高效处理矿物精矿的新工艺。该工艺采用的浸出槽一般用混凝土砌成，槽的内表面衬以沥青、环氧树脂、铅板、聚合物料或耐酸混凝土。另外，容量小的浸出槽可用其他材料制作，槽的内表面可衬以耐酸材料。根据处理矿石量的不同，槽的规格可大可小。距离槽底 0.1~0.2 m 处装有假底(筛板)，假底上铺垫一层防护物料(覆盖层、块状矿石等)，槽底和假底之间的空隙用来排出溶液。浸出剂渗透矿石的方式可由上而下或由下而上，也可以水平渗透。

(2)技术适应性及特点

槽浸适合处理铜品位高的氧化矿及精矿，要求矿石具有足够的机械强度、较好的孔隙性、均匀的粒径以及较低的含泥量。为了提高矿石的渗透性，应将矿石的粒度分布限制在较窄的范围内。对于细粒矿石，需先经制粒，再经干燥处理后送入槽内。由于这类颗粒的机械强度小，在槽内的充填高度不应超过 3~4 m，并应适当减缓浸出剂的渗滤速度，以防矿石颗粒遭到破坏。

槽浸工艺的优点为：

①可全年开展生产作业。

②在矿石处理量相同的条件下，槽浸工艺可大大减少耗水量和待净化的废液排出量。

③浸出剂能更均匀地与矿石接触，并可通过提高浸出剂和浸出液流速强化浸出过程。

④能大大减小各种集液槽的容积并能够完全、无流失地收集浸出液。

⑤采用生物浸出时，能在密闭条件下为浸矿微生物创造最佳的生存和繁殖条件，有利于矿石的浸出。

槽浸工艺的缺点主要是投资和生产成本较高。

(3)应用实例

美国亚利桑那州英斯皮雷兴(Inspiration)厂的槽浸工艺于 1926 年投产，主要处理氧化矿和氧化矿-硫化矿混合矿石。该厂处理能力为 10000 t/d，浸出周期 9 天。该厂的槽浸工艺一部分用于直接处理氧化矿，另一部分用于硫化矿石浮选的酸浸预处理。待处理矿石经破碎处理，并经洗矿工序脱除细泥，以保证其在上升流式浸槽中具有良好的滤透性。矿泥采用浮选单独处理，浮选尾矿再经搅拌酸浸处理。另外，槽底需经常妥善维修，防止被压实的矿泥堵塞，浸出液流。

4.2.1.3　就地浸出

(1)技术原理

就地浸出即地下浸出、地下溶浸采矿或化学采矿，是一种集采矿和矿石浸出为一体的技术。就地浸出，是对矿体进行钻孔或爆破后，将浸出剂注入矿体进行浸出的方式。

(2)技术适应性及特点

就地浸出技术对难以开采、埋藏深、品位低或者工程地质条件差、用常规技术开采成本又高的矿体具有重要意义。

就地浸出的优点是对地质构造复杂的深部矿体，可以省去矿石采掘和搬运工序，建设周期短，节省资金。就地浸出不破坏地表，也不需要大量运输矿石，对生态环境影响较小。

就地浸出的缺点是有价金属的回收率很大程度上取决于矿体的地质构造，有的部位浸出液不能深入，有的矿物被脉石包裹，浸出率低于通常开采矿石的浸出结果。此外，就地浸出可能对地下水构成威胁，可采取两个步骤减少这种威胁：一是选择合适的浸出剂，减少化学反应产物对地下水的污染；二是将浸出液的流动限制在目标区域内，防止其外泄或与外部水体混合。

(3)应用实例

①铜矿峪铜矿。

铜矿峪铜矿于1999年建设了就地浸出系统处理低品位矿和地下开采过程中产生的残留矿。浸出过程包括浸出剂的配制、浸出剂的输送、溶浸采场的浸出剂布液、含铜浸出液的收集及输送。在距地表930 m处硐口的配液池配制质量浓度为10~20 g/L的硫酸为浸出剂，并泵送至968 m和958 m处的布液巷道，通过下向垂直扇形中深孔布液孔进入溶浸采场与矿石反应。布液强度10~12 L/(h·m^2)，每天布液2班，休布1班。浸出液利用导流孔和集液小井导流至930 m处水平集液巷集液，再用泵送至沉淀池，如果浸出液浓度达到0.8 g/L以上，则送到富液池等待进入萃取电积车间，否则送至配液池重新配酸后再次布液浸出，直到浸出液达标为止。该系统2000年建成，设计规模为生产铜500 t/a，2年后达设计产能，2003年扩建至生产铜1500 t/a的规模。2000年3月至8月的试生产表明，浸出液集液率达到92.18%，铜浸出回收率达到77.87%，浸出液含铜均大于1 g/L，平均2.189 g/L。

②圣曼纽尔铜矿。

美国亚利桑那州的圣曼纽尔(San Manuel)铜矿是一个大型的斑岩铜矿，以地下开采为主；露天矿有大量的氧化铜矿，主要是硅孔雀石。该矿于1986年对露天开采的氧化矿进行堆浸，设计产能为2.5万t/a。1988年开始对地下矿进行就地浸出，设计产能扩大到5万t/a。将含硫酸的萃余液通过注液井注入地下，利用地下废弃的运输巷道将溶液收集在集液池中，然后泵送到地面，与堆浸液合并后送到萃取液电积厂。1995年露天开采停止后，依靠就地浸出，每年可生产2万t阴极铜。

4.2.1.4 搅拌浸出

(1)技术原理

搅拌浸出工艺适用于充分磨碎的细矿粉(要求粒度达75 μm以下的矿石占比90%左右)。搅拌槽分为机械搅拌槽和空气提升搅拌槽。为了提高浸出氧化矿的速度，要有较高的起始和终了酸度；同时，提高温度有利于加快浸出速度。不过，搅拌槽浸取投资高，运转费用也高，多用于高品位矿石的浸取。

在复杂的硫化铜精矿中，铜多以黄铜矿及黝铜矿等形式存在，结构稳定，分解困难，其浸出必须经过强氧化过程。加压搅拌浸出是一种强化湿法冶金过程，具有浸出效率高、流程短、无污染等优点，具有广阔的应用前景。但目前加压浸出工艺仅在辉铜矿处理方面成功实现了工业化，由于原生的黄铜矿、黝铜矿在硫酸介质中浸出“钝化”问题尚未彻底解决，复杂硫化铜矿加压浸出仍停留在试验研究阶段。

搅拌浸出工艺中，典型的工艺有 Sepon 工艺、Galvanox™ 工艺、Sherrite-Gordon 工艺和 Arbiter 法、BioCOP™ 工艺。

①Sepon 工艺。

该工艺是一种常压和高压浸出工艺，利用酸性硫酸铁浸出，可有效处理次生硫化铜矿。浸出渣经浮选使黄铁矿得到富集，再进入高压釜加压氧化，产出常温浸出所需酸、三价铁和热量。改进的 Sepon 工艺允许黄铜矿等原生硫化铜矿和黄铁矿同时进入高压釜，使黄铜矿在高压釜中溶解，而高压釜产出的酸、三价铁和热量则同样可用于处理次生硫化铜矿。

②Galvanox™ 工艺。

该工艺利用矿物间静电位差异而产生的原电池效应来加速较低静电位矿物的氧化溶解。对于黄铜矿和黄铁矿混合浸出体系，黄铜矿的静电位较低，可在酸性硫酸铁及常压、中温条件下迅速浸出。Galvanox™ 工艺可在较短停留时间内快速浸出原生硫化铜矿，同时保持对电化学电位及其他浸出参数的控制。此外，该工艺也可利用高压釜处理约 10%的精矿用于提供常压浸出需要的酸源和热源，并沉积黄铜矿浸出后产生的铁。

③Sherrite-Gordon 工艺和 Arbiter 法。

硫化铜矿氨法浸出生成的固体沉淀在未反应的矿物表面沉积会影响浸出效果。为了达到硫化铜矿的完全浸出，人们采用两种措施：一种是在高氧压的条件下，氧气易于通过沉淀层的裂隙或细孔而进入内层，这种措施称为 Sherrite-Gordon 工艺；另一种是加强搅拌破坏生成的沉淀，这种措施称为 Arbiter 法。

④BioCOP™ 工艺。

该工艺可用于处理硫化铜精矿，在浸出过程中加入嗜温菌，在反应温度约为 40℃的条件下，可有效处理次生硫化铜矿；加入可耐高温的浸矿微生物，在反应温度约为 80℃的条件下，可有效处理原生硫化铜矿。含铜浸出液经萃取和电积工艺处理，可得到高质量的金属铜产品。

(2)技术适应性及特点

搅拌浸出适用于粒度较细、品位较高、硬度较小的铜矿的浸出。为了提高浸出率，在实际操作中经常会采用加压、高温等得到强化的搅拌浸出。生产实践中，该法更多地用于铜精矿的湿法冶金。

搅拌浸出的优点是铜的回收率高，环境污染小，不受降雨影响，没有雨季浸出液外溢的风险。

搅拌浸出的缺点是能耗高、操作复杂、投资高。与渗滤浸出相比，同等规模条件下，搅拌浸出工艺的电耗、投资成本约高30%，操作人员要多40%。

(3)应用实例

①特温·比尤特矿山。

美国亚利桑那州阿纳马克斯(Anamax)采矿公司特温·比尤特(Twin Buttes)酸浸厂采用搅拌浸出工艺，设计规模为10 t/d，处理平均含1%酸溶铜的氧化矿石。铜赋存于石灰质的脉石中，矿石耗酸量为9.07 kg/t。为获得达萃取条件的纯净溶液，将逆流倾析洗涤浓密机的溢流母液再次通过砂矿压滤机进行过滤，滤液经电积生产铜。

②玉龙铜矿。

1995—1998年，玉龙铜矿开展了氧化铜小型和扩大试验，开发了适用于高品位高泥氧化矿处理的强化浸出技术。2001—2006年，玉龙铜矿建设了年产300 t阴极铜的湿法炼铜试验厂，提出了“筛分脱泥—泥矿送搅拌浸出—块矿送堆浸”的工艺方案。2010—2011年，玉龙铜矿开展了氧化铜矿强化浸出、酸平衡和沉降分离研究，并分别进行了小型试验和半工业扩大试验研究。2013年12月，其搅拌浸出工厂第一批阴极铜顺利出槽。

4.2.2 按浸出剂的性质和种类分类

浸出过程按浸出剂的性质，可以分为酸性浸出(酸浸)和碱性浸出(碱浸)；按浸出剂的种类，可以分为硫酸浸出、氨水浸出和生物浸出等。铜矿浸出最常用的浸出方法是酸浸、氨浸和生物浸出。

4.2.2.1 氧化铜矿酸浸

(1)技术原理

氧化铜矿物是由原生的硫化铜矿物在自然状态下通过取代和氧化产生的，这些矿物的特点是难选、难以富集、品位低、难以采用火法冶炼，于是，氧化铜矿的处理逐步转向湿法冶炼。氧化铜矿在稀硫酸中的浸出反应如下：

孔雀石酸浸

$$CuCO_3 \cdot Cu(OH)_2+2H_2SO_4 = 2CuSO_4+CO_2\uparrow+3H_2O$$

蓝铜矿酸浸

$$(CuCO_3)_2 \cdot Cu(OH)_2+3H_2SO_4 = 3CuSO_4+2CO_2\uparrow+4H_2O$$

黑铜矿酸浸

$$CuO+H_2SO_4 = CuSO_4+H_2O$$

赤铜矿酸浸

$$Cu_2O+H_2SO_4 = CuSO_4+Cu+H_2O$$

硅孔雀石酸浸

$$CuSiO_3 \cdot 2H_2O + H_2SO_4 = CuSO_4 + SiO_2 \cdot nH_2O + (3-n)H_2O$$

(2)技术适应性及特点

对于含碳酸盐较少的氧化矿石，常用酸浸方法进行处理。孔雀石、蓝铜矿、黑铜矿较易溶于稀硫酸，所以使用单一的稀硫酸即可使其溶解。赤铜矿中铜的价态为+1 价，所以需要加入氧化剂才可以使其氧化浸出。添加的氧化剂与浸出硫化铜矿的氧化剂类似，包括氧气、高价铁盐、二氧化锰、卤化物、过氧化氢和硝酸等。对于硅孔雀石，由于其被硫酸溶解后会产生硅酸，而硅酸分子间会发生聚合作用从而形成多聚硅酸、硅溶胶等胶状体，这些溶胶会影响矿浆的过滤，因此在酸浸过程中必须进行除硅。对于高碳酸盐的氧化铜矿来讲，碳酸盐酸耗极大，而且会产生温室气体 CO_2，因此此类氧化铜矿不宜直接酸浸。

(3)应用实例

中国有色集团在刚果(金)投资开发的马本德铜矿的矿石为氧化矿，采用硫酸浸出，日处理4500 t 矿石，矿石平均品位为2%左右，浸出矿浆质量分数为24%左右，pH 控制在 1.5~2.0，浸出率为 95%以上。萃取系统由一级萃取和一级反萃构成，萃取率为 90%以上，年产阴极铜 3 万 t。

4.2.2.2　**硫化铜矿酸浸**

(1)技术原理、技术适应性及特点

①$Fe^{3+}-H_2SO_4$ 浸出体系。

$Fe^{3+}-H_2SO_4$ 浸出体系是硫化铜矿湿法冶金最常用的工艺。以黄铜矿为例，其溶解反应式如下：

$$CuFeS_2 + 2Fe_2(SO_4)_3 = CuSO_4 + 5FeSO_4 + 2S$$

$$CuFeS_2 + 2H_2SO_4 + O_2 = CuSO_4 + SiO_2 \cdot nH_2O + (3-n)H_2O$$

$$4FeSO_4 + 2H_2SO_4 + O_2 = 2Fe_2(SO_4)_3 + 2H_2O$$

Fe^{3+}在浸出过程中起着非常重要的作用，当 Fe^{3+}浓度在适宜的范围时，起氧化作用。Fe^{3+}与黄铜矿的作用还受到 pH 的影响，最佳浸出 pH 范围通常为 1.0~1.5。

②$H_2SO_4/HCl-(CuCl_2)-NaCl-O_2$ 浸出体系。

硫化铜矿在浸出过程中，必须使用氧化剂将硫氧化为单质硫或硫酸盐才可以使铜析出。在高温加压条件下，添加氯化钠可以促进混合铁-镍-硫化铜矿的浸出，但氯离子在浸出过程中的作用仍然没有统一结论，存在如下三种观点：作为亚铜离子的络合剂；作为矿物表面的活性剂，去除在浸出过程中形成的钝化层；增加矿物浸出的表面积和表面钝化层的孔隙度。

③$NO_3^--H_2SO_4$ 体系。

在硝酸浸出硫化铜矿过程中，因为 NO_3^-离子是氧化剂，在反应过程中可以起到氧化分解硫化铜矿的作用。硝酸在浸出过程中，还会分解产生氧气，氧气作为氧化剂可实现硫化铜矿的氧化。以铜蓝为例，浸出反应方程式如下：

$$3CuS+2NaNO_3+4H_2SO_4 = 3CuSO_4+Na_2SO_4+3S+2NO\uparrow+4H_2O$$

$$CuS+2NaNO_3+2H_2SO_4 = CuSO_4+Na_2SO_4+S+2NO_2\uparrow+2H_2O$$

④$H_2O_2-H_2SO_4$ 体系。

H_2O_2 为湿法冶金中的清洁氧化剂，其氧化产物对浸出体系无影响，且过量的 H_2O_2 又易于消除分解。以黄铜矿为例，其在 $H_2O_2-H_2SO_4$ 体系中的溶解反应如下：

$$2CuFeS_2+5H_2O_2+5H_2SO_4 = 2CuSO_4+Fe_2(SO_4)_3+4S+10H_2O$$

$$2CuFeS_2+17H_2O_2+H_2SO_4 = 2CuSO_4+Fe_2(SO_4)_3+18H_2O$$

(2)应用实例

芬兰 Outokumpu 公司的 HydroCopper™ 氯化物浸出体系，在氯化铜-氯化钠溶液中，pH 为 1.5~2.5，温度为 85~95℃，常压条件下以 Cu^{2+}、空气中的氧气或纯氧作为氧化剂浸出黄铜矿。2003 年在芬兰的波里港建立了一座中试工厂，每天生产铜约 1 t，每吨铜能耗可降低到 1300 kW·h。

4.2.2.3 氧化铜矿氨浸

(1)技术原理、技术适应性及特点

铜离子在氨溶液中可形成稳定的配合物 $Cu(NH_4)_n^{2+}$(n 为 1~4)，该配合物溶解度大，从而实现了铜与难溶性脉石及不与氨配合的杂质金属的分离。1915 年首次出现氨浸法提铜的专利，并于 20 世纪 20 年代开始工业应用。

①NH_3-H_2O 浸出体系。

NH_3 是一种弱碱性物质，在水溶液中会与铜离子形成络合物，在一定的 pH 条件下，溶液中的 Cu^{2+} 会以水溶性配合物的状态存在。以孔雀石为例，氧化铜矿在 NH_3-H_2O 体系中的浸出过程分为两步，反应方程式如下：

第一步，$CuCO_3$ 首先溶解形成 $Cu(OH)_2$。

$$CuCO_3 = Cu^{2+}+CO_2^{3-}$$

$$NH_3+H_2O = NH_4^++OH^-$$

$$Cu^{2+}+2OH^- = Cu(OH)_2\downarrow$$

第二步，$Cu(OH)_2$ 溶解并生成稳定的 $Cu(NH_3)_4^{2+}$。

$$Cu(OH)_2 = Cu^{2+}+2OH^-$$

$$Cu^{2+}+2NH_3 = Cu(NH_3)_2^{2+}$$

$$Cu(NH_3)_2^{2+}+2NH_3 = Cu(NH_3)_4^{2+}$$

②NH_3-NH_4Cl 体系。

NH_3-NH_4Cl 体系可以增强氨配合浸出剂的活性和稳定性。其原因是氯离子比碳酸根离子以及硫酸根离子半径都要小，在溶液中扩散速度快，动力学性能非常优异，这样可以最大可能地提高浸出率。此外氯离子具有较强的配合能力，有助于铜的溶解。添加 Cl^- 可有效地防止氨浸过程中矿粒表面固体产物层的形成，加速浸出过程。

③$NH_3-(NH_4)_2SO_4$ 体系。

在 $NH_3-(NH_4)_2SO_4$ 浸出体系中，影响低品位氧化铜浸出速率的主要因素为氨和硫酸铵的浓度、反应温度、液固比和矿物粒度。其中反应温度和矿物粒度对铜浸出速率的影响较大。低品位氧化铜矿中的孔雀石几乎可以全部浸出，硫化铜矿少量溶解，而硅孔雀石难以浸出。

(2)应用实例

东川汤丹氧化铜矿矿石具有碱性脉石含量高的特点，该矿采用加压氨浸工艺处理氧化铜矿石。将原矿破碎后与固液分离所得的含铜、NH_3 和 CO_2 的稀液一起磨至粒度为-74 μm 占 55%，矿浆液固比 1∶1，经吸收塔吸收 NH_3 和 CO_2 后，在高压釜内于 120℃ 和 0.98 MPa 条件下把氧化铜和少量硫化铜转化为铜氨配合物，然后固液分离得到铜氨溶液，再把铜氨溶液在 140℃ 条件下蒸馏，回收 NH_3 和 CO_2，同时获得氧化铜粉产品。1964 年和 1980 年，曾进行了 10 t/d 和 100 t/d 的中间工业试验，铜回收率达 88%。

4.2.2.4　**硫化铜矿氨浸**

硫化铜矿氨浸时同样需氧化才能成为可溶性的铜盐，常用的氧化剂是空气或氧气。由于在碱性溶液中，硫进一步氧化为高氧化态所需电位比在酸性介质中低得多，因此，硫易于氧化为高氧化态的物质，主要为硫酸根，而不是单质硫。辉铜矿、黄铜矿、铜蓝的氨浸反应如下：

辉铜矿氨浸：

$$2Cu_2S+8NH_3+2H_2O+O_2 = 2CuS+2[Cu(NH_3)_4](OH)_2$$

黄铜矿氨浸：

$$4CuFeS_2+16NH_3+5O_2+4H_2O = 4[Cu(NH_3)_4](OH)_2+8S+2Fe_2O_3$$

$$2CuFeS_2+8NH_3+7H_2O = 2[Cu(NH_3)_4](OH)_2+4S+Fe_2O_3$$

铜蓝氨浸：

$$2CuS+8NH_3+O_2+2H_2O = 2[Cu(NH_3)_4](OH)_2+2S$$

硫化铜矿氨浸生成的固体产物在未反应矿物表面的积累会影响浸出效果，为了实现硫化铜矿的完全浸出，主要采用 Sherrite-Gordon 工艺和 Arbiter 法两种措施强化浸出效果。

氨浸特别适宜于碱性脉石及碳酸盐含量高的铜矿。当铜矿中这些杂质含量高时，采用酸浸法将增大酸的消耗，同时镁、铁等杂质可能进入溶液，致使浸出液成分复杂，净化困难。采用氨浸法，可选择性地浸出有价金属，浸出液较纯净，杂质含量低，浸出剂消耗少。

氨法浸出与酸法浸出相比，氨法浸出剂对矿石的侵蚀性小于酸法浸出剂，其与矿石的反应能力差，需要粒度小的矿粉增加反应接触位点，且氨法浸出对设备要求较高，氨水易挥发，会对环境造成污染，因此氨浸工艺的发展应用受到较大的限制。

氨浸体系中一般会采用氨-铵作为浸出剂。由于氨水具有强烈的挥发性，因此工业浸出中会添加$(NH_4)_2CO_3$、$(NH_4)_2SO_4$、NH_4Cl 等铵盐与其配制成缓冲体系。NH_3-$(NH_4)_2CO_3$ 体系浸出得到的铜氨溶液经过蒸馏后不仅可以获得铜，而且还可以回收 NH_3 和 CO_2，从而实现循环利用，这也是其他氨类浸出体系所不具备的优势。但碳酸铵分解温度较低，常温下会有分解现象，不易贮藏，容易分解产生氨气，污染环境；氯化铵分解温度比碳酸铵高，但也会有分解现象，运输过程易发生碰撞，导致爆炸，同时对设备腐蚀性强；而硫酸铵分解温度高，常温下不分解，耐藏和便于运输，对设备的腐蚀能力比氯化铵弱。因此，NH_3-$(NH_4)_2SO_4$ 体系为较好的氨浸体系。

4.2.2.5 生物浸出

(1)技术原理

生物浸出是指利用浸矿微生物的代谢活动或者是产生的初级、次级代谢产物将矿物中的有价金属提取进入溶液中。其主要机理为吸附在矿物表面的微生物和游离微生物将 Fe^{2+} 氧化为 Fe^{3+}，Fe^{3+} 作为化学氧化剂直接氧化硫化矿。

①直接作用。

硫化矿在微生物和氧气作用下，被氧化生成 $FeSO_4$ 和 $CuSO_4$。

黄铁矿浸出：

$$2FeS_2+7O_2+2H_2O \xlongequal{} 2FeSO_4+2H_2SO_4$$

黄铜矿浸出：

$$CuFeS_2+4O_2 \xlongequal{} CuSO_4+FeSO_4$$

辉铜矿浸出：

$$2Cu_2S+2H_2SO_4+5O_2 \xlongequal{} 4CuSO_4+2H_2O$$

铜蓝浸出：

$$CuS+2O_2 \xlongequal{} CuSO_4$$

$FeSO_4$ 可进一步氧化生成 $Fe_2(SO_4)_3$：

$$4FeSO_4+2H_2SO_4+O_2 \xlongequal{} 2Fe_2(SO_4)_3+2H_2O$$

低酸度下，$Fe_2(SO_4)_3$ 水解生成硫酸：

$$Fe_2(SO_4)_3+6H_2O \xlongequal{} 2Fe(OH)_3+3H_2SO_4$$

②微生物的间接作用。

在多数金属硫化矿石中，都含有黄铁矿。硫铁矿生物氧化浸出生成的

$Fe_2(SO_4)_3$，可以作为氧化剂氧化铜矿。

黄铁矿浸出：

$$FeS_2+Fe_2(SO_4)_3 = 3FeSO_4+2S$$

黄铜矿浸出：

$$CuFeS_2+2Fe_2(SO_4)_3 = CuSO_4+5FeSO_4+2S$$

辉铜矿浸出：

$$Cu_2S+2Fe_2(SO_4)_3 = 2CuSO_4+4FeSO_4+S$$

赤铜矿浸出：

$$Cu_2O+Fe_2(SO_4)_3+H_2SO_4 = 2CuSO_4+2FeSO_4+H_2O$$

上述反应中产生的单质硫可以在微生物和氧气作用下生成硫酸：

$$2S+3O_2+2H_2O = 2H_2SO_4$$

③复合作用。

生物浸出过程中，有时以直接作用为主，有时以间接作用为主。然而，由于矿物体系和氧化过程的复杂性，很多时候是两种作用兼而有之。事实上，由于大多数硫化铜矿石都含有硫化铁矿，铁的作用不可排除。

(2)浸矿微生物

根据浸出体系环境的不同，浸矿微生物主要分为碱性浸矿细菌和酸性浸矿细菌两大类；而根据生理结构和代谢营养底物的不同，又可将其分为化能自养型和化能异养型两种。在硫化铜矿浸出中，碱性浸矿细菌会将体系中的 Fe^{2+} 氧化为具有化学氧化作用的 Fe^{3+}，但 Fe^{3+} 也会与碱性介质发生反应产生 $Fe(OH)_3$ 胶体，覆盖在矿物表面，阻碍矿物的进一步溶解；而在酸性浸矿细菌的体系下，Fe^{3+} 不会形成 $Fe(OH)_3$ 胶体，浸出效果强于碱性浸矿细菌。

浸矿细菌按最适宜生长温度范围，通常可分为三类：中温菌、中度嗜热菌和极端嗜热菌。

①中温菌主要包括有放线菌属、硝化螺旋菌属、厚壁菌属和变形菌属等，最适宜生长温度小于 40℃，主要包括 *Acidithiobacillus ferrooxidans*、*Acidithiobacillus thiooxidans*、*Leptospirillum ferrooxidans* 等。

②中度嗜热菌主要包括有放线菌属、硝化螺旋菌属、厚壁菌属和变形菌属等，最适宜生长温度为 40~60 ℃，主要包括 *Acidimicrobium ferrooxidans*、*Sulfobacillus thermosulfidooxidans*、*Sulfobacillus acidophilus*、*Leptospirillum ferriphilum* 等。

③极端嗜热菌主要是古生菌属，最适宜生长温度为 60~85 ℃，主要包括 *Metallosphaera sedula*、*Sulfolobus sp.*、*Acidianus sp.*、*Sulfurcoccus mirabilis* 等。

(3)影响浸出的因素

影响生物浸出的因素有很多，大致分为三类，包括物理因素、化学因素和生物因素。

①物理因素主要有矿物类型、矿石粒度、充气状况、脉石性质、温度等。

a. 矿物类型：矿物的浸出主要取决于矿物的类型，因为各种矿物的化学组成、导电性质、晶格能、溶解度等都是有差异的，其中晶格能是极其重要的影响因素。例如黄铜矿很难浸出，一个非常重要的原因就是晶格能太大，高达 17500 kJ/mol。

b. 矿石粒度：生物浸出是在矿石表面发生的，矿石粒度是浸出过程中非常重要的因素。矿石粒度越细，其比表面积越大，与浸出剂的接触面积越大，浸出速率越快。

c. 充气状况：生物浸出的菌种为好氧型细菌，氧含量充足意味着菌群会有较好的长势，生物浸出速率会较快。常温常压下，水中氧的溶解量为 7 mg/L。因此在实际浸出过程中，要求溶液中通气速度为 0.06~0.1 $m^3/(m^3 \cdot min)$。

d. 脉石性质：当脉石为酸性矿物时，宜选择酸性体系和酸性浸出细菌。当脉石为碱性矿物时，宜选择碱性体系和碱性浸矿细菌。

e. 温度：生物浸出过程中，温度会通过影响浸矿细菌的活性，从而影响浸出速率。当浸出体系处于浸矿细菌的最适生长温度时，如 *Acidimicrobium ferrooxidans*、*Acidithiobacillus thiooxidans* 等嗜常温菌为 25 ~ 30℃，*Leptospirillum ferriphilum* 为 45℃，此时浸矿细菌的活性最高，而且产生的初级、次级代谢产物较多，浸出速率最快。

②化学因素主要包括氧化还原电位、pH、酸平衡等。

a. 氧化还原电位：生物浸出体系的氧化还原电位受 Fe^{2+} 和 Fe^{3+} 浓度、温度和 pH 等的控制，其中 Fe^{2+} 和 Fe^{3+} 浓度是最易调控的因素。在其他条件相同的情况下，Fe^{2+} 浓度越高，Fe^{3+} 浓度越低，则氧化还原电位越低。一般来说，较低的氧化还原电位条件有利于硫化铜矿的浸出。

b. pH：一般来说，生物浸出所用的浸矿细菌为嗜酸菌，其最适生长的 pH 范围在 1~2，所以浸出过程中体系调控的 pH 也在 1~2。

c. 酸平衡：虽然生物浸出过程中常用的细菌为酸性浸矿细菌，但在生物浸出过程中，体系的酸度太大会抑制菌种的活性，需要加入碱性物质来中和部分产生的酸。

③生物因素主要包括浸矿细菌的种类和浓度等。

a. 浸矿细菌种类：浸矿细菌有 30 多种，这些细菌按不同的分类方式可划分为不同的种类，生物浸出体系中通常为混合细菌，其中主要为铁氧化菌和硫氧化菌。工业应用的浸矿细菌主要为嗜温菌和中等嗜热菌，个别为极端嗜热菌。

b. 浸矿细菌浓度：在生物浸出实验研究中，适宜的浸出体系中游离细菌浓度为 10^7 个/mL。在工业应用中，游离细菌浓度一般在 10^6 个/mL 以上，矿石吸附细菌浓度一般在 10^7 个/g 以上，萃余液中细菌浓度通常为 10^4~10^5 个/mL。

浸矿细菌对铁、硫的氧化会影响生物浸出体系的温度、pH、电位、金属离子浓度等物理化学参数，这些参数的变化反过来又会影响细菌种类、组成及活性。

(4)技术适应性及特点

生物浸出技术对矿产资源品位要求低，通常将硫化矿物氧化生成单质硫或硫酸，不产生 SO_2，可大大降低对空气的污染，具有生产成本低、设备简单、工艺流程短、反应过程温和、环境友好等优点，特别适合处理低品位、复杂、难处理的矿产资源，工业固体废弃物及二次资源。

(5)应用实例

德兴铜矿堆浸厂最初的设计废石铜品位为 0.15%，由于选矿厂矿石入选品位逐渐降低，堆浸厂废石的铜品位降至 0.09%，铜年浸出率仅为 9%左右。2009 年，德兴铜矿进行了嗜温菌–中等嗜热菌–嗜热菌分段浸出原生硫化铜矿表外矿万吨级堆浸工业试验。堆场面积 3000 m^2，矿堆堆长 44 m，宽 29 m，平均堆高 6 m，矿石 1.1177 万 t，为原生硫化铜矿剥离后的表外矿。矿石铜品位为 0.12%，铜的物相及其比例为：原生硫化铜占 73.17%，硅酸盐中铜占 20.67%，次生硫化铜占 4.43%，氧化铜占 1.57%，其他占 0.16%。采用嗜温菌、中等嗜热菌、嗜热菌依次接种、分段浸出低品位原生硫化铜矿，每段浸出时间均为 4 个月，三段铜浸出率分别为 3.24%、12.37%和 5.02%，总浸出率可达 20.63%，最终铜离子质量浓度达到 2.08 g/L。

4.3　萃取技术

4.3.1　技术原理

金属离子萃取技术是使水溶液中的金属离子与萃取剂反应，并使之进入有机相的分离方法。有机相包括萃取剂、有机溶剂(稀释剂)和其他添加剂，它不与水互溶。

萃取剂和金属离子生成的化合物称为萃取配位化合物，简称萃合物。萃取的化学反应通常包括阳离子交换、阴离子交换、离子缔合、溶剂化等，生成的配合物可能是简单配合物，也可能是螯合物。由于各种金属离子与萃取剂生成的配合物的稳定性不同，构成了它们分离的基本条件。铜溶剂萃取过程一般可用如下方程式表示：

$$2RH+Cu^{2+} \longrightarrow R_2Cu+2H^+$$

式中：RH 为萃取剂；R_2Cu 为萃取剂与铜的萃合物。

萃取工艺流程基本包括两段，即萃取段和反萃段。在萃取段中，料液(水相)与选定的萃取溶剂(有机相)在萃取设备中先进行充分混合，使料液中被萃取的金属(溶质)尽可能地向有机相中转移，然后澄清，萃取相与萃余液分离。对分离后的萃取相和萃余液分别进行反萃处理及溶剂回收处理。在反萃段，萃取相与选定的反萃剂(通常是某种水溶液)混合，被萃取金属(溶质)与萃取剂分离并进入反萃液，反萃后的有机相得到再生，返回萃取段循环使用(图 4-4)。

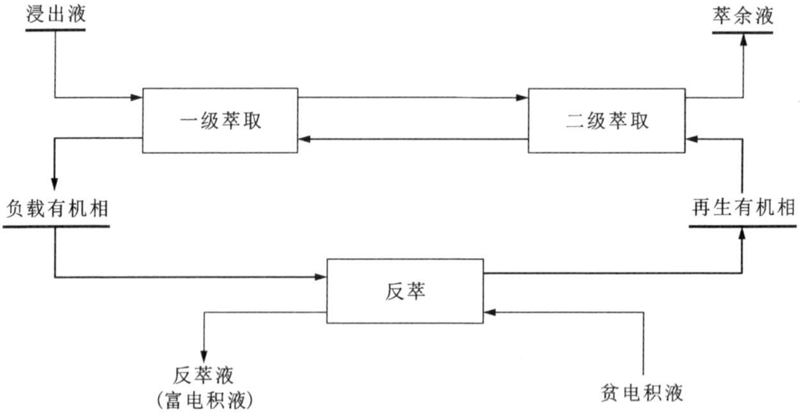

图 4-4　典型的二级萃取—一级反萃流程

4.3.2　技术适应性及特点

萃取技术具有如下优点：

①分离富集效率高，尤其适用于低浓度铜离子的分离富集。

②萃取剂可以循环使用，用量少、成本低。

③处理规模大。

实际生产中，萃取过程会受到相间污物、夹带、水相除油和萃取剂回收、有机相除水等因素的影响。

①相间污物。

铜萃取生产过程中，料液中的杂质和有机相往往会形成稳定的絮凝状乳化物，即相间污物。相间污物的存在使得分相速度变慢，导致分相困难。相间污物的夹带作用还会造成萃取剂的损失，增加生产成本。

②夹带。

在两相混合时，分散相会产生一些极小的液滴，在澄清槽中不能从连续相中分离出来，从而被夹带进下一工序。如果水相夹带了有机相，会造成有机相损失，增加生产成本；如果有机相夹带了水相，水相中的杂质会被传递到反萃液中，影响电积过程和阴极铜的质量。工业生产中还会出现有机连续相变成水相连续相的情况，也叫作“相倒转”，对此，最常用的鉴定方法是测量电导率，水相连续相的电导率远高于有机连续相的电导率。

③水相除油和萃取剂回收。

工业上，通常采用物理方法从水相中除油并回收萃取剂，最简单的方法是在澄清槽之后加一个后澄清槽，增加水相澄清的时间，此外还有气浮法、吸附法和溶剂抽提法。

从与有机相接触过的萃余液及反萃液水相中回收萃取剂对产品质量和生产成本的控制十分重要。工业上多采用物理回收的方法，最简单的方法是在澄清槽之后加一个后澄清槽，增加水相澄清的时间。

④有机相除水。

为防止有机相中夹带水相对萃取、反萃过程的影响，通常在不同级萃取、反萃作业之间设置有机相除水装置。例如，智利丘基卡马塔(Chuquicamata)厂采用了凝并器，促使有机相中的水溶液由小滴凝并成大滴，而后与相主体分离。

4.3.3　萃取剂

4.3.3.1　酸性萃取剂

酸性萃取剂也称液体阳离子交换剂，主要包括羧酸类、磺酸类及含磷类萃取剂。对铜分离效果最佳的是羧酸类萃取剂。在萃取过程中，萃取剂活性基上的氢与金属离子发生交换，所以酸性萃取剂的萃取机理为阳离子交换机理。

羧酸类萃取剂的优点是价格低廉、来源丰富，缺点在于它是一种弱酸性萃取剂，需要在较高的 pH 下才可以萃取，但在高 pH 环境下金属离子易沉淀，羧酸类萃取剂易发生乳化。

工业上常用 $C_7 \sim C_8$ 脂肪酸作萃取剂。典型的羧酸类萃取剂是环烷酸，其化学结构式如图 4-5 所示。

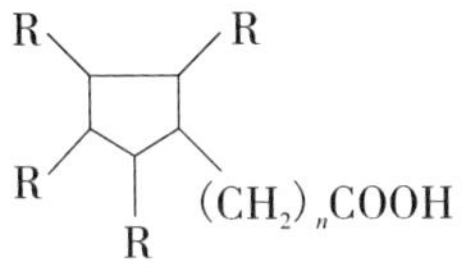

图 4-5　环烷酸的化学结构式

它是石油工业精制柴油的副产品，属于一元羧酸，工业品是深色油状混合物，溶于烃类，几乎不溶于水。环烷酸广泛地用于铜和镍的萃取分离以及稀土元素的分离和提纯。环烷酸具有价格低廉、来源丰富、萃取平衡酸度低及易反萃等优点。用 1 mol/L 环烷酸从含 Cu、Zn、Co、Ni、Mn 的溶液中萃取铜，富集比可达 30 以上，反萃可得到含 Cu 90~100 g/L 的 $CuSO_4$ 溶液。环烷酸也存在一些不足，如稳定性差，易与醇类发生酯化反应造成有机相黏度增加，分相慢，流动性差，半萃取 pH 较高，易出现乳化现象等。

4.3.3.2 碱性萃取剂

碱性萃取剂主要是伯、仲、叔胺与季铵盐。碱性萃取剂与金属离子的作用机理是阴离子交换反应，胺分子中的3个氢依次被烷基取代，生成3种不同的胺及季铵盐。由于胺分子中既有亲水部分又有亲油部分，因此在使用过程中易形成乳状液，从而给相分离和萃取操作带来困难。为了得到良好的相分离性能，应该尽可能选择在有机溶剂中溶解度大，而在水中溶解度小的有机胺作为萃取剂。

伯、仲、叔胺是具有中等强度碱性的萃取剂，它们必须与强酸作用生成胺盐阳离子(如 RNH_3^+、$R_2NH_2^+$、R_3NH^+)后，才能萃取金属配合阴离子或含氧酸阴离子。所以伯、仲、叔胺的萃取只有在酸性溶液中才能进行。季铵盐属于强碱性萃取剂，它本身就含有阳离子 R_4N^+，所以能够直接与金属配合阴离子缔合，因此，季铵盐在酸性、中性和碱性溶液中均可有效地萃取金属。

胺及其他一些含氮萃取剂是萃取铜的重要萃取剂，例如伯、仲、叔胺与季铵盐，多元氮等都可以萃取铜。工业上用于铜的重要碱性萃取剂是N235(三烷基胺，结构式为 R_3N，R为 C_8~C_{10} 烷基)，它是一种叔胺萃取剂，25℃时的密度为0.8153 g/cm³，黏度为 $10.4×10^{-3}$ Pa·s，在水中溶解度小于10 mg/L，平均相对分子质量为387。采用N235-异辛醇-磺化煤油体系从氰化浸金贫液萃取铜、锌，以NaOH溶液为反萃剂从负载有机相中反萃铜、锌，铜、锌的富集浓度分别可达到35 g/L、15 g/L以上，铜的回收率达99%，铜锌分离后铜的纯度可达98%。

4.3.3.3 中性萃取剂

中性萃取剂为中性分子，它可以通过给电子基团与金属离子作用，增大金属离子在有机相中的溶解度，从而实现对金属离子的萃取。

中性萃取剂主要有两种，一种是含有C—O键、C ═O键的萃取剂，如醚、酯、醇和酮等；另一种是O或S与P键合的萃取剂，如烷基磷酸三酯、硫醚等。磷酸三丁酯(TBP)是应用较成功的有机磷萃取剂，它包括磷酸三正丁酯(TnBP)、磷酸三仲丁酯(TsBP)和磷酸三异丁酯(TiBP)三种同分异构体，最常用的是TnBP，它们的化学结构式如图4-6所示。

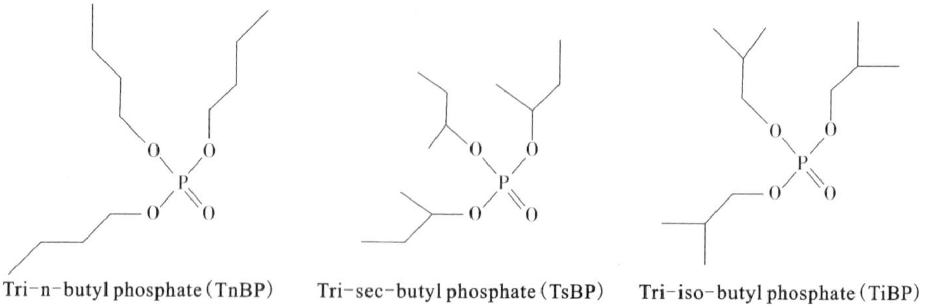

图4-6 TBP的三种同分异构体

醚、酯、醇和酮类萃取剂可与金属离子通过氢键搭桥，其萃合物中可能会有部分水。有机磷萃取剂尤其是强极性有机磷萃取剂具有很强的排水性，它可以取代金属离子周围的配位水分子。

4.3.3.4　**络合萃取剂**

络合萃取剂在萃取过程中与金属离子生成配合物，当萃取剂分子中有两个或两个以上原子与金属离子键合时，还可形成螯合物。络合萃取剂中具有一些重要的配位基，其选择性通常比酸性萃取剂要好，这是因为络合萃取剂只有对合适的金属离子才能形成配合物，而酸性萃取剂与金属离子间不存在配位作用。

络合萃取剂主要包括肟类和 β-二酮，肟类萃取剂指羟胺与醛或酮的缩合物，其特征是具有肟基(—C ═N—OH)。由酮或醛合成的肟，分别为酮肟和醛肟。长碳链的肟可与铜形成十分稳定的螯合物，是铜的有效萃取剂，并且具有很高的萃取选择性。最常用的肟类萃取剂是羟基二苯酮肟，由美国通用制造公司(General Mills Inc.)推出，他们研发的萃取剂 LIX64 和 LIX65N 主要成分分别为 2-羟基-5-十二烷基二苯甲酮肟和 2-羟基-5-壬基二苯甲酮肟，其化学结构式如图 4-7 所示。

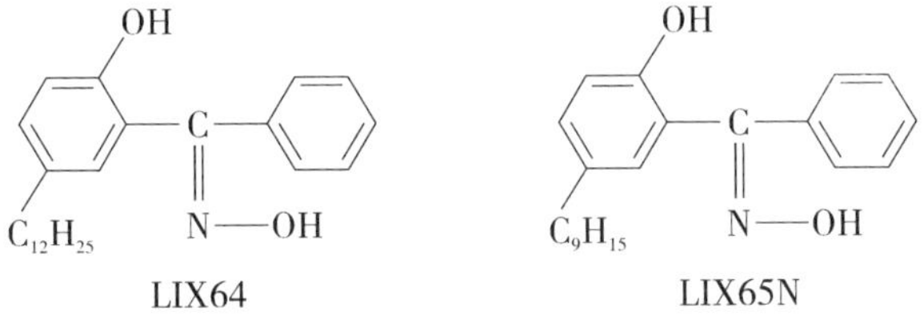

图 4-7　LIX64 和 LIX65N 的化学结构式

LIX64 对铜有很好的选择性，Cu/Fe 选择性系数大于 100，可在 pH 为 1.5~2.0 时萃取铜，负载的铜可用含硫酸 150 g/L 的贫电积液反萃。1967 年建成的世界上最早的两家铜萃取厂蓝鸟(Bluebird)和巴格达(Bagdad)就使用了这种萃取剂。LIX65N 萃取能力比 LIX64 更强，可以在更高的酸度下使用，其 Cu/Fe 选择性也高于 LIX64。

β-二酮类萃取剂作为一种螯合萃取剂，能有效萃取常见金属，常用于水溶液和氨水溶液中，通过液-液离子交换，从含有镍、铜的溶液中提取金属。最具代表性的 β-二酮类萃取剂是 2，4-戊二酮($CH_3COCH_2COCH_3$，常称作乙酰丙酮)。

4.3.4　应用实例

①德兴铜矿。

德兴铜矿堆浸厂 1997 年建成投产时，采用二级萃取——一级反萃流程对浸出液进行富集。萃取过程均采用低速搅拌、双混合室串联、澄清槽分离模式；处理量为320 m^3/h，原液铜质量浓度为1 g/L，萃取回收率为90%以上。随着矿石品位降低，原液铜质量浓度降至0.3 g/L左右。德兴铜矿为提高萃取工段处理能力，2004年将二级萃取——一级反萃改为一级萃取——一级反萃，使处理量提高至640 m^3/h，2005年又扩建至处理量为960 m^3/h。以LIX984N为萃取剂，在常温下逆流循环，相比为1，混合时间3 min，澄清速率3.6 $m^3/(m^2 \cdot h)$，用含铜40 g/L、铁小于5 g/L、硫酸175 g/L的贫电积液作反萃剂，进行闭路循环，反萃后合格液含铜45 g/L、铁小于5 g/L、硫酸160 g/L，萃取回收率约为88%，如图4-8、图4-9所示。

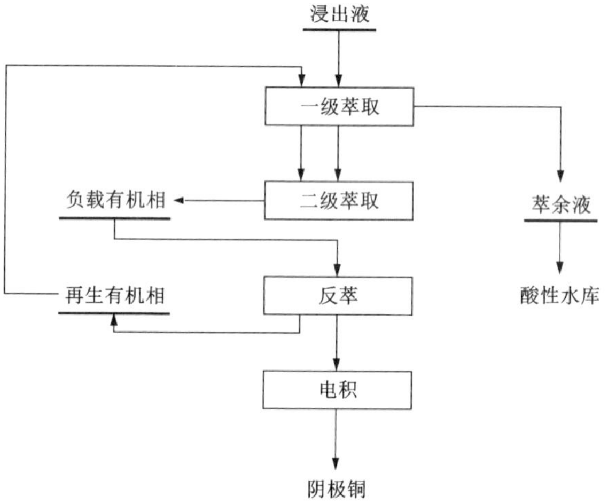

图4-8　改造前的二级萃取——一级反萃流程

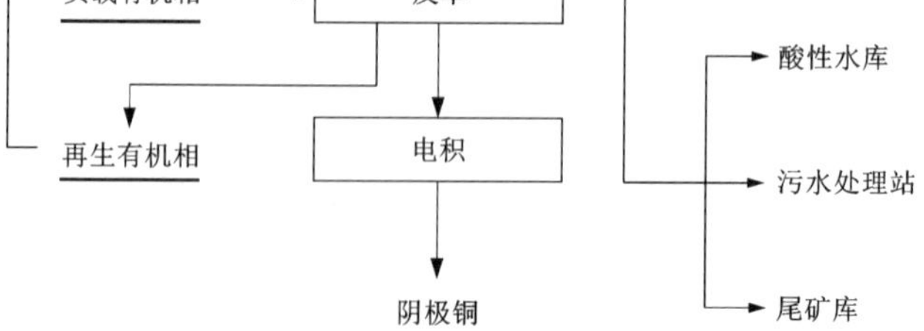

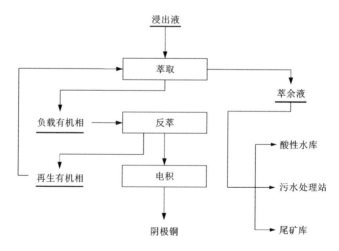

图4-9　改造后的一级萃取——一级反萃流程

②东川汤丹铜矿。

为了解决氨浸工艺中铜铵溶液蒸氨时蒸馏塔的结疤问题，20 世纪 90 年代东川汤丹铜矿提出了氨浸—萃取—电积工艺。研究发现，氨性萃取剂 LIX54 能够很好地从铜氨溶液中把 Cu^{2+} 萃取到有机相中，并能用硫酸溶液很好地反萃。1990 年 10 月进行了 5 t/d 试验，氨浸阶段铜浸出回收率为 75.64%，萃取段铜回收率可达到 98.5%，反萃富铜液进行电积，获得的电积铜纯度大于 99.95%，全流程总回收率 83.95%。1997 年，在东川建成了一座 500 t/a 电铜的氨浸—萃取—电积湿法冶金示范工厂。

③铜矿峪铜矿。

铜矿峪铜矿对就地浸出合格液送萃取工段进行富集时，采用 LIX984N 作萃取剂，萃取流程为二级逆流串联萃取，一级反萃。浸出合格液含铜质量浓度控制在 0.8~1.5 g/L，相比 O/A 为 1~1.1，pH 为 2 左右，反萃硫酸质量浓度为 160~180 g/L，萃取后的萃余液含铜质量浓度为 0.02~0.08 g/L，将其适当补充硫酸和水后返回溶浸采场，萃取率在 95%以上。

④圣曼纽尔铜矿。

圣曼纽尔铜矿萃取工厂共有 4 个系列，每列二级萃取，一级反萃。萃取剂为 LIX984，稀释剂为 Philips SX-7，有机相中 LIX984 含量为 4%。料液中含 Cu 0.74 g/L，Fe 1.2 g/L，pH 为 2。每列料液流量 1045 m^3/h，有机相流量 840 m^3/h，反萃贫电积液流量 727 m^3/h。萃取第一级水相连续，萃取第二级和反萃级为有机相连续。

4.4　电积技术

4.4.1　技术原理

铜电积就是在直流电的作用下，用惰性阳极将溶液中的铜离子沉积在阴极上，形成纯度较高的阴极铜的过程。铜电积一般处理铜离子浓度较高(>40 g/L)的硫酸铜溶液，并通常伴随着铜的萃取。电积过程可用下列方程表示：

阴极反应：

$$Cu^{2+}+2e^- \longrightarrow Cu$$

阳极反应生成氧气：

$$4OH^- \longrightarrow O_2\uparrow +2H_2O+4e^-$$

总反应：

$$2CuSO_4+2H_2O = 2Cu+2H_2SO_4+O_2\uparrow$$

铜电积过程中阳极板多采用 Pb-Ca-Sn 合金等。对于阴极材料，传统电积技术使用纯铜作为阴极始极片，铜使用量较大，电流密度较低。1978 年，澳大利亚芒特艾萨(Mount ISA)矿业公司的汤斯维尔精炼厂(CRL)开发了艾萨电解法(ISA法)。该法采用永久不锈钢阴极代替铜始极片，不锈钢阴极比铜始极片平直、不易变形，因而可缩短极距并采用较高电流密度，大大提高了生产能力。此后，相继出现了多种采用不锈钢阴极的电解技术，包括加拿大鹰桥公司的奇得克思冶炼厂于 1986 年开发的 KIDD 法，芬兰奥托昆普公司于 2001 年开发的 OT 法，以及加拿大 EPCM 公司于 2008 年开发的 EPCM 法等。

传统电积技术是将阴、阳极放置在缓慢流动或停滞的槽体内，在直流电的作用下，阴离子向阳极定向移动，阳离子向阴极定向移动，通过控制一定的技术条件，目标金属离子在阴极得到电子而沉积析出，从而得到电积产品。传统电积工艺存在浓差极化现象，使阴极产品质量严重下降，对电积液品质要求高，且易产生酸雾，生产环境差，对操作人员身体产生严重危害。因此，目前大多采用旋流电积技术。

旋流电积技术是一种利用溶液旋流工作的方式，对有价金属进行选择性电积的新技术。该技术是基于各金属离子析出电位的差异，即被提取的金属与其他金属离子有较大的电位差，则电位较高的金属在阴极优先析出。将电积液高速斜射入电积槽中，增加电积液流动速度，有效加强了传质过程，降低了浓差极化。旋流电积槽中，电积液自下而上高速旋转流动，改变了电积液的循环方式。在阴极表面，液流平行于阴极向上旋转流动，利于电流均匀分布。该技术通过高速消除浓差极化等对电积不利的因素，避免了传统工艺在电积时所受的离子浓度、析出电位、pH 等多种因素的影响，从而生产出高质量的金属产品，具有低能耗、选择性强、金属回收率高等特点，且不产生有毒气体，对环境友好，特别适合浓度低、成分复杂的溶液进行选择性电积分离和提纯，如图 4-10 所示。

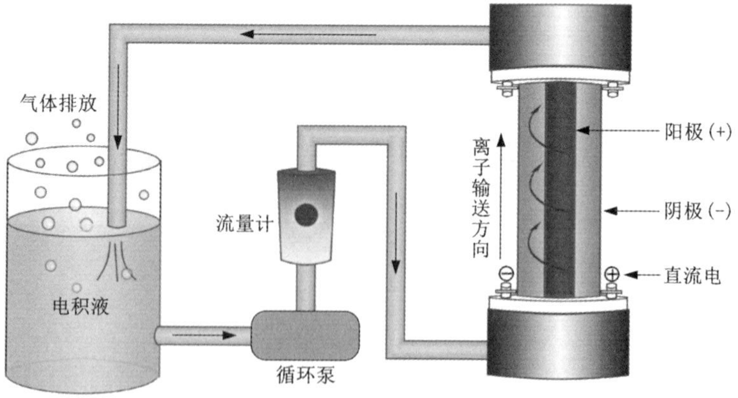

图 4-10　旋流电积示意图

4.4.2　技术适应性及特点

(1)影响铜电积的因素

实际生产中，影响铜电积过程因素主要包括：

①铜离子浓度。

适宜的 Cu^{2+} 质量浓度为 35～80 g/L。电积液中的铜离子浓度过高，溶液的电阻会增加，电流效率降低，还会引起阳极钝化，增加电耗。

②硫酸浓度。

电积液中，适宜的硫酸质量浓度为 150～180 g/L。硫酸浓度太低，会降低溶液的导电率；浓度太高，会引起硫酸铜溶解度的降低，易造成阳极钝化。

③槽电压。

槽电压主要包括阳极电位、阴极电位、电积液电阻所引起的电压降、导体上电压降及槽内各接触点电压降等。槽电压的高低受电流密度、极距、电积液成分、阳极成分、温度、接触点接触情况等因素的影响。槽电压越大，能耗越高。适宜的槽电压为 1.7～2.5 V。

④电流密度。

电流密度低的条件下，已形成的晶核不断均匀长大，新的结晶却不易形成。在低电流密度下得到的是粗结晶，均匀却不致密。电流密度高时，易得到细结晶，但电流密度过高，阴极附近铜离子迅速缺乏，无充足铜离子来结晶。因此，提高电流密度电积时，必须同时增加电积液的循环速度，适当调整电积液成分。工业上，电流密度一般为 90～150 A/m^2，最高可达 250 A/m^2，永久阴极法可提高到 280～340 A/m^2，电流效率为 80%～95%，部分电积厂电流效率>95%。

⑤电积温度。

提高电积温度有利于降低电积液黏度，加快离子扩散速度，降低电积液电阻，使阳极泥易沉降。但温度过高会使电积液蒸发量和酸雾产生量增大，并且使添加剂消耗量增加。电积温度一般控制在 40～50℃。

⑥添加剂。

铜电积过程中，在电积液中添加少量添加剂可以得到表面形貌好、纯度高的阴极铜产品。添加剂能有效提高阴极铜的平滑度，减少粒子生长和杂质附着，避免短路。目前，较常使用的添加剂为明胶、硫脲、硫酸钴、阿维同-A、干酪素等。

⑦电积液杂质。

电积液中一般会存在少量杂质，杂质会对电积铜的质量造成很大危害。杂质有可能是电解质过滤时带入的固体颗粒，也有可能是电积产生的铜或氧化铜颗粒，还有可能是空气中的浮尘颗粒。但是，杂质最主要的来源通常是阳极。惰性阳极几乎都是铅合金，电积时，其表面发生氧化，产生硫酸铅或氧化铅，脱落下来就会悬浮在溶液中成为杂质。这些悬浮颗粒吸附在阴极表面时，形成了结晶中心，在铜板上生长出大小不同的铜颗粒。这种杂质的含量是铜板基体的几十到几百倍，严重时甚至会导致极板间短路。

经过溶剂萃取的电积液在组成上比可溶阳极电积液纯度高，即使含有一些电极电位远在铜之上的金属离子(如 Fe^{2+}、Fe^{3+})，在铜电积时也不会影响铜的质量。

因为电积液与有机相接触，所以难免含有微量有机物。当有机物达到一定量时阴极沉积的铜会变黑(尤其是上部)，称为“有机烧板”。这种黑色物质脆弱且呈粉末状，会成为大量的固体杂质。将电积液中的有机相浓度降至 5 mg/L 以下可以有效防止“有机烧板”现象。

(2)铜电积过程的优缺点

铜电积技术的优点有：

①效率高,产品纯度高,易于大规模生产。

②金属铜较柔软，易于实现阴极铜的自动化剥离。

铜电积技术存在的问题主要有：

①能耗高，吨铜电耗为 2000~4000 kW·h，占生产成本比例较大，因此需要通过工艺条件的优化实现节能降耗。

②车间有酸雾产生，需要加以控制。

4.4.3 应用实例

①德兴铜矿。

德兴铜矿堆浸厂的反萃合格液采用艾萨法电积，用不锈钢作为阴极，省去始极片的制作与加工。阳极板采用 Pb-Ca-Sn 合金。电积液经吸附塔分离残留有机物后送入电积槽，电积贫液再次返回反萃工序。电积液铜离子浓度为 35~45 g/L，电积液循环量为 60~80 m^3/h，槽电压 1.9~2.2 V，电流密度为 150~200 A/m^2，电积周期 10~14 d。电积回收率为 99.5%，阴极铜纯度达 99.998%以上，每年回收铜金属 1500 t 左右，每吨铜生产成本约为 1.3 万元。当电积液中铁离子浓度积累到一定限度时，输送至酸处理车间，采用 NSH 型阴离子膜扩散渗析器回收部分硫酸，硫酸回收率达 72.5%，铁去除率为 95.6%。余液返回堆场喷淋，整个流程实现闭路循环。

②铜矿峪矿。

2000 年 5 月，铜矿峪矿开始采用萃取工段的反萃合格液生产电积铜。阳极选用 Pb-Ca-Ag-Sn 合金，阴极为铜始极片。电积液采用上进下出的循环方式。电积富液铜浓度为 40~45 g/L，电流密度为 150~180 A/m^2，槽电压 1.8~2.2 V，电流效率大于 92%，生产周期 7~8 d。5—8 月的试生产表明，电积回收率可达 99.5%，浸出—萃取—电积综合回收率 71.06%，每吨铜生产成本约 1 万元。

本章参考文献

[1] 孙传尧. 选矿工程师手册[M]. 北京: 冶金工业出版社, 2015.
[2] 黄礼煌. 化学选矿[M]. 2 版. 北京: 冶金工业出版社, 2012.
[3] 沈旭. 化学选矿技术[M]. 北京: 冶金工业出版社, 2011.
[4] 朱屯. 现代铜湿法冶金[M]. 北京: 冶金工业出版社, 2002.
[5] 李宏煦. 硫化铜矿的生物冶金[M]. 北京: 冶金工业出版社, 2007.
[6] 王淀佐, 邱冠周, 胡岳华. 资源加工学[M]. 北京: 科学出版社, 2005.
[7] 张启修, 张贵清, 唐瑞仁, 等. 萃取冶金原理与实践[M]. 长沙: 中南大学出版社, 2014.
[8] 王毓华, 邓海波. 铜矿选矿技术[M]. 长沙: 中南大学出版社, 2012.
[9] 于润沧. 采矿工程师手册(上下册)[M]. 北京: 冶金工业出版社, 2009.
[10] HARVEY T J, HOLDER N, STANEK T. Thermophilicbioleaching of chalcopyrite concentrates with GEOCOAT® Process [C]//Alta 2002 Nickel/Cobalt 8-Copper 7 Conference, Perth, Australia, 2002.
[11] 戴贱生. 德兴铜矿低品位矿石堆浸扩能提质生产实践[J]. 采矿技术, 2010, 10(4): 29-31.
[12] 占幼鸿. 废水资源化利用在德兴铜矿的实践[J]. 有色金属工程, 2015, 5(4): 90-93.
[13] 沈慧, 赖永峰. 德兴铜矿探寻绿色循环经济发展模式: 念响矿山复绿的“四字真经”[N]. 中国有色金属报, 2015-12-17(2).
[14] 刘小平, 刘炳贵. 永平铜矿低品位氧化矿堆浸技术的改进[J]. 湿法冶金, 2004, 23(4): 215-217.
[15] 朱光明. 永平铜矿采矿场南坑酸性废水回收利用[J]. 铜业工程, 2015(4): 38-40.
[16] BHAPPU R B, CHASE C K, 刘振中. 氧化铜矿处理的生产实践及其存在问题[J]. 国外金属矿选矿, 1979, 16(5): 49-60.
[17] 王卉. 铜矿峪铜矿原地爆破浸出湿法提铜技术[J]. 采矿技术, 2006, 6(3): 170-172.
[18] 吉兆宁. 地下溶浸采矿技术在我国铜矿山的应用[J]. 有色金属(矿山部分), 2002, 54(3): 11-13.
[19] 刘大星, 蒋开喜, 王成彦. 铜湿法冶金技术的现状及发展趋势[J]. 有色冶炼, 2000, 29(4): 1-5.
[20] 李卫民. 硫化铜矿的处理-Galvanox™ 工艺与 Sepon 工艺的评估[J]. 中国有色冶金, 2009, 38(4): 1-5.
[21] 刘志雄. 氨性溶液中含铜矿物浸出动力学及氧化铜/锌矿浸出工艺研究[D]. 长沙: 中南大学, 2012.
[22] 温建康. 生物冶金的现状与发展[J]. 中国有色金属, 2008(10): 74-76.
[23] BATTY J D, RORKE G V. Development and commercial demonstration of the BioCOP™ thermophile process[J]. Hydrometallurgy, 2006, 83(1/2/3/4): 83-89.
[24] 赵洪冬. 高碱性脉石低品位氧化铜矿浸出工艺及氨浸动力学研究[D]. 长沙: 中南大

学, 2014.

[25] HYVÄRINEN O, HÄMÄLÄINEN M. HydroCopper™—a new technology producing copper directly from concentrate[J]. Hydrometallurgy, 2005, 77(1/2): 61-65.

[26] CONEJEROS V, PÉREZ K, JELDRES R I, et al. Novel treatment for mixed copper ores: Leaching ammonia-Precipitation-Flotation (L. A. P. F.)[J]. Minerals Engineering, 2020, 149: 106242.

[27] ZHANG Y H, ZHAO H B, QIAN L, et al. A brief overview on the dissolution mechanisms of sulfide minerals in acidic sulfate environments at low temperatures: Emphasis on electrochemical cyclic voltammetry analysis[J]. Minerals Engineering, 2020, 158: 106586.

[28] PRADHAN N, NATHSARMA K C, SRINIVASA R K, et al. Heap bioleaching of chalcopyrite: a review[J]. Minerals Engineering, 2008, 21(5): 355-365.

[29] HUANG X T, LIAO R, YANG B J, et al. Role and maintenance of redox potential on chalcopyrite biohydrometallurgy: An overview[J]. Journal of Central South University, 2020, 27(5): 1351-1366.

[30] 刘美林, 臧宏, 周成英, 等. 嗜温菌、中等嗜热菌、嗜热菌分段浸出原生硫化铜矿表外矿万 t 级工业堆浸试验[J]. 湿法冶金, 2012, 31(6): 357-362.

[31] 王帅, 王明月, 杨佳, 等. 有机磷选冶药剂的合成与应用[J]. 矿产保护与利用, 2020, 40(2): 1-9.

[32] 刘殿文, 张文彬. 东川汤丹难处理氧化铜矿加工利用技术进步[J]. 中国工程科学, 2005, 7(S1): 260-265.

[33] 刘维. MACA 体系中处理低品位氧化铜矿的基础理论和工艺研究[D]. 长沙: 中南大学, 2010.

[34] XU H, LI B, WEI Y G, et al. Extracting of copper from simulated leaching solution of copper-cadmium residues by cyclone electrowinning technology[J]. Hydrometallurgy, 2020, 194: 105298.

[35] 吉兆宁, 陈焰峰, 王素平. 地下生物浸出湿法炼铜厂 2000 t/a 可行性研究[J]. 金属矿山, 2004(z1): 385-390.

第 5 章　噪声和大气污染治理技术

在铜矿采选的各个环节，均有噪声、粉尘和废气产生，会对工人身体健康和大气环境造成一定影响。治理铜矿噪声和大气污染，对于保护工人职业健康和大气环境具有重要意义。

5.1　噪声防治技术

现代铜矿山以机械化作业为主，采选过程中不可避免地产生大量的噪声。工人长期暴露在噪声下作业，不仅会影响听力，而且会诱发各种疾病，影响生产效率。噪声还会影响周边居民的正常生活，危害居民身体健康。为降低噪声强度，减少噪声对厂界外环境的影响，一般从噪声源头、噪声传播途径、提升工人的噪声防护条件等三个方面采取措施。

5.1.1　噪声的来源与危害

按照声源的不同，噪声主要分为空气动力性噪声、机械性噪声和电磁噪声。空气动力性噪声是气体中有涡流或发生了压力突变引起气流的扰动而产生的，如爆破、凿岩机、扇风机、鼓风机、空气压缩机等产生的噪声。机械性噪声是在撞击、摩擦、交变的机械应力作用下，机械的金属板、轴承、齿轮等发生振动而产生的，如球磨机、破碎机、电动机、变压器等产生的噪声。电磁噪声是磁场脉动、磁场伸缩引起的电气部件振动而发出的声音，主要由电动机引起，多数与前两种噪声共生。

矿山噪声的特点是声源多、连续噪声多、声级高、衰减慢。由于井下工作面狭窄、反射弧面大，直达声在巷道表面多次反射形成混响场，使设备噪声声级比在地面开动时高 5~6 dB。选矿厂的噪声主要来自圆锥破碎机、振动筛、球磨机、水泵及风机等，噪声声级为 85~100 dB，噪声频谱特性呈高、中频。各种矿山机械设备的噪声声级在未经处理时，其声级都超过国家标准《工业企业厂界环境噪声排放标准》(GB 12348—2008)的规定。

常用矿山设备噪声声级如表 5-1 所示。

表 5-1 常用矿山设备噪声声级

序号	噪声设备名称	噪声声级/dB	备注
1	高风压潜孔钻机	105~110	采矿厂
2	移动式增压机	110~115	采矿厂
3	中深孔凿岩机	110~115	采矿厂
4	电动铲运机	88~98	采矿厂
5	柴油铲运机	88~98	采矿厂
6	浅孔凿岩机	110~115	采矿厂
7	矿用节能通风机	105~110	采矿厂
8	颚式破碎机(粗碎)	95~105	选矿厂
9	圆锥破碎机	87~97	选矿厂
10	推土机	90~100	堆浸场
11	液压挖掘机	88~90	堆浸场
12	空气压缩机	85~90	萃取工段
13	鼓风机	110~115	堆浸场、萃取工段、废水处理厂
14	玻璃钢离心风机	125	电积工段

矿山噪声的主要危害是影响正常生活，对矿工造成听觉的损伤，造成心理和生理上的多种疾病，影响矿山安全生产和降低劳动生产率等，如表 5-2 所示。

表 5-2 矿山噪声危害

序号	影响方面	危害
1	影响正常生活	使人们没有一个安静的工作和休息环境，烦躁不安，妨碍睡眠，干扰谈话等。噪声超过 50 dB，人就难以入睡；如果噪声达到 100~120 dB，几乎每个人都会从睡眠的状态中醒过来
2	对矿工造成听觉的损伤	矿工长期在噪声 90 dB 以上的环境中工作，将导致听阈偏移，在 500 Hz、1000 Hz、2000 Hz 下听阈平均偏移 25 dB 称为噪声性耳聋
3	造成心理和生理上的多种疾病	噪声作用于矿工的中枢神经系统，使矿工生理过程失调，引起神经衰弱症；噪声还可引起心血管痉挛或血管紧张度降低，血压改变，心律不齐等，使矿工的消化机能衰退、胃功能紊乱、消化不良、食欲不振、体质减弱

续表5-2

序号	影响方面	危害
4	影响矿山安全生产和降低矿山劳动生产率	噪声超过 70 dB，人就不能正常工作。矿工在嘈杂环境里工作，心情烦躁，容易疲乏，反应迟钝，注意力不集中，影响工作进度和质量，也容易引起工伤事故；由于噪声的掩蔽效应，使矿工听不到事故的前兆和各种警戒信号，更容易发生事故

5.1.2 环境噪声排放标准

(1)工作场所噪声限制

国家标准《工业企业噪声控制设计规范》(GB/T 50087—2013)对各类工作场所噪声限制进行了规定，如表 5-3 所示。

表 5-3　各类工作场所噪声限制

序号	工作场所	噪声限值/dB
1	生产车间	85
2	车间内值班室、观察室、休息室、办公室、实验室、设计室室内背景噪声级	70
3	正常工作状态下精密装配线、精密加工车间、计算机房	70
4	主控室、集中控制室、通信室、电话总机室、消防值班室，一般办公室、会议室、实验室、设计室室内背景噪声级	60
5	医务室、教室、值班宿舍室内背景噪声级	55

注：①生产车间噪声限制为每周工作 5 d，每天工作 8 h 等效声级；对每周工作 5 d，每天工作时间不是 8 h，需计算 8 h 等效声级；对每周工作日不是 5 d，需计算 40 h 等效声级。②室内背景噪声级是指室外传入室内的噪声级。

根据国家职业卫生标准《工作场所有害因素职业接触限值 第 2 部分：物理因素》(GBZ 2.2—2007)，工作场所噪声职业接触限值和工作场所脉冲噪声职业接触限值分别如表 5-4 和 5-5 所示。

表 5-4　工作场所噪声职业接触限值

序号	接触时间	接触限值/dB	备注
1	每周工作 5 d，每天工作 8 h	85	稳态噪声； 非稳态噪声计算等效声级

续表5-4

序号	接触时间	接触限值/dB	备注
2	每周工作 5 d，每天工作时间不是 8 h	85	计算 8 h 等效声级
3	每周工作日不是 5 d	85	计算 40 h 等效声级

表 5-5　工作场所脉冲噪声职业接触限值

序号	工作日接触脉冲次数 n	声压级峰值/dB
1	$n \leqslant 100$	140
2	$100 < n \leqslant 1000$	130
3	$1000 < n \leqslant 10000$	120

(2)工业企业厂界环境噪声排放限值

工业企业厂界环境噪声不得超过如表 5-6 所示的《工业企业厂界环境噪声排放标准》(GB 12348—2008)的排放值。

表 5-6　工业企业厂界环境噪声排放限值

厂界外声环境功能区类别	排放限值/dB	
	昼间	夜间
0 类声环境功能区：康复疗养区等特别需要安静的区域	50	40
1 类声环境功能区：以居民住宅、医疗卫生、文化教育、科研设计、行政办公为主要功能，需要保持安静的区域	55	45
2 类声环境功能区：以商业金融、集贸市场为主要功能，或居住、商业、工业混杂，需要维护住宅安静的区域	60	50
3 类声环境功能区：以工业生产、仓储物流为主要功能，需要防止工业噪声对周围环境产生严重影响的区域	65	55
4 类声环境功能区：交通干线两侧一定距离之内，需要防止交通噪声对周围环境产生严重影响的区域	70	55

5.1.3　噪声源噪声控制措施

5.1.3.1　降低噪声产生的措施

在满足工艺设计的前提下，尽可能改进采、选生产工艺和选用低噪声设备，采用发声小或基本不发声的装置。如以焊代铆，以液压代替冲压、气动等提高矿山机械加工及装配精度，以减少机械振动和摩擦产生的噪声，对高压、高速气流要降低压差和流速或改变气流喷嘴形状。

5.1.3.2　机械设备噪声控制措施

对气动凿岩机、钻机、矿井扇风机等设备，应当采取措施降低其噪声。

(1)气动凿岩机噪声控制

气动凿岩机噪声包括废气排出的空气动力性噪声、活塞对钎杆的冲击噪声、凿岩机外壳和零件振动的机械噪声、钎头对被凿岩石振动的反射噪声等，其声级为110~120 dB，是井下危害最严重的噪声源。

降低排气噪声的方法是安装消声器，一是在排气口安装消声器，二是在凿岩机外安装消声器；降低钎杆冲击噪声的方法是采用钎杆减震套；采用超高分子聚乙烯制成的包封套或用吸收噪声的合金来作凿岩机外壳以消除机壳辐射的机械噪声。

(2) 钻机的噪声控制

通过在钻机上安装隔声操作间来对其产生的噪声进行控制。

(3) 矿井扇风机噪声控制

扇风机引起的噪声中，进气口和排气口辐射的空气动力性噪声最强，比机壳、管壁以及电动机轴承辐射的机械噪声和基础振动辐射的固体声高出10~20 dB。

扇风机的主扇噪声可通过机体隔声、电机房隔声和在排风口安装消声装置来控制机体辐射的噪声、固体声及排气口的空气动力噪声。其局扇噪声可采用安装消声器的方法进行控制。

例如，金口岭铜矿采取了一系列措施对主扇风机进行噪声治理：在机房四周装百叶窗，在风机机体外用砖砌墙，并在中间充填吸音材料，上部用玻璃钢瓦做顶，风道前后观察门改用双层吸声门，使机房噪声由原来的99 dB降至70 dB，居民住宅区的环境噪声降至48 dB以下，较好地解决了噪声对居民的干扰问题，改善了工作和生活环境。

(4) 空气压缩机噪声控制

空气压缩机噪声包括进、出气口辐射的空气动力性噪声，机械部件产生的机械噪声和驱动机(电动机或柴油机)噪声。该噪声呈现低频强、频带宽、总声级高的特点。

空气压缩机的噪声控制方法主要可通过在进、排气口安装消声器，在放空排气管末端安装多孔板吸声消声器，在机器机座与基础链接部分加减振器，在机组加隔声罩等方法来进行噪声控制。此外，空气压缩机站还可通过建造隔声间以及在内顶棚或墙壁悬吊吸声体的方式来进行综合治理。

(5)鼓风机噪声控制

鼓风机的噪声声源及控制措施与空气压缩机类似。德兴铜矿工业水处理站采用 HDS 技术处理工艺，曝气送风采用 ARE195 型罗茨风机，风机房内噪声平均值达 118.8 dB，曝气反应池靠近送风道处的噪声达 111.6 dB，风机房相邻厂界噪声达 75.5 dB，噪声污染十分严重，主要采用消声、隔声、隔振和包覆等措施降低噪声：

①消声：在进、出风管道上加设消音器，减弱进、出风口辐射出来的噪声。

②隔声和吸声：设置隔声室，在室内壁及天棚衬贴多孔性吸声材料，以消除机组产生的噪声。

③隔振：风机的外壳材料选用铸铁，增加设备自重与外壳厚度，减小自振。在风机进、出口处设置柔性波纹管减振接头，降低风机振动传递到风道上产生的辐射噪声。

④地下铺设和包覆风管：将出风管全部设在地面以下，利用土层吸音或用隔音材料包覆管道。

通过以上综合控制措施，德兴铜矿整个鼓风系统的噪声达到了规范要求。

(6)球磨机噪声控制

球磨机噪声是由于其滚筒内的金属球与筒壁衬板及被加工物料之间撞击而产生的机械噪声。其噪声控制方法如下：

①采用特制的橡胶衬板代替锰钢衬板，可使噪声降低 15~20 dB。

②安装阻尼、隔声套筒，可使噪声降低 10~15 dB，但该方法增加了球磨机运转中的负荷，且会给机体散热带来困难。

③建立隔声罩，可取得 20~30 dB 的降噪效果，但由于球磨机本身体积很大，使得隔声罩体积也很大，因此在设备布局比较紧凑的厂房中不易实现。

降低矿山各生产工序的噪声，是一个涉及采矿机械设备结构和材料、生产管理、劳动组织等多方面的综合性问题。通过加强对矿山噪声防治工作的管理，研制低噪声采矿机械设备和实现远距离操作，研制适合现在各类采矿机械设备的吸声、隔声、消声、隔振、阻尼装置，以及采用微型无线电通信和耳罩结合护耳器方案等都可有效实现矿山噪声的防治，降低噪声对人类的不良影响。

5.1.4 噪声传播途径控制措施

在设计中，着重从消声、隔声、隔振、减振及吸声上进行考虑，结合合理布置厂内设施，采取绿化等措施，可降低噪声 35 dB 左右，通常采用低噪声设备控制法控制噪声或隔声减振设备控制法，使噪声得到综合性治理，如应将主要噪声源车间或装置远离要求安静的车间、实验室或办公室等，或将高噪声设备尽量集中以便于控制；利用屏障阻止噪声传播，如利用天然地形山岗、土坡、树林、草丛或不怕吵闹的高大建筑或构筑物(如仓库)；利用声源的指向性特点来控制噪声，如将主扇排风井、空气压缩机等的排出口朝向旷野或天空，以减少对环境的影响。

5.1.5　个体防护措施

在工段中设置必要的隔声操作间、控制室等，使室内的噪声符合有关卫生标准。对于在高噪声源地点工作的工人，应佩戴耳塞、耳罩、头盔等防噪声用品；或采用工人轮换作业，缩短矿工进入高噪声环境的工作时间。几种常见矿山噪声控制的技术措施如表 5-7 所示，几种常见防噪用具的效果如表 5-8 所示。

表 5-7　几种常见矿山噪声控制的技术措施

序号	技术措施	适用范围
1	消声器	降低风机等进、排气口的空气动力性噪声
2	隔声间(罩)	隔绝各种声源噪声
3	吸声处理	吸收室(罩)内的混响声
4	隔震	阻止固体声传递，减少二次辐射
5	阻尼减震	减少板壳振动辐射噪声

表 5-8　几种常见防噪用具的效果

序号	种类	说明	质量/g	衰减值/dB
1	棉花	塞在耳内	1~5	5~10
2	棉花涂蜡	塞在耳外	1~5	10~20
3	伞形耳塞	塑料或人造橡胶	1~5	15~30
4	柱形耳塞	乙烯套充蜡	3~5	20~30
5	耳罩	罩壳内衬海绵	250~300	20~40
6	防声头盔	头盔内加耳塞	1500	30~50

5.2　粉尘污染防治技术

矿山生产过程中所产生的粉尘主要为矿石与岩石的微细颗粒，也称为矿尘。矿山各生产工序都产生粉尘，凿岩、爆破、装卸、运输、破碎是主要产尘工序，其中运输产尘量最大，约占采矿场产尘量的 90%。粉尘的防治方法可以分为两大类，一类是利用洒水防尘、覆盖层防尘等途径减少粉尘的产生，另一类是利用通风、机械、过滤等技术手段进行除尘。

5.2.1 粉尘的来源与危害

5.2.1.1 粉尘的来源

(1)露天开采

矿山露天开采包括穿孔、爆破、采装、运输、排土等工序，每一道工序都产生粉尘。露天开采的剥离面、道路、排土场、矿石堆、尾矿堆的扬尘也是露天开采的尘源。因此，要控制矿山生产过程中的粉尘产生，必须从生产各个环节入手，全过程考虑污染防治措施。

未采取抑尘措施时，采矿设备产生的扬尘量一般为：钻机 3 kg/s，电铲 0.4~2.0 g/s，运矿汽车 0.6~3.65 g/s，钻机口附近粉尘平均质量浓度可达 0.4~1.4 g/m^3；排土场推土机产生的扬尘为 0.25~2 g/s。

(2)地下开采

矿山地下开采过程中，凿岩、爆破、破碎、出矿等工序都有粉尘产生。其中凿岩、爆破工序产尘量最大，占井下巷道粉尘量的 80%以上；凿岩产尘的时间连续性也最强，且粉尘会随凿岩进度不断累积。

爆破产生的粉尘在爆破的瞬间强度最大，可达几到几十 g/m^3，随时间的延长逐渐下降。矿岩在装运过程中，若不采取防尘措施，人工装运时空气粉尘质量浓度可达 0.7~0.8 g/m^3，机械装运可达 1 g/m^3 以上。装运产生的粉尘的特点是粒径较粗，易于沉降，但其中呼吸性粉尘的绝对含量较高，必须采取有效的措施进行治理。

(3)选矿

选矿作业粉尘主要来自矿石破碎、筛分，矿石堆、废石堆及干涸的尾矿库等。一般在矿石干燥情况下，粗碎为 1~2 g/m^3，细碎、筛分为 3~6 g/m^3；在矿石加湿情况下，粗碎为 0.2~1.0 g/m^3，细碎、筛分为 0.5~1.5 g/m^3。

5.2.1.2 粉尘的危害

矿山大气中要控制的粉尘主要是粒径 10 μm 以下的粉尘，其中微尘，特别是粒径为 0.2~5 μm 的微尘，容易吸入肺内并储集，危害最大。矿山粉尘的主要危害是对人类健康的损害，长期吸入大量微尘，可能引起尘肺病。影响尘肺病发生和发展的主要因素是粉尘的化学成分、粒径与分散度、浓度、接触时间等。此外，粉尘还会造成大气污染、危害设备安全、造成资源浪费等。

5.2.2 粉尘污染控制标准

5.2.2.1 粉尘排放标准

国家标准《铜、镍、钴工业污染物排放标准》(GB 25467—2010)规定，铜矿企业在破碎、筛分工序中粉尘的排放限值为 100 mg/m^3，其他工序为 80 mg/m^3，对于企业边界则要求粉尘含量不超过 1.0 mg/m^3。

国家标准《金属非金属矿山安全规程》(GB 16423—2020)、国家职业卫生标准《工作场所有害因素职业接触限值　第 1 部分：化学有害因素》(GBZ 2.1—2019)和安全生产行业标准《作业场所空气中呼吸性岩尘接触浓度管理标准》(AQ 4203—2008)对工作场所中的粉尘浓度分别作出了规定，综合上述标准，作业场所空气中粉尘浓度限值应符合如表 5-9 所示的要求。

表 5-9　作业场所空气中粉尘浓度限值

<table>
<tr><th rowspan="3">游离二氧化硅的质量分数/%</th><th colspan="4">时间加权平均浓度限值/(mg·m^{-3})</th></tr>
<tr><th colspan="2">总粉尘</th><th colspan="2">呼吸性粉尘</th></tr>
<tr><th>井下作业</th><th>其他场合</th><th>井下作业</th><th>其他场合</th></tr>
<tr><td><5</td><td rowspan="2">4</td><td rowspan="2">8(不含石棉和有毒物质)</td><td rowspan="2">1.5</td><td>5.0</td></tr>
<tr><td>5~10</td><td>2.5</td></tr>
<tr><td>10~30</td><td colspan="2" rowspan="2">1</td><td rowspan="2">0.7</td><td>1.0</td></tr>
<tr><td>30~50</td><td>0.5</td></tr>
<tr><td>50~80</td><td colspan="2">0.7</td><td>0.3</td><td rowspan="2">0.2</td></tr>
<tr><td>≥80</td><td colspan="2">0.5</td><td>0.2</td></tr>
</table>

注：时间加权平均浓度限值是每天 8 h 工作时间内接触的平均浓度限值。

5.2.2.2　井下通风标准

国家标准《金属非金属矿山安全规程》(GB 16423—2020)规定，井下工作人员供风量不少于 4 m^3/(min·人)，矿井通风系统的有效风量率应不低于 60%，井下采掘工作面进风风流中的氧气体积浓度应不低于 20%，二氧化碳应不高于 0.5%，进风井巷和采掘工作面的风源含尘量应不超过 0.5 mg/m^3。

5.2.2.3　防尘及通风管理标准

国家标准《金属非金属矿山安全规程》(GB 16423—2020)在防尘和通风管理方面作出如下规定：

①地下矿山应保存通风系统图、通风与防尘等主要设备和设施的位置图纸。

②露天矿山不应采用没有捕尘装置的干式穿孔设备。

③露天矿山矿岩粗破碎站、井下粗破碎站矿仓口卸料时，应采取喷雾降尘措施。

④地下矿山采用凿岩爆破法掘进时，应采取湿式凿岩、爆破喷雾、装岩洒水和净化风流等综合防尘措施；在遇水膨胀、强度降低的岩层中掘进不能采用湿式

凿岩时，可采用干式凿岩，但应采取降尘措施，作业人员应佩戴防尘保护用品。

⑤地下矿山在进行地面或工作面预注浆法凿井时，制浆和注浆的工作人员应佩戴防护眼镜和口罩，水泥搅拌房内应采取防尘措施。

⑥地下矿山应采用机械通风，在矿山形成系统通风、采场形成贯穿风流之前不应进行回采作业。

5.2.3 粉尘污染防治技术

根据除尘的机理不同，将除尘技术分为通风除尘技术、机械除尘技术、过滤除尘技术、湿式除尘技术、静电除尘技术和覆盖层防尘技术。

5.2.3.1 通风除尘技术

在全面采取综合防尘措施的同时，搞好和加强通风工作，有效地发挥通风除尘的作用，是取得良好防尘效果的重要一环。

(1)技术原理

通过风流的流动将空气中悬浮的矿尘带出，降低作业场所的矿尘浓度。因此做好通风工作能有效地稀释和及时地排除矿尘。其主要影响因素包含风速及矿尘密度、粒度、形状、湿润程度等。其中风速的大小对除尘效果有直接影响，风速过小或过大均会增加矿尘的浓度，所以要选择合适的除尘风速。

(2)技术适应性及特点

通风除尘是一种应用较广、效果较好的技术，能够有效地减少矿尘对人体的危害，改善作业环境，减少经济损失。

该技术既适用于采矿场，也适用于选矿厂：对于采矿场，可大幅减少采区的粉尘，有效控制露天采矿场和井下粉尘浓度；对于选矿厂，可减少矿石破碎、筛分及运输过程产生的粉尘。通风设施是采矿场和选矿厂的基础设施，对保持空气清洁具有重要的作用。但通风除尘只能起到稀释空气、转移污染物的作用，而且还要考虑粉尘的二次飞扬等问题。在空气中粉尘浓度较高的场合，还应考虑采用其他的粉尘防治技术和防尘设施。

(3)应用实例

①红透山铜矿。

红透山铜矿为解决放矿过程中的粉尘污染问题，在主溜矿井一侧 8~10 m 处建设专门的平行泄压粉尘天井进行通风除尘。采用泄压井前，放矿落差 240 m 时放矿硐室冲击风流风速 10 m/s，粉尘质量浓度 68 mg/m^3，主石门新鲜风流 20.2 mg/m^3，影响范围 500 m。采用泄压井后，风速降至 4 m/s，粉尘质量浓度降至 5 mg/m^3。

②永平铜矿。

永平铜矿Ⅳ号矿体针对通风系统存在的风流反向、风流短路等问题，通过增设通风构筑物及开凿导风巷，改善了通风系统的通风效果。

③阿舍勒铜矿。

阿舍勒铜矿根据矿床开拓与勘探情况及矿体开采划分范围，采取按采区分区的通风方式，形成各自独立的分区通风系统。整个矿山采用主副井与斜坡道、盲进风井联合开拓方式，采用副井、盲进风井进风，倒段回风井回风。分区通风具有风路短，阻力小，漏风少，能耗低以及风路简单、风流易于控制的特点，也具有减少污风串联和风量按需分配等优点，能够收到较好的通风效果。

5.2.3.2　机械除尘技术

机械除尘技术是利用离心力、空气动力、重力的作用使颗粒物与气流分离并得以捕集的除尘方法。它包括旋风除尘技术、沉降除尘技术和惯性除尘技术。

5.2.3.2.1　旋风除尘技术

(1)技术原理

含尘气流沿某一方向作连续旋转运动，粉尘颗粒在离心力作用下被去除。旋风分离器效率是随筒体直径的减小而增加的，但直径减小，处理风量也会减少。多管旋风分离器是一种将直径很小(100~250 mm)的旋风子并联组合在一个箱体内，应用相同原理，而取得较好效果的设备。设备的结构不同，尺寸不一，尤其是气固两相本身物理性质的差异、操作条件的变化等因素，都对旋风分离器的主要性能有显著的影响。

按照结构形式及各部分尺寸的结构不同，可将旋风分离器分为很多种，如多管组合式、旁路式、扩散式、直流式、长锥形旋风分离器等。

(2)技术适应性及特点

该技术的特点是设备结构简单、运行稳定、容易维护、体积小、设备成本和运行成本低、管理简便，多用于捕集粒径 10 μm 以上粗颗粒，除尘效率可达 80%以上。对于细微粉尘，使用多管旋风分离器，除尘效率可达 95%以上。该技术通常作为矿山除尘系统的前级除尘作业，适用于穿孔、凿岩、破碎、筛分等作业的除尘。

5.2.3.2.2　沉降除尘技术

(1)技术原理

沉降除尘技术是指粉尘借助重力作用自然沉降而将其分离捕集的方法。常见的沉降除尘设备包括水平气流沉降室和垂直气流沉降室两种。为提高效率，一般设计成多层水平重力沉降室。在气流缓慢地通过沉降室时，较大的尘粒在沉降室内有足够的时间沉降下来并进入灰斗中，净化气体从沉降室的另一端排出。其一般由气体进口管、沉降室、灰斗和出口管四大部分组成。垂直气流沉降室中含尘气流从管道进入沉降室后，一般向上运动，由于横截面积的扩大，气体的流速降低，其中沉降速度大于气体速度的尘粒就沉降下来。

(2)技术适应性及特点

沉降除尘技术具有设备结构简单、造价低、运行可靠、维护管理容易、可回收干粉等特点，但体积比较庞大，除尘效率低，一般只适用于捕集直径大于50 μm的粗颗粒粉尘，在多级除尘系统中常作为高性能除尘器的预除尘器。其气流速度通常取1~2 m/s，除尘效率为40%~60%。该技术通常作为矿山除尘系统的前级除尘，适用于穿孔、凿岩、破碎、筛分等作业的除尘。

5.2.3.2.3 惯性除尘技术

(1)技术原理

惯性除尘是含尘气流在运动过程中，遇到障碍物(如挡板、水滴、纤维)时气流的运动方向将发生急剧变化，由于尘粒的质量比较大，仍保持向前运动的趋势，故有部分粉尘撞击到障碍物上而被沉降分离。

惯性除尘器分为碰撞式和回转式两种。前者是沿气流方向装设一道或多道挡板，含尘气体碰撞到挡板上使尘粒从气体中分离出来。显然，气体在撞到挡板之前速度越高，碰撞后速度就越低，则携带的粉尘越少，除尘效率越高。后者是使含尘气体多次改变方向，在转向过程中把粉尘分离出来，气体转向的曲率半径越小，转向速度越多，则除尘效率越高。

(2)技术适应性及特点

这种设备结构简单，阻力较小，但除尘效率不高，这一类设备适用于大颗粒(20 μm以上)的干性颗粒，多作为高性能除尘器的预除尘器，用它先除去较粗的尘粒或炽热状态的粉尘；气流速度及其压力损失随除尘器的型式不同而不同。惯性除尘器适用于穿孔、凿岩、破碎、筛分等作业的除尘，除尘效率为50%~70%。

5.2.3.3 过滤除尘技术

过滤除尘技术是将含尘气流通过过滤材料，使粉尘被滤料分离出来的一种技术，主要有袋式除尘技术、滤网过滤技术、高效微孔膜除尘技术，目前广泛应用的是袋式除尘技术。

5.2.3.3.1 袋式除尘技术

(1)技术原理

利用纤维织物的过滤作用对含尘气体进行过滤，当含尘气体进入袋式除尘器后，由于筛选、碰撞(大于0.5 μm的尘粒以惯性碰撞为主)、拦截、扩散(小于0.2 μm的尘粒以扩散为主)、静电等作用，粉尘被阻留在滤袋内的表面，经净化后的气体从除尘器上部排出。

袋式除尘器在滤袋使用一段时间后，其表面便积聚一层粉尘，这层粉尘称为初层。在以后的运行过程中，由于初层的作用，即使过滤很细的尘粒，也能获得较高的除尘效率。

袋式除尘器除尘效率的主要影响因素有粉尘的性质、滤料性质、运行参数、清灰方法。

(2)技术适应性及特点

该技术适用于穿孔、破碎、筛分等作业。袋式除尘器适于处理的含尘气体浓度范围是 0.2~10 g/m^3，浓度较高时，应对含尘气体进行前级除尘。以钻机三级干式除尘系统为例，随压缩气体排出的孔内粉尘经集尘罩收集，粗颗粒沉降后，含尘气流进入旋风除尘器净化，最后采用布袋除尘器净化。

袋式除尘器的主要优点有：

①除尘效率高。袋式除尘器是一种高效除尘器，特别是对微细粉粒也有较高的效率，一般可达 99%，如果设计正确，运行合理，维护管理得当，除尘效率可以达到 99.9%以上，排放粉尘浓度可降至 6 mg/m^3 以下。

②使用灵活，可设计制造出适应不同量的含尘气体的要求，既可低至 200 m^3/h 以下，也可高达几百万 m^3/h。

③适应性强，可以捕集不同性质的干性粉尘。

④结构简单，可以因地制宜采用简单的布袋式除尘。在条件允许时也可采取效率更高的脉冲袋式除尘器。

⑤运行稳定可靠，便于回收干料，不存在水的污染和泥浆处理问题，操作和维修简单。

袋式除尘器的主要缺点及应注意的问题有：

①运行维护工作量较大，滤袋破损需及时更换。

②为避免潮湿粉尘造成糊袋现象，应采用由防水滤料制成的滤袋。

③对布袋收集的粉尘进行处理时可能产生二次污染。

(3)应用实例

①德兴铜矿。

德兴铜矿选矿厂针对石灰料仓的石灰粉尘，采取以袋式除尘器净化处理为主的方式，设计了一台适于处理石灰粉尘的分室反吹低压脉冲袋式除尘器。袋式除尘器控制和清灰系统运转正常，清灰效果好，经检查滤袋表面无糊袋现象，烟囱出口排放浓度为 28.74 mg/m^3，卸料口断面的控制气流速度为 1.0 m/s，有效地控制了尘源外逸，料仓卸料口外粉尘浓度为 3~6 mg/m^3。

②甲玛铜多金属矿。

西藏华泰龙矿业开发有限公司甲玛铜多金属矿二期建设工程露天采场和选矿厂的粉尘主要来自破碎机、振动给料机、破碎机等，主要控制措施为：

a. 露天采场的破碎站、选矿厂的矿石堆场和顽石破碎车间采用封闭结构。

b. 针对破碎机、振动给料机、皮带机的粉尘，采用低压脉动袋式除尘器进行除尘，除尘效率为 99%。

c. 除尘后的废气经 20 m 高的排气筒达标外排。

5.2.3.3.2　滤网过滤技术

(1)技术原理

滤网过滤技术是一种传统而又高效的除尘技术，它依靠滤网的过滤作用而去除粉尘，常用的滤网材料有金属、高分子纤维、无机纤维等，滤网形状通常为平板状和圆筒状。

(2)技术适应性及特点

滤网过滤技术对粉尘的去除效率较高，适用于各种矿山粉尘。滤网过滤技术的缺点是滤网易堵塞、更换困难。

(3)应用实例

电铲作业时，工作环境粉尘较大，特别是在旱季，粉尘质量浓度可高达 30 g/m^3，粒径小于 30 μm 的粉尘占 70%。电铲机房室外的空气如不加以净化，直接输入机房，不仅会危害作业人员的身体健康，而且会影响机房内电气设备的运行。德兴铜矿在电铲外安装了滤筒除尘装置对空气进行除尘，空气经鼓风机送入电铲机房，使机房粉尘浓度降到 10 mg/m^3 以下。滤筒材料为微纤维纸+聚酯材质复合介质，对亚微米以上的粉尘的除尘效率高达 99.9%以上。该除尘装置还具有自洁式脉冲反吹清除粉尘功能，能长期保证过滤效果。

5.2.3.3.3　高效微孔膜除尘技术

(1)技术原理

高效微孔膜除尘技术的原理是含尘气流在压差作用下经过微孔膜，微细尘粒在微孔膜上被截留，除尘机理是截留、惯性和扩散等。

(2)技术适应性及特点

该技术适用于破碎、筛分作业的粉尘治理，尤其适用于潮湿性粉尘。

该技术采用高效微孔膜过滤技术过滤粉尘，不受粉尘湿度等条件的影响，具有很强的疏水性，可以用于处理含湿量较高的含尘气体。在过滤过程中，不会产生糊袋现象，清灰容易。

高效微孔膜的除尘效率大于 99%。其中对粒径大于 5 μm 的粉尘，除尘效率可达 100%；对粒径大于 2 μm 的粉尘，除尘效率为 96%左右。

为防止微孔膜堵塞，一般需要将空气通过沉降除尘、旋风分离除尘后再进行微孔膜除尘。

5.2.3.4　湿式除尘技术

湿式除尘主要包括湿式除尘器除尘技术、湿式凿岩除尘技术、洒水防尘法、超声雾化就地抑尘技术等。

5.2.3.4.1　湿式除尘器除尘技术

(1)技术原理

湿式除尘器除尘是指尘粒与雾化水滴的惯性碰撞、截留的过程。除尘过程中，粒径 1~5 μm 以上尘粒直接被捕获，微细尘粒则通过无规则运动与液滴接触加湿彼此凝聚增重而沉降。影响湿式除尘的主要因素有液滴直径、液滴与尘粒相对运动速度、喷雾质量与水质、粉尘性质等。

(2)技术适应性及特点

湿式除尘技术适用于破碎、筛分等作业，一般每吨矿岩的用水量为 10~20 kg。

湿式除尘技术具有以下优点：

①湿式除尘器结构简单，操作及维修方便，一次投资低，占地面积小。

②除尘效率高，在消耗同等能量的情况下，湿式除尘器的除尘效率要比干式高，高能湿式除尘器(文丘里管除尘器)对小至 0.5 μm 的粉尘仍有很高的除尘效率。

③适用于非纤维的、能受冷且与水不发生化学反应的含尘气体，特别适应于处理高温、高湿、同时含有多种有害物的气体，或有爆炸危险的气体，能同时进行有害气体的净化、烟气冷却和增湿。

④可以用较小的体积获得较大的处理风量，对一些气态有害化学物质也有一定的去除能力。

湿式除尘技术的缺点及存在的问题有：

①为保证雾化水滴与尘粒充分接触，并使尘粒增重沉降，需要使用大量的水，用水量一般为 0.5~1.2 kg/m^3。

②如果设备安装在室外，还必须考虑设备在冬天的防冻问题以及冬季排气冷凝形成的水雾等。

③为了减少水的用量，需建立专门的废水处理设备，将除尘用水循环回用。

(3)应用实例

德兴铜矿大山选矿厂碎矿工段筛分厂房除尘系统采用湿式旋风水膜除尘器除尘。该除尘器采用湿法三效除尘技术，其喷嘴设在筒体的上部，由切向将水雾喷向器壁，在筒体内壁表面始终保持一层连续不断均匀往下流动的水膜。含尘气体由筒体下部切向进入除尘器并以旋转气流上升，气流中的粉尘粒子被离心力甩向器壁，并为下降流动的水膜捕尘体所捕获。粉尘随沉渣水由除尘器底部排渣口排出，净化后的气体由筒体上部排出。

除尘器主要技术参数：处理风量 70000 m^3/h，入口风速 18~22 m/s，用水量 6.24 t/h，净化效率≥95%，阻力为 490~686 Pa。

风机主要技术参数：风量 70000 m^3/h，风压 3520 Pa，转速 750 r/min。

配套电机的技术参数：功率 160 kW，电压 380 V。

筛分厂房的粉尘经处理后，外排粉尘浓度低于 100 mg/m^3，车间内粉尘浓度低于 4 mg/m^3，处理效果良好。

5.2.3.4.2　湿式凿岩除尘技术

(1)技术原理

该技术是用凿岩机打眼时，将压力水通过钻杆送入孔底，湿润、冲洗并排出产生的岩渣，抑制岩尘产生。如在水中添加湿润剂，除尘效果更佳。它是凿岩工作普遍采用的有效防尘措施。

(2)技术适应性及特点

该技术适用于地下采矿的凿岩过程中，岩石被冲击、破碎后产生的粉尘的防治。湿式凿岩用水应采取集中供水方式，水质应符合卫生标准要求。水中固体悬浮物含量不应大于 150 mg/L，pH 应为 6.5～8.5。湿式凿岩工艺中水压应不低于 304 kPa，风压大于 5.07 MPa；喷雾洒水工艺中喷雾器水雾粒度宜为 100～200 mm。

湿式凿岩除尘技术的优点有：

①从源头减少粉尘产生量并防止粉尘飞扬，除尘效率高，除尘率可达 90% 左右。

②设备简单，使用方便，并可提高凿岩速度 15%～25%。

湿式凿岩除尘技术的缺点有：

①在高寒地区工作时容易使供水系统冻结，影响钻机作业效率。

②如果岩石遇水膨胀，则可能影响凿岩作业，并易引发安全问题。

(3)应用实例

狮子山铜矿采用 CHJ-I 型除尘湿润剂对井下凿岩作业进行除尘。在水中添加 0.005%～0.0067%(质量分数)的湿润剂，与清水相比，可提高凿岩降尘效率 31.69%。该技术有效地降低了井下作业场所粉尘浓度，提高了全矿产尘点粉尘浓度合格率。

5.2.3.4.3　洒水防尘法

(1)技术原理

洒水防尘法是利用水的湿润性或抑尘剂的覆盖性控制灰尘飞扬的方法。在防尘用水中添加抑尘剂的作用是降低水的表面张力，改善其润湿性，从而使尘粒更容易被液滴捕获，提高水的捕尘能力，以减少防尘用水量。抑尘剂包括无机盐、表面活性剂、吸水树脂、有机黏性材料等，其中无机盐最为常用，所用的无机盐主要是具有吸水性的氯化钙、氯化钠、氯化镁。

(2)技术适应性及特点

洒水防尘是最常用的运输道路防尘方法。

洒水防尘技术的优点有：

①抑尘剂作用时间长，原料来源广泛，制作、喷洒方便，无二次污染。

②洒水防尘法具有投资少、能耗低、除尘率高、运行成本低、维护方便等优势。洒水防尘技术在投资成本和运行成本方面都明显低于传统的通风湿式除尘，

值得推广。

③抑尘药剂量的多少可以根据矿石量的变化进行调整，因此可通过改变药剂的添加量来保证抑尘效果，节约成本。

洒水防尘法的缺点有：

①水的抗蒸发性较差，保湿时间短，且耗水量大。

②在冬季气温较低的条件下，洒水会造成路面冻结，增加汽车运行的危险。

(3)应用实例

①铜录山铜矿。

铜录山铜矿配有 3 台洒水车对运输道路进行洒水，每天洒水 6 次，共洒水 120 t。洒水后，道路粉尘质量浓度从 30～50 mg/m^3 降至 11～16 mg/m^3，仍然较高。因此，以新型羧甲基淀粉 CMS-2 和丙三醇作为抑尘剂，配制成 CMS-2 和丙三醇质量分数分别为 1.2%和 0.8%的水溶液。现场试验表明，添加抑制剂后，可使粉尘质量浓度降至 2 mg/m^3 以下，车辆瞬时扬尘质量浓度降低至 10 mg/m^3 以下。

②德兴铜矿。

德兴铜矿采用 MPS-2 型抑尘剂对矿山采场道路喷洒抑尘剂进行抑尘。未喷洒抑尘剂之前，试验路段在电动轮自卸汽车经过后，粉尘平均质量浓度高达 59.0 mg/m^3。喷洒抑尘剂后，平均质量浓度仅为 3.23 mg/m^3，粉尘质量浓度降低 95%，大幅度降低了粉尘对采区空气的污染。

③冬瓜山铜矿。

冬瓜山铜矿为解决井下进风侧扬尘污染严重的问题，安装了管网喷洒防尘系统。每天 3 班交接前安排专人进行喷洒作业，能够较好地保持巷道底板湿润，车辆行驶过程中未见扬尘产生，经现场采样检测，进入采区风流的含尘量小于 2 mg/m^3，有效确保了进入采区风质的达标。该系统结构简单、稳定可靠、安装方便，能够有效解决大型无轨矿山运输设备扬尘问题，可在井下斜坡道、地表工业场内道路等扬尘点推广应用。

5.2.3.4.4　*超声雾化就地抑尘技术*

(1)技术原理

超声雾化抑尘器由超声雾化器控制箱、电控箱、抑尘罩组成。该技术应用压缩空气冲击共振腔产生超声波，超声波将水雾化成浓密的、直径 1～50 μm 的微细雾滴，雾滴在局部密闭的产尘点内捕获、凝聚细粉尘，使粉尘迅速沉降，实现就地抑尘。

(2)技术适应性及特点

该技术适用于矿石的破碎、筛分、皮带运输等粉尘细、扬尘大的产尘点。就地抑尘技术不需要将含尘气流抽出后再加以处理，而是直接将尘抑制在产尘点，避免了那些影响除尘效果的因素。该技术充分运用空气动力学原理和云物理学原理，对微细的呼吸性粉尘也有非常高的除尘效率，对 10 μm 以下的呼吸性粉尘治理效果达到 96%以上。

该技术可实现对产尘点的粉尘处理，具有系统结构简单、可靠性好、维修量少、维修费用低、抑尘效率高等特点。该技术无须清灰，避免二次污染，无二次扬尘，从而改善除尘工作条件。

(3)应用实例

铜陵有色股份公司某铜矿选矿厂采用超声雾化就地抑尘技术进行抑尘。选矿厂在振动筛、带式输送机等处设置多个雾化器和抑尘罩，并配备了控制系统。超声雾化器工作时的压缩空气压力为 0.3~0.4 MPa，水压力为 0.1~0.15 MPa，每个雾化器耗气量 0.08~0.1 m^3/min，耗水量 0.3~0.5 L/min。经超声雾化就地抑尘处理后，筛分平台粉尘质量浓度由 16.16 mg/m^3 降低至 4.25 mg/m^3，筛分上料皮带和下料皮带粉尘质量浓度分别降低至 1.59 mg/m^3 和 1.64 mg/m^3。

5.2.3.5 **静电除尘技术**

(1)技术原理

含尘空气进入由放电极和收集极组成的静电场后，空气被电离，荷电尘粒在电场力作用下向收集极运动并聚积其上，释放电荷；通过振打极板使集尘落入灰斗，实现除尘。影响静电除尘器的因素有：粉尘特性、烟气性质、结构因素、操作因素、电气与控制特性。

(2)技术适应性及特点

静电除尘器的除尘效率通常为 90%~95%，对粒径为 1~2 μm 的粉尘，其除尘效率可达 98%~99%，对粒径小于 0.1 μm 的粉尘仍有较高的效率。使用该技术时，粉尘浓度允许高达每立方米数十至数百克，在粉尘浓度很高时，可采用两级除尘来提升除尘效果。对不同粒径的粉尘有分类富集的作用，大颗粒、导电性较好的粉尘先被捕集，可使不同粒径的粉尘在不同的电场中分别富集起来，这对粉尘的综合利用是有利的。

静电除尘技术的投资成本高，但运行成本低，通常 4~5 a 后就可以得到补偿；对粉尘的电阻率有一定要求，最适宜的电阻率为$\times 10^4 \sim 5\times 10^{10}$ Ω·cm；对静电除尘器的制造、安装、运行要求较严格，若不能维持必须的电压，除尘效率将降低。

(3)应用实例

河北铜矿 1970 年开始研究井下静电抑尘技术，在一个长 8 m、宽 2 m、高 2 m 的巷道内进行高压静电除尘试验，静电除尘器的电压为 150~200 kV，除尘时间 2~3 min，除尘效率可达 90%以上；严格控制瞬间放电电流在 1.5 mA 以下，可以确保人员安全。

5.2.3.6　覆盖层防尘技术

(1)技术原理

该技术指通过采用喷水和使用覆盖剂，使废石、尾矿、矿石表面形成一层凝结层，或采用苫盖的方式，抑制粉尘飞扬。

(2)技术适应性及特点

该方法适用于排土场、尾矿库以及储矿场等堆场的扬尘控制，可减少扬尘，降低雨水侵蚀，减少物料流失。

防尘覆盖剂基本要求：能使料堆表面形成一层硬壳，在一定时间内不为风吹、雨淋、日晒所破坏；用量少，原料充足，低廉、无毒、无臭，不会造成二次污染等。

在堆场周边设置防风网，可有效降低堆场风速，从而减少堆场的起尘量；对高风速情况，效果尤为明显。

5.3　化学污染物防治技术

铜矿采选废气的化学污染物主要来自爆破产生的炮烟、柴油设备产生的内燃机车尾气、选矿厂和化学选矿车间产生的挥发性气体等，这些气体中的化学污染物极易引发人员中毒，甚至造成死亡。

5.3.1　化学污染物控制标准

国家标准《铜、镍、钴工业污染物排放标准》(GB 25467—2010)对铜工业企业及企业边界大气污染物排放浓度限值作出了规定，如表 5-10 所示。

表 5-10　铜工业企业及企业边界大气污染物排放浓度限值

项目	企业排放浓度限值/($mg \cdot m^{-3}$)		企业边界排放浓度限值/($mg \cdot m^{-3}$)
	采选	冶炼	
二氧化硫	400	400	0.5
砷及其化合物	—	0.4	0.01
硫酸雾	40	40	0.3
氯气	60	—	0.02
氯化氢	80	—	0.15
镍及其化合物	—	—	0.04
铅及其化合物	—	0.7	0.006

续表5-10

项目	企业排放浓度限值/($mg \cdot m^{-3}$)		企业边界排放浓度限值/($mg \cdot m^{-3}$)
	采选	冶炼	
氟化物	—	3.0	0.02
汞及其化合物	—	0.012	0.0012
污染物排放监控位置	车间或生产设施排气筒		

注：①采选企业排放浓度重点监测工序是破碎、筛分之外的其他位置。②企业边界排放浓度限值取企业边界大气污染物任何 1 h 的平均浓度。③镍、钴冶炼企业监控镍及其化合物浓度，铜采选、冶炼企业未列入监控。

国家职业卫生标准《工作场所有害因素职业接触限值第 1 部分化学有害因素》(GBZ 2.1—2019)对工作场所空气中硫化氢等化学有害因素的职业接触限制进行了规定，如表 5-11 所示。

表 5-11　工作场所空气中部分化学有害因素职业接触限值

化学有害因素	职业接触限值(mg/m^3)			临界不良健康效应
	最高容许浓度(MAC)	时间加权平均容许浓度(PC-TWA)	短时间接触容许浓度(PC-STEL)	
硫化氢	10	—	—	神经毒性；强烈黏膜刺激
二氧化硫	—	5	10	呼吸道刺激
二氧化碳	—	9000	18000	呼吸中枢、中枢神经系统作用；窒息
一氧化碳	高原，海拔 2000~3000 m：20；海拔>3000m：15	非高原：20	非高原：30	碳氧血红蛋白血症
氯气	1	—	—	上呼吸道和眼刺激
氯化氢及盐酸	7.5	—	—	上呼吸道刺激
氢氧化钠	2	—	—	上呼吸道、眼和皮肤刺激

5.3.2　爆破炮烟防治技术

5.3.2.1　炮烟的来源与危害

炸药爆炸时，会产生一定量的一氧化碳和一氧化氮，还可能会出现硫化氢和二氧化硫，凡爆破后含上述任何一种成分的气体叫炮烟。

一氧化碳极易与血液中的血红蛋白结合，使血红蛋白失去携氧能力，造成人体组织窒息。正常情况下，空气中一氧化碳浓度达到 1600 ppm，人在持续吸入气体 20 min 内就会头疼、恶心，1 h 内死亡。

一氧化氮能与血红蛋白结合，能引起中枢神经麻痹和痉挛。它的结合能力比一氧化碳还要大，因此毒性也比一氧化碳更强。一氧化氮在空气中和吸入人体后，很快转变为二氧化氮产生刺激作用，产生咽部不适、干咳、胸闷、呼吸窘迫等症状。

5.3.2.2　炮烟防治措施

预防控制有毒炮烟，应采取以下防治措施：

①加强炸药的质量管理，定期检验炸药的质量。

②不使用过期、变质的炸药。

③杜绝裸露药包爆破。

④露天爆破作业时，应注意风向、风速，避免人员处在下风风向；井下爆破作业时，应注意通风。

⑤矿山企业应配备有毒有害气体检测仪器、个体防护设备和救援装备，作业人员在爆破后下井检查时，应佩戴有毒有害气体检测仪器及必要的个体防护设备和自救装备，应从进风侧进入，避免单人作业。

⑥废弃矿井和井下废弃巷道要及时封闭，避免有毒有害气体聚集。

5.3.2.3　炮烟中毒实例

(1)落雪铜矿

2015 年 4 月 25 日，云南省昆明市东川金水矿业有限责任公司落雪铜矿发生一起较大炮烟中毒窒息事故。22 日和 24 日，该矿两次通过爆破方式处理矿井堵塞问题。第二次爆破后，利用原措施工程施工时遗留的一根压气管进行局部通风。由于没有建立机械通风系统，原措施工程没有形成贯穿风流，致使处理堵塞溜井的炮烟没有及时排出。25 日，6 人在未携带任何检测仪器和防护设备的情况下进入矿井，有人中毒后，救援人员盲目施救，最终造成 9 人死亡，19 人受伤，直接经济损失 728 万元。

(2)金九铜矿

2020 年 5 月 6 日，安徽铜陵市安徽金九矿业集团有限公司金九铜矿 2 名工人在井下-175 m 中段作业时，吸入炮烟中毒窒息死亡。该事故的主要原因是井下爆破作业后未按规定进行强制机械通风，职工违章作业，冒险进入作业场所。

5.3.3 内燃机车尾气防治技术

5.3.3.1 内燃机车尾气的来源与危害

近年来，采用柴油机为动力的内燃机车设备在铜矿山的采掘、装载及运输中已大量使用。铜矿山采用的柴油机设备有汽车、柴油机车、挖掘机、装运机、凿岩台车、喷浆机、锚杆车及炮孔装药车等。与风动、电动设备相比，柴油机驱动功率大、移动速度快、不拖尾巴、不需架天线、有独立能源，因而它具有生产能力大、效率高、机动灵活等优点。但是由于柴油机车产生的废气对矿井空气有较严重的污染，从而对工人的健康及安全生产造成威胁。

5.3.3.2 内燃机车尾气污染防治措施

对井下柴油设备产生的废气主要从三方面来解决，即废气净化、加强通风和个体防护。实践证明，通过以上综合措施完全可以将废气中的有害成分降到允许浓度以下。

(1)废气净化

废气净化可分为机内净化和机外净化。前者目的是控制污染源，降低废气生成量；后者目的是进一步处理生成的有害物质。

①机内净化。

机内净化是整个净化工作的基础，主要从以下方面着手：

a. 正确地选择机型。当前，在井下使用的柴油机燃烧室有涡流式和直喷式两种。目前采用直喷式较多，原因是直喷式具有结构简单、热负荷低、平均有效压力低、油耗低、启动容易等优点。然而直喷式产生的污染物浓度大，直喷式的排污要高于涡流式 1~2 倍。此外，直喷式对维护和喷嘴的状况要求较严，稍有损坏，柴油机的排污将更为恶化，而涡流式的最大优点在于排污量较直喷式小。因此，从保护井下大气环境来讲，采用涡流式较好。

b. 推迟喷油延时。其主要目的是减少空气中的氮和氧与燃油的接触时间，从而使氮氧化合物的生成量减少。

c. 选用十六烷值高的柴油，禁止井下使用汽油机车。十六烷值高的柴油燃烧均匀，燃烧热值高，节省燃料，一般选用十六烷值大于 48 的柴油为宜。汽油的沸点低，易挥发，燃烧热值低，安全性差，汽油机车尾气中的一氧化碳等有毒气体成分不可控，因此不宜在井下使用汽油机车。

d. 严格维修保养柴油机，特别是应及时清洁滤清器和喷油嘴，防止阻塞。

e. 不要超负载或满负荷运行。当柴油机在超负荷或满负荷状态下工作时，其废气浓度及废气量急剧增加。为改善排污状况，井下多采用降低转速和功率的办法，通常将功率降低 10%~15%。

②机外净化。

机外净化就是在废气未排放至井下大气前经过净化设备进一步处理生成的有害物质。

常用的机外净化方法有：

a. 催化氧化法。主要催化剂是铂（Pt）和钯（Pb）。根据涂敷的载体不同，可分为全金属型催化剂、铂-氧化铝型催化剂和钯-氧化铝型催化剂。一氧化碳和碳氢化合物在催化剂作用下进一步氧化成二氧化碳和水。当催化剂温度在 300℃以上时，可使二氧化硫大量氧化成三氧化硫。

b. 水洗法。根据废气中的二氧化硫、三氧化硫、醛类及少量氮氧化物可溶性于水的性质，用水洗涤废气，可达到进一步去除以上气体的目的，废气中的炭黑也可被水黏附。

c. 再燃法。把柴油机排出的废气送入再燃净化器，经过二次燃烧可净化一氧化碳。

d. 废气再循环法。将柴油机尾气的一部分输回进气管，可有效地降低排气中的一氧化碳和氮氧化物浓度。

e. 多种方法的联合使用。结合柴油机的实际情况，把有关方法组成合适的净化控制系统，全面降低柴油机排气中的多种有毒有害气体的浓度。如催化氧化法和水洗法联合使用、废气再循环法与再燃法联合使用等。

（2）加强通风

在目前的技术条件下，柴油机设备的废气经过机内外净化后，排出的废气中污染物浓度仍较高。因此，作业场所应当加强通风，以新鲜空气置换废气，降低空气中污染物的浓度。通风的注意事项如下。

①使用柴油机作业时，应有独立的新风，防止污风串联。

②各作业点应有贯穿风流，当不能实现贯穿风流时，应配备局部扇风机，其排出的污风要引入回风系统。

③通风方式以抽出式或以抽出为主的混合式为宜，避免在进风道安设风门及通风构筑物，以利于柴油机设备的运行及通风管理。

（3）个体防护

坚持个体防护，正确佩戴防护口罩，防止吸入过多的废气，是降低内燃机尾气对人体危害的重要措施。此外，必须从提高认识、加强教育、严格管理等方面开展工作才能达到稳定、可靠的预期效果。

5.3.3.3　内燃机车尾气中毒实例

2013 年 6 月 13 日，有 7 人非法进入四川省雅安市天全县兴业乡铜厂村铜矿一废弃探矿洞内进行抽水作业，在井下使用汽油发电机发电抽水，井下氧气不足，汽油燃烧不充分，产生大量一氧化碳，致使 7 名人员中毒身亡。7 名死者所在位置的氧气浓度为14.7%，二氧化碳浓度为2.5%，一氧化碳浓度高达1750 ppm。

5.3.4 选矿厂有毒挥发物防治技术

5.3.4.1 选矿厂有毒挥发物的来源与危害

选矿厂有毒挥发物主要有浮选药剂(如黄药)挥发气体、药剂与矿物作用气体(如浓硫酸与硫化矿作用产生硫化氢气体)、浮选泡沫被冲泡水流冲击产生的含重金属气溶胶气体等。

5.3.4.2 选矿厂有毒挥发物防治措施

防治有毒挥发物的主要方法有厂房通风、有毒气体产生点的密闭抽风外排、加强个人防护等。

(1)厂房通风

在磨矿和浮选车间厂房，应设有天窗，以消除球磨机电机的余热气体和浮选过程的药剂味。主厂房的大门在生产时应尽量保持敞开，各作业点应设置工业风机用以通风和降温。

(2)有毒气体产生点密闭抽风外排

药剂制备车间应设置排气扇，一般为直接外排。给药设备可设抽风柜。采用浓硫酸活化硫化铜矿时，会产生毒性较大的硫化氢气体，此时一定要将搅拌桶密闭抽风外排，或将搅拌桶设置于室外。

(3)加强个体防护

在浮选机旁工作时，作业人员应尽量佩戴防护口罩，防止过量吸入含铜、铅、锌重金属气溶胶气体，影响身体健康。

5.3.5 硫化氢气体防治技术

5.3.5.1 硫化氢气体的来源与危害

硫化铜矿山产生硫化氢有害气体的原因主要有：

①原矿物含硫较高，充填区为厌氧环境，有利于还原菌的生长，还原菌在新陈代谢过程中会分解硫化物，从而产生硫化氢有害气体。

②用硫酸调节矿浆pH，矿浆pH过低时会产生硫化氢。

③用硫化沉淀法处理矿山酸性废水，废水pH过低时会产生硫化氢。

硫化氢是一种有臭鸡蛋味的有毒气体，即使是低浓度的硫化氢，也会损伤人的嗅觉。高浓度的硫化氢可以麻痹嗅觉神经，使人闻不到气味。硫化氢易燃易爆，与空气混合能形成爆炸性混合物，遇明火、高热能引起燃烧爆炸。

5.3.5.2 硫化氢气体治理方法

治理硫化氢方法包括：

①用硫酸调节矿浆pH时，控制硫酸浓度、添加速度和用量，加强搅拌，防止

硫酸局部过浓或用量过大而产生硫化氢。

②用硫化沉淀法处理矿山酸性废水时，如果废水 pH 过低，需先添加中和剂调节废水 pH 至 3 以上，再添加硫化沉淀剂，防止硫化沉淀剂遇到酸性废水反应过于剧烈而产生大量的硫化氢。

③增加硫化氢处理装置，对逸出的硫化氢进行吸收、燃烧或氧化，净化气体。

5.3.6 电积车间酸雾防治技术

5.3.6.1 酸雾的产生和危害

在电积生产阴极铜时，阳极会产生大量的氧气。氧气气泡脱离阳极板，加速上升至电积液液面，气泡直径约为 20~200 μm。气泡在液面爆裂喷射进入空气，喷溅液滴的速度达 10 m/s，液滴的直径为 10~200 μm。液滴在空气中形成酸雾，弥漫至整个电积车间。

硫酸酸雾的危害主要有：

①污染环境，对周围环境和大气造成污染。

②危害作业人员的身体健康。

③腐蚀设备，影响设备寿命，增加维护成本。

④硫酸损失造成浪费。

5.3.6.2 酸雾的治理措施

目前国内对电积车间酸雾的治理主要分为物理方法和化学方法两大类。

(1)物理方法

物理方法主要有通风除雾法、表面覆盖法、阳极套袋法、静电除雾法等。

①通风除雾法。

增加电积车间通风量，通过通风筒对电积车间的酸雾进行收集，保持电积车间通风良好。增加冷却塔设备，对收集的酸雾进行冷却和净化。由于酸雾含量较高且车间空气量大，故单独使用该法时，处理效果有限。

②表面覆盖法。

表面覆盖法包括在电积槽表面进行覆盖和在电积液表面进行覆盖两大类方法。

采用在电积槽表面进行覆盖的方法，可以使用的覆盖物有耐酸透明树脂板、丙纶布等，覆盖的同时还可以在覆盖层下、电积液液面之上加装抽风管道，进行强制通风。

在电积液表面进行覆盖的方法，又包括泡沫覆盖法和小球覆盖法。

泡沫覆盖法是目前国内普遍使用、成本较低的一种抑制酸雾方法。该法抑制酸雾的原理是向电积液中加入发泡型表面活性剂，在电积液表面产生多层泡沫，形成多层阻碍，当气泡浮至液面时，利用泡沫膜的弹性，吸收上升气泡的动能，从而大幅度减少气泡的爆裂，抑制酸雾的产生。

小球覆盖法是利用耐酸小球覆盖在电积液表面的酸雾抑制方法。小球一般是耐酸聚合物，如聚丙烯等。小球密度小于 1 g/m^3，可长期漂浮在电积液表面。小球要有合适的直径，既要满足对酸雾液滴和气泡实现封闭式覆盖、防止液滴喷溅的要求，又要能保证氧气顺利逸出。目前国外使用较多的是直径 3~5 mm 的空心小球，国内多用直径 8~40 mm 的空心或实心小球，至少覆盖三层以上，才可以保证小球之间的间隙小于 10 μm，小于气泡和液滴直径。

③阳极套袋法。

该法采用纤维袋将阳极板套入，从而在源头上抑制酸雾的产生。在铜电积过程中使用阳极套袋，一方面，阳极套袋可使气泡聚集长大，减少气泡数量，减缓气泡逸出电积液表面时的速度，从而减少电积液的夹带量和气泡破裂时喷溅液滴的喷射速度，抑制大量的电积液进入空气；另一方面，可以抑制铅阳极溶解产生的悬浮杂质迁移，避免污染阴极。

④静电除雾法。

该法与静电除尘技术的原理相似，空气被电离后，使酸雾粒子荷电，荷电酸雾离子在电场作用下定向移动并被极板捕获，从而达到除去酸雾的目的。

(2)化学方法

化学方法主要是添加全氟表面活性剂，通过降低电积液的表面张力和提高电积液与大气的界面张力来抑制酸雾。例如，美国 3M 公司生产的 3M™ 酸雾抑制剂 FC-1100 属于全氟表面活性添加剂，主要成分是 48%~52%的氟烷基丙烯酸加合物和 45%~50%的水。FC-1100 为琥珀色液体，稍有氨水气味，密度为 1.18 g/mL。FC-1100 对酸雾具有良好的抑制效果，FC-1100 浓度为 30 ppm 时，电积液的表面张力可降至 43.85 mN/m，空气中的酸雾浓度可降低至 7.3 mg/m^3。FC-1100 在电积液中不产生泡沫，且对整个萃取工艺几乎没影响。FC-1100 可以单独使用，与聚丙烯小球一起使用时，效果更好。

5.3.6.3 酸雾治理实例

智利 SAME 公司采用酸雾控制系统来治理电积车间产生的酸雾。该系统给每个电积槽安装一个烟罩和歧管收集系统，通过烟罩吸风捕集酸雾，并将捕集的空气流经高效湿式洗涤器除去酸雾；洗涤器的洗涤水返回到溶剂萃取工厂，作为补充水使用。这套系统可捕集到 95%以上的酸雾，大幅减少员工在酸雾中的暴露程度，节约电积厂的防腐成本。

本章参考文献

[1] 杨林，陈国山. 矿山环境与保护[M]. 北京：冶金工业出版社，2017.

[2] 采矿手册编辑委员会. 采矿手册(第 6 卷)[M]. 北京：冶金工业出版社，1991.

[3] 支学艺，何锦龙，张红婴. 矿井通风与防尘[M]. 北京：化学工业出版社，2009.

[4] 王纯，张殿印. 除尘工程技术手册[M]. 北京：化学工业出版社，2010.

[5] 胡满银，赵毅，刘忠. 除尘技术[M]. 北京：化学工业出版社，2006.

[6] 蒋仲安. 矿山环境工程[M]. 2 版. 北京：冶金工业出版社，2009.

[7] 韦冠俊. 矿山环境工程[M]. 北京：冶金工业出版社，2001.

[8] 孙传尧. 选矿工程师手册[M]. 北京：冶金工业出版社，2015.

[9] 熊振湖. 大气污染防治技术及工程应用[M]. 北京：机械工业出版社，2003.

[10] 王毓华，邓海波. 铜矿选矿技术[M]. 长沙：中南大学出版社，2012.

[11] 环境保护部，国家质量监督检验检疫总局. 工业企业厂界环境噪声排放标准(GB 12348—2008)[S]. 北京：中国环境科学出版社，2008.

[12] 住房和城乡建设部，国家质量监督检验检疫总局. 工业企业噪声控制设计规范(GB/T 50087—2013)[S]. 北京：中国建筑工业出版社，2014.

[13] 卫生部. 工作场所有害因素职业接触限值 第 2 部分：物理因素(GBZ 2. 2—2007)[S]. 北京：人民卫生出版社，2008.

[14] 环境保护部，国家质量监督检验检疫总局. 铜、镍、钴工业污染物排放标准(GB 25467—2010)[S]. 北京：中国环境科学出版社，2010.

[15] 国家卫生健康委员会. 工作场所有害因素职业接触限值　第 1 部分：化学有害因素(GBZ 2. 1—2019)[S]. 北京：中国标准出版社，2019.

[16] 国家安全生产监督管理总局，作业场所空气中呼吸性岩尘接触浓度管理标准(AQ 4203—2008)[S]. 北京：煤炭工业出版社，2009.

[17] 国家市场监督管理总局，国家标准化管理委员会. 金属非金属矿山安全规程(GB 16423—2020)[S]. 北京：中国标准出版社，2020.

[18] 杨承祥. 建设无公害矿山初探[J]. 云南冶金，1999，28(5)：6-9.

[19] 吕金兰. 污水处理厂罗茨风机振动与噪声的综合治理[J]. 城市建设理论研究(电子版)，2011(20)：1-2.

[20] 孙晓鹏. 矿尘的危害与预防[J]. 水力采煤与管道运输，2013(2)：12-14.

[21] 阮文刚，莫蓁蓁，张鹏，等. 露天采矿过程粉尘产生环节及污染治理措施分析研究[J]. 环境科学与管理，2016，41(6)：96-99.

[22] 赵健. 红透山铜矿粉尘防治前沿技术应用述评[J]. 中国矿山工程，2020，49(6)：15-17.

[23] 陈华. 永平铜矿Ⅳ号矿体通风系统优化[J]. 采矿技术，2016，16(4)：49-50.

[24] 刘天明，栗盼平. 阿舍勒铜矿深部采区分区通风技术[J]. 新疆有色金属，2019，42(1)：68.

[25] 罗正凡，刘镇贵，周希坚，等. 德兴铜矿选矿厂大型石灰料仓除尘[J]. 环境工程，1998，16(6)：41-43.

[26] 苏静芝，张永雷. 西藏华泰龙矿业开发有限公司甲玛铜多金属矿二期建设工程环境影响评价报告[R]. 中冶东方工程技术有限公司，北京国环建邦环保科技有限公司，2013 年 7 月.

[27] 葛永红. 电铲除尘通风装置的改造[J]. 铜业工程, 2013(4): 61-64, 88.
[28] 陈宜华, 刘昌卫. 一种新型高效矿用微孔膜过滤除尘器的应用[C]//第五届全国矿山采选技术进展报告会论文集. 呼和浩特, 2006: 489-490.
[29] 王志腾. 浅谈选矿厂通风除尘系统优化改造[J]. 铜业工程, 2017(3): 102-104.
[30] 李明才. 湿润剂除尘技术在狮子山铜矿的应用研究[J]. 江西有色金属, 1998(2): 11-13.
[31] 赵星光. 铜录山矿运输道路粉尘抑尘控制研究[D]. 南宁: 广西大学, 2005.
[32] 周希坚, 彭兴文, 管宏发. 德兴铜矿采场汽车运输道路扬尘治理技术[J]. 工业安全与防尘, 1999, 25(3): 21-25.
[33] 李晓东, 贾敏涛. 冬瓜山铜矿湿式抑尘技术[J]. 现代矿业, 2016, 32(8): 209-210.
[34] 陈宜华, 唐胜卫. 冶金矿山选矿厂粉尘治理技术新进展[J]. 现代矿业, 2011, 27(7): 37-39.
[35] 李刚. 某矿山粉尘职业病危害工程防护设计[J]. 矿业研究与开发, 2015, 35(10): 63-66.
[36] 河北铜矿静电除尘试验组. 井下高压静电除尘试验[J]. 冶金安全, 1975, 1(2): 33-41.
[37] 余庆华. 冶金矿山防治有毒有害气体中毒的措施[J]. 云南冶金, 2013, 42(3): 76-80.
[38] 徐建军. 一起炮烟中毒窒息事故[J]. 劳动保护, 2017(11): 68-70.
[39] 王建明. 7人非法进入天全县废弃铜矿抽水作业中毒死亡[EB/OL], 四川在线雅安频道讯, https://yaan.scol.com.cn/sh/content/2013-06/15/content_51394566.htm, 2013-06-15.
[40] 彭先红. 高硫矿床充填区硫化氢产生机理及治理技术研究[J]. 资源节约与环保, 2013(11): 115-116.
[41] 陈杭, 衷水平, 康锦程, 等. 电积过程酸雾前端与末端耦合治理工艺及应用实践[J]. 中国有色冶金, 2017, 46(4): 32-35.
[42] AL SHAKARJI R, HE Y H, GREGORY S. The sizing of oxygen bubbles in copper electrowinning[J]. Hydrometallurgy, 2011, 109(1/2): 168-174.
[43] AL SHAKARJI R, HE Y H, GREGORY S. Acid mist and bubble size correlation in copper electrowinning[J]. Hydrometallurgy, 2012, 113/114: 39-41.
[44] AL SHAKARJI R, HE Y H, GREGORY S. Performance evaluation of acid mist reduction techniques in copper electrowinning[J]. Hydrometallurgy, 2013, 131/132: 76-80.
[45] 谭春梅. 美国内华达州巴特山附近铜浸出—溶剂萃取—电积工厂的发展挑战(二)[J]. 中国有色冶金, 2018, 47(2): 1-6.

第 6 章　废水处理技术

铜矿采选过程中需要消耗大量的水资源，废水产量大、成分复杂、重金属含量高。矿山废水如果不加以治理，会污染矿山及周边环境，甚至会引发矿山地质灾害。大部分矿山废水经处理后可以循环回用，部分废水中还含有一定量的金属元素，有回收利用价值。因此，提高矿山废水处理技术水平和处理效率，对于保护矿山生态环境、节约水资源、发展循环经济，具有重要的意义和价值。

6.1　矿山废水的来源与危害

铜矿废水包括从采矿场、选矿厂、尾矿库、排土场以及生活区等地点排放的废水。根据生产环节，废水可分为采矿废水和选矿废水；根据废水的酸碱性，可分为酸性废水和碱性废水。

6.1.1　采矿废水

铜矿采矿废水主要包括矿坑水、排土场淋滤液和采矿生产废水等。

(1)矿坑水

通过岩石的空隙，以滴水、淋水、涌水等方式流入露天矿坑和井下巷道里的大气降水、地表水、地下水、老窖积水等，统称为矿坑水。矿坑水如不加以处理，就会影响开采，甚至会引发安全问题。

(2)排土场淋滤液

废石堆积在排土场中，经过空气氧化和雨水冲刷，形成排土场淋滤液。

(3)采矿生产废水

采矿生产作业中也会产生一定量的废水，如湿式凿岩废水、湿式除尘废水、充填工艺用水等。

6.1.2　选矿废水

选矿废水主要包括选矿厂排出的尾矿废水、浓缩精矿的溢流水、精矿脱水产生的废水、机械设备冷却水、除尘系统外排水、厂房地面(设备)冲洗水等。选矿废水主要具有如下特点：

①废水量大，约占整个矿山废水量的 40%~80%。

②废水中的固体悬浮物(SS)主要是泥沙和尾矿粉，含量高达几千至几万 mg/L，悬浮物粒度极细，呈细分散的胶态，不易自然沉降。

③在选矿时，采用了大量石灰，造成铜矿选矿废水的 pH 过高。

④污染物种类多，危害大。选矿废水中含有各种选矿药剂，如黄药、黑药、松醇油等，且不同程度地含有重金属离子，如 Cu^{2+}、Pb^{2+}等。

⑤废水的化学需氧量(COD)和生化需氧量(BOD)较高，直接排放会污染环境。

6.1.3 矿山酸性废水

矿山酸性废水是矿山大量含金属硫化物的废石、尾矿暴露在空气中，经过氧化被雨水、地下水等冲刷而形成的。铜矿山酸性废水主要来自硫化铜矿山的矿坑水以及排土场淋滤液等。

由于大多数硫化矿中均含有黄铁矿，下面以黄铁矿为例，说明矿山酸性废水的产生过程。

黄铁矿的氧化分解：

$$2FeS_2+7O_2+2H_2O = 2FeSO_4+2H_2SO_4$$

$FeSO_4$ 的氧化：

$$4FeSO_4+2H_2SO_4+O_2 = 2Fe_2(SO_4)_3+2H_2O$$

$Fe_2(SO_4)_3$ 水解：

$$Fe_2(SO_4)_3+6H_2O = 2Fe(OH)_3+3H_2SO_4$$

$Fe_2(SO_4)_3$ 氧化黄铁矿：

$$FeS_2+Fe_2(SO_4)_3 = 3FeSO_4+2S$$

单质硫的氧化：

$$2S+3O_2+2H_2O = 2H_2SO_4$$

在有水和氧气的条件下，黄铁矿即可缓慢氧化分解。当有嗜酸氧化亚铁硫杆菌等微生物存在时，氧化分解过程会加速。这种情况下，黄铁矿的氧化分解过程与生物浸出过程是类似的。

铜矿山酸性废水具有如下特点：

①含有多种金属离子，如 Cu^{2+}、Fe^{2+}、Fe^{3+}、Al^{3+}、Mn^{2+}、Zn^{2+}、Cd^{2+}、Pb^{2+}等。

②废水中还含有悬浮物和矿物油等有机物。

③酸性强，废水 pH 多在 2~4.5。

④废水量大，排水点分散，水质及水量波动大。

铜矿山酸性废水若得不到有效处理，将会严重污染矿区及其受纳水体的生态环境，影响人们的身体健康。

6.2　矿山废水处理标准

6.2.1　污染物排放标准

国家标准《铜、镍、钴工业污染物排放标准》(GB 25467—2010)中铜工业企业水污染物排放浓度限值及单位产品基准排水量如表 6-1 所示。新建企业和现有企业分别从 2010 年 10 月 1 日起和 2012 年 1 月 1 日起执行表 6-1 中的排放限值，在国土开发密度较高、环境承载能力减弱，或者环境容量较小、生态环境脆弱，容易发生严重环境污染问题而需要采取特别保护措施的地区，应按表 6-1 中的特别排放限值执行。该标准中未列出铜矿化学选矿企业的污染物排放标准，建议按铜冶炼企业执行。

表 6-1　铜工业企业水污染物排放浓度限值及单位产品基准排水量

<table>
<tr><th rowspan="2">序号</th><th rowspan="2">项目</th><th rowspan="2">单位</th><th colspan="2">排放限值</th><th colspan="2">特别排放限值</th><th rowspan="2">污染物排放监控位置</th></tr>
<tr><th>直接排放</th><th>间接排放</th><th>直接排放</th><th>间接排放</th></tr>
<tr><td>1</td><td>pH</td><td></td><td>6~9</td><td>6~9</td><td>6~9</td><td>6~9</td><td rowspan="13">企业废水总排放口</td></tr>
<tr><td rowspan="2">2</td><td rowspan="2">悬浮物</td><td rowspan="2">mg/L</td><td>80(采选)</td><td>200(采选)</td><td>30(采选)</td><td>80(采选)</td></tr>
<tr><td>30(其他)</td><td>140(其他)</td><td>10(其他)</td><td>30(其他)</td></tr>
<tr><td rowspan="2">3</td><td rowspan="2">化学需氧量(COD_{Cr})</td><td rowspan="2">mg/L</td><td>100(湿法冶炼)</td><td>300(湿法冶炼)</td><td rowspan="2">50</td><td rowspan="2">60</td></tr>
<tr><td>60(其他)</td><td>200(其他)</td></tr>
<tr><td>4</td><td>氟化物(以 F 计)</td><td>mg/L</td><td>5</td><td>15</td><td>2</td><td>5</td></tr>
<tr><td>5</td><td>总氮</td><td>mg/L</td><td>15</td><td>40</td><td>10</td><td>15</td></tr>
<tr><td>6</td><td>总磷</td><td>mg/L</td><td>1.0</td><td>2.0</td><td>0.5</td><td>1.0</td></tr>
<tr><td>7</td><td>氨氮</td><td>mg/L</td><td>8</td><td>20</td><td>5</td><td>8</td></tr>
<tr><td>8</td><td>总锌</td><td>mg/L</td><td>1.5</td><td>4.0</td><td>1.0</td><td>1.5</td></tr>
<tr><td>9</td><td>石油类</td><td>mg/L</td><td>3.0</td><td>15</td><td>0.2</td><td>0.5</td></tr>
<tr><td>10</td><td>总铜</td><td>mg/L</td><td>0.5</td><td>1.0</td><td>0.2</td><td>0.5</td></tr>
<tr><td>11</td><td>硫化物</td><td>mg/L</td><td>1.0</td><td>1.0</td><td>0.5</td><td>1.0</td></tr>
</table>

续表6-1

序号	项目	单位	排放限值		特别排放限值		污染物排放监控位置
			直接排放	间接排放	直接排放	间接排放	
12	总铅	mg/L	0.5		0.2		生产车间或设施废水排放口
13	总镉	mg/L	0.1		0.02		
14	总镍	mg/L	0.5		0.5		
15	总砷	mg/L	0.5		0.1		
16	总汞	mg/L	0.05		0.01		
17	总钴	mg/L	1.0		1.0		
单位产品基本排水量	选矿	m^3/t 原矿	1.0		0.8		排水量计量位置与污染物排放监控位置一致
	铜冶炼	m^3/t 铜	10		8		

此外，矿区水环境质量应符合国家标准《地表水环境质量标准》(GB 3838—2002)、《地下水质量标准》(GB/T 14848—2017)的要求；废水处理后作为农业和渔业用水的，应分别符合国家标准《农田灌溉水质标准》(GB 5084—2021)和《渔业水质标准》(GB 11607—1989)的要求。

6.2.2 废水回用标准

(1)选矿废水回用指标

国家标准《铜选矿厂废水回收利用规范》(GB/T 29773—2013)对铜选矿厂废水回用水质指标作出了要求，如表6-2所示。

表6-2 铜选矿厂废水回用水质指标

序号	控制项目	单位	工艺用水	设备冷却水		厂区绿化、除尘、保洁用水
				直流式	循环式	
1	pH		6~9	6~9	6~9	6~9
2	悬浮物(SS)	mg/L	≤300	≤100	≤70	—
3	总硬度(以 $CaCO_3$ 计)	mg/L	≤450	≤450	≤450	—
4	氨氮(以N计)	mg/L	≤25	—	≤25	≤25

续表6-2

序号	控制项目	单位	工艺用水	设备冷却水		厂区绿化、除尘、保洁用水
				直流式	循环式	
5	石油类	mg/L	≤10	≤10	≤10	≤10
6	氰化物	mg/L	≤0.5	≤0.5	—	≤0.5
7	Cu	mg/L	≤1.0	—	—	—
8	Pb	mg/L	≤1.0	—	—	—
9	Cd	mg/L	≤0.1	—	—	—
10	As	mg/L	≤0.5	—	—	≤0.5
11	Hg	mg/L	≤0.05	≤0.05	—	≤0.05

(2)矿山酸性废水回用指标

国家标准《铜矿山酸性废水综合处理规范》(GB/T 29999—2013)对铜矿山酸性废水回用水质指标作出了要求，如表 6-3 所示。

表 6-3　铜矿山酸性废水回用水质指标

序号	检测项目	回用水质指标控制值(pH 除外)/($mg \cdot L^{-1}$)			
		石灰中和法	高浓度泥浆法	硫化-石灰中和法	物化-膜法
1	pH	6~9	6~9	6~9	6~9
2	悬浮物	≤80	≤80	≤80	—
3	总硬度(以 $CaCO_3$ 计)	—	—	—	≤450
4	Fe≤	—	—	—	≤0.3
5	化学需氧量(COD)	≤60	≤60	≤60	≤20
6	氟化物(以 F 计)	≤5	≤5	≤5	≤1.0

6.3　碱性和中性废水处理技术

针对碱性和中性铜矿废水进行处理的方法主要包括沉降、过滤、化学处理及生化处理技术等。

6.3.1 沉降技术

沉降技术主要是借助重力、离心力的作用，使废水中的固体悬浮物分离。借助重力进行固液分离的技术称为重力沉降技术；借助离心力进行固液分离的技术称为离心沉降技术。重力沉降技术又分为自然沉降法和絮凝沉降法。

6.3.1.1 自然沉降法

(1)技术原理

自然沉降法是在废水处理过程中，通过重力作用使密度大于水的悬浮物下沉，从而达到污染物与水分离的效果。在沉降过程中，固体颗粒不改变形状、尺寸，也不相互结合，各自完成沉淀过程。铜矿采选业废水自然沉降工序可在专门的沉降槽、浓密机、澄清池中进行，也可在已有的排土场、尾矿库中进行。

(2)技术适应性特点

在铜矿采选过程中，自然沉降法主要用于采矿场废水处理、选矿厂精矿和尾矿脱水等，主要是去除废水中粒径大于 10 μm 的可沉固体，适用于已建和新建含铜矿山企业的采矿与选矿废水。

该法的优点是简单易行，使用该方法不仅可使废水得到一定程度的净化，同时又可以将沉降后得到的清水回用。

该法的缺点是选择性差，反应时间较长，无法去除废水中的小颗粒物质。

(3)应用实例

①吉林吉恩镍业股份有限公司选矿厂。

吉林吉恩镍业股份有限公司选矿厂磨浮车间有 90%的水以废水形式排放，年废水排放量高达 110 余万 t。由于该厂以丁基钠黄药为捕收剂、C125 为起泡剂兼捕收剂、碳酸钠为调整剂，废水中含有大量残余黄药和 C125。将选矿废水经尾矿库自然净化后进行循环利用，选矿厂清水单耗平均降低了 1 t/t 原矿，每年节约水费 113.25 万元，基本实现了尾矿库废水零排放，消除了废水外排对环境的影响。

②铜陵有色金属集团控股有限公司。

铜陵有色金属集团控股有限公司各矿山采矿和井下涌水一般是中性水，在井下利用上中段废弃巷道作为储水池，把采矿过程中的一部分废水通过泵打到储水池，沉淀后再用于井下生产，以节省供水费用。据统计，该公司每年可利用工业废水和地下水约 4000 万 t，矿山工业用水循环利用率由 68%提高到 96%，从而使矿山水资源得到很好的综合利用，既节约了水资源，又降低了生产成本。

冬瓜山铜矿在-670 m 中段建了一个储水池，金口岭铜矿在-171 m 中段建有储水池，就是为了解决井下生产凿岩等工程及其他生产用水。井下泵房打上来的废水则排入地表的蓄水池，以供选矿生产用水。选矿生产的废水，经过沉淀、净化达标处理后回用于选矿生产或外排。尾矿库集水池中的废水经净化达标后通过回水泵房打到选矿生产水池，再用于选矿生产或外排用于农田灌溉。

6.3.1.2　**絮凝沉降法**

(1)技术原理

通常待处理废水中多为带有负电荷的胶体颗粒，当向废水中加入铝盐、铁盐及阳离子型聚合物时，它们的水解产物与废水中的胶体互相吸引或吸附，导致颗粒相互聚集，从废水中分离出来。在实际污水处理中，根据污水及悬浮固体污染物的特性不同，可选用不同的絮凝剂，既可单独采用无机絮凝剂(如聚合氯化铝、三氯化铝、硫酸铝、硫酸亚铁、三氯化铁等)，也可采用有机高分子絮凝剂进行沉降分离，有机高分子絮凝剂有阴离子型、阳离子型和两性高分子絮凝剂(如聚丙烯酰胺及其衍生物等)三种。根据加料顺序的不同，可分为在选矿过程中添加絮凝剂以及在选矿废水中添加絮凝剂两种类型。

(2)技术特点

适用于已建和新建含铜矿山企业的污染浓度较低的采矿、选矿废水。絮凝沉降不仅可以加快沉降速度，而且有利于降低精矿和尾矿的含水率，提高废水循环利用率，减少废水排放。经过絮凝沉降后，废水仍可回用。

6.3.1.3　**离心沉降技术**

(1)技术原理

通过高速旋转的物体产生的离心力将悬浮性物质从废水中分离出来。质量大的悬浮固体颗粒受到较大的离心力被抛到外侧，质量小的水受到较小的离心力被留在内侧，然后通过不同的排放口排出，达到固液分离。

(2)技术特点

适用于已建和新建含铜矿山企业的采矿与选矿废水。该技术借助离心设备工作时的离心力使悬浮物与水分离，效果远比重力分离好。按产生离心力的方式不同，离心分离设备可分为离心机和水力旋流器两类。

6.3.2　过滤技术

(1)技术原理

过滤法是指在过滤推动力的作用下，利用具有一定孔隙率的过滤介质，将废水中的悬浮物截留在介质表面或内部，从而降低废水中固体悬浮物的方法。根据过滤推动力的不同，过滤可以分为重力过滤、真空过滤、压力过滤和离心过滤。所用的滤料有粒状、粉状和纤维状等类型，以粒状最为常见。常用滤料有石英砂、无烟煤、活性炭、磁铁矿、石榴石、多孔陶瓷、塑料球等。为了截留不同粒径的固体悬浮物，常在过滤器中使用两种或两种以上的滤料，并将滤料铺成层状，这种过滤过程称为多介质过滤。

(2)技术特点

适用于已建和新建含铜矿山企业的采矿与选矿废水。重力过滤一般用于去除含量较低的固体悬浮物，真空过滤用于泥浆脱水，压力过滤适用于去除细微固体颗粒，离心过滤用于分离胶体微粒。

与重力沉降技术相比，过滤分离不仅固液分离速度快，而且分离较彻底，主要用于废水的预处理和一级处理。例如，采用膜分离技术处理废水时，一般需要先进行多介质过滤对废水进行预处理，防止分离膜堵塞和污染。

6.3.3 化学处理技术

6.3.3.1 中和沉淀技术

(1)技术原理

针对 pH 较高的选矿废水，采用酸进行中和，调节 pH，使之达到选矿用水的要求，然后将中和后的废水返回选矿工段回用。为了节省成本，可选用矿山酸性废水作为中和剂使用。

(2)技术特点

适用于选矿厂废水的处理，对选矿废水进行中和处理，可以有效提高选矿废水的回用率。

(3)应用实例

德兴铜矿选矿厂的尾矿溢流碱性废水量为 22 万 m^3/d，精矿溢流碱性废水量为 0.2 万 m^3/d，pH 均为 10~11。该矿的矿山酸性废水量为 3.6 万 m^3/d，pH 为 2.5 左右。该矿将一部分矿山酸性废水与选矿碱性废水中和，在尾矿库澄清后，上清液返回选矿厂使用。尾矿库的 pH 保持在 9 以上，每年可消耗酸性废水 1000 万 t 以上。

6.3.3.2 化学氧化法

(1)技术原理

化学氧化法是利用化学氧化药剂在反应过程中与残留的选矿药剂进行反应，直到残留的选矿药剂完全分解为无机物的方法。这类方法主要用于消除浮选尾矿水中的残余药剂。

(2)技术特点

适用于已建和新建含铜矿山企业的选矿废水。该技术会消耗一定量的酸和碱(用于废水 pH 的调节)、氧化剂等化学药品，处理效率较高，可大大减少污染物的排放。

(3)应用实例

西藏某铜铅锌选矿厂的选矿废水中含有重金属离子及选矿药剂，如 Cu、Pb、Zn、黄药、松醇油、硫化物、氧化物等。该选矿厂主要采用絮凝沉淀法去除废水中的重金属离子，同时还能去除大部分 SS 和部分 COD。再加入 ClO_2 氧化去除大部分有机污染物后，采用鼓风曝气进一步去除残存的 ClO_2。最后采用炉渣吸附，强化处理效果，出水再调整 pH 后回用于生产。该项目 2011 年建成投入运行，处理效果明显，处理后的废水完全达到排放标准，并可实现 100%循环利用，每月可节约水费 7.2 万元。

6.3.4　生化处理技术

6.3.4.1　生物氧化法

(1)技术原理

生物氧化法是指在有氧条件下，活性污泥吸附、吸收、氧化、降解废水中的有机污染物，一部分转化为无机物并提供微生物生长所需的能量，另一部分则转化为微生物，通过沉降分离，从而使废水得到净化的方法。该法的工艺流程如图 6-1 所示。

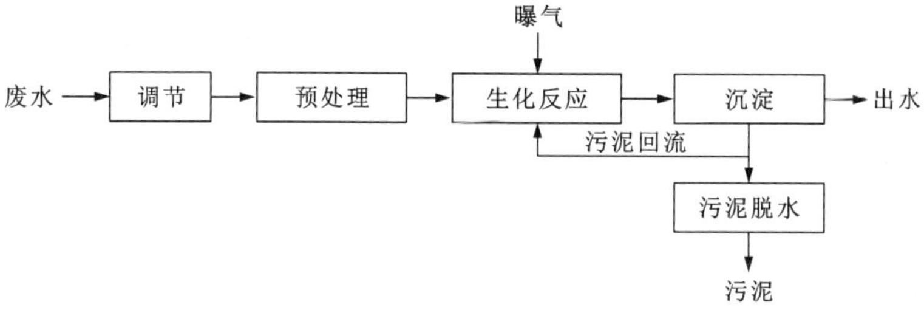

图 6-1　生物氧化法工艺流程图

(2)技术特点

适用于已建和新建含铜矿山企业的选矿废水。该法的优点是操作简单，成本低；缺点是处理周期较长，生化反应水力停留时间(HRT)一般为 6~30 h。废水一般应采用格栅、絮凝沉降等进行预处理，当废水 BOD_5/COD 小于 0.3 时，宜采用提高废水可生化性的措施。曝气工序的气水比宜控制在 10∶1~25∶1，溶解氧宜控制在 1~4 mg/L。

(3)应用实例

冬瓜山铜矿采用“多菌种协同高浓度生化降解”工艺处理选矿废水，运行费用低，处理效果好，可同时去除废水中的有机物、重金属和硫酸盐，产渣量少，无二次污染。但设备投资较大，占地面积大，生物菌种活性不稳定(尤其在低温环境下)，对进水水质要求高。

6.3.4.2　厌氧生化法

(1)技术原理

厌氧生化法是指在没有游离氧存在时，利用厌氧微生物将废水中的有机物转化、分解成甲烷、二氧化碳、氢气等物质的方法。

(2)技术特点

适用于已建和新建含铜矿山企业的选矿废水。目前，厌氧生化法通常用于处理高浓度的有机废水或生化氧化法难以降解的有机污水。

该法的优点是成本低、适用性强、无二次污染，不仅容易回收金属元素，而且可以有效去除水中的N和P等营养物质，解决了二次污染问题，达到高效率、低能耗的效果。

该法的缺点是对生物质类型、pH、温度等条件要求较高。

6.4 矿山酸性废水处理技术

铜矿山酸性废水的处理方法主要包括化学沉淀技术、离子交换技术、萃取—电积工艺和膜分离技术等。国家标准《铜矿山酸性废水综合处理规范》(GB/T 29999—2013)推荐的铜矿山酸性废水处理技术包括石灰中和法、高浓度泥浆法、硫化-石灰中和法和物化-膜法。

6.4.1 化学沉淀技术

6.4.1.1 中和沉淀技术

(1)技术原理

该技术采用碱性沉淀剂对矿山酸性废水进行中和沉淀，所用的碱性沉淀剂包括石灰、石灰石、苏打、氢氧化钠、电石渣以及选矿厂的碱性选矿废水等。

目前应用较广的是石灰中和法，所用石灰包括生石灰和石灰乳，一般以石灰乳的形式投加，其工艺流程如图6-2所示。以电石渣作为中和剂代替石灰，也是比较经济有效的方法。中和反应pH宜控制在8~10。当废水中含砷时，需增加铁盐除砷工艺，除砷pH宜控制在8~10，铁砷比宜控制在5~10。当废水中含有二价铁时，反应池需增设曝气系统，气水比宜控制在2~5。

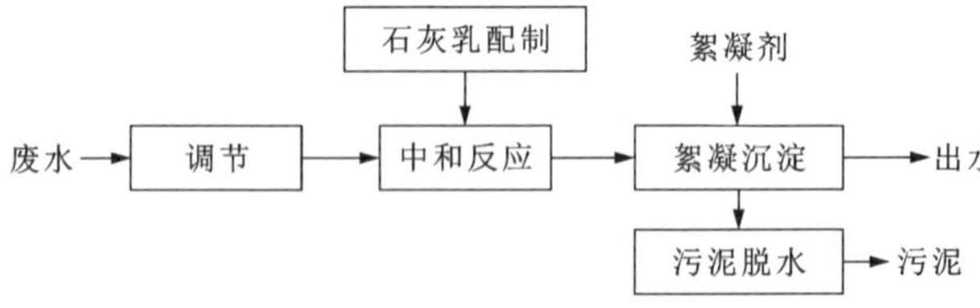

图6-2 石灰中和法工艺流程图

高浓度泥浆法(HDS法)是常规石灰中和法的改造工艺，该法将絮凝沉淀工序的污泥回流与石灰乳混合搅拌后，再进入中和反应工序，其工艺流程如图6-3所示。污泥回流比宜控制在3：1~30：1，污泥浓度宜控制在20%~30%。

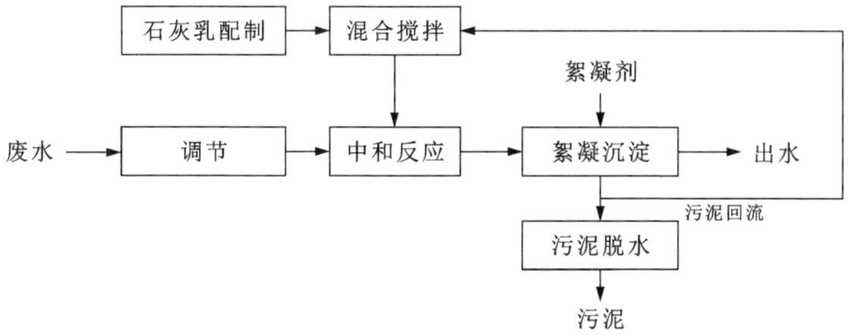

图6-3 HDS法工艺流程图

(2)技术特点

适用于已建和新建含铜矿山企业的酸性废水处理，对水质适用性较强，可处理各种浓度和性质的铜矿酸性废水，操作简单，重金属去除率可达98%以上。石灰中和法的药剂来源广、成本较低，是使用最为普遍的方法，但该方法产生的中和渣量大且不易脱水，易引发二次污染。电石渣中和法、碱性废水中和法可将电石渣和碱性废水进行废物利用，达到以废治废的目的，适用于附近有电石渣和碱性废水的场合。HDS法可使石灰得到充分利用，提高水处理能力1~3倍，且易于改造，改造费用低；产生污泥含固率高达20%~30%；可实现全自动化操作，药剂投加量降低，节省运行费用。

(3)应用实例

①永平铜矿。

永平铜矿采用石灰中和法对酸性废水进行处理，取得了良好的效果。该处理系统1985年投入运行，平时单系统作业处理量为5000~5500 m^3/d。每年5—7月丰水期采用双系统作业，处理量为11000 m^3/d，最高处理量为13400 m^3/d，外排水综合达标率为94.7%。

②德兴铜矿。

德兴铜矿将常规石灰中和法改造为HDS法后，石灰消耗量减少5%~10%，沉淀污泥含固率达20%~30%，可节省大量的污泥输送费用，降低处理成本，提高酸性废水处理量，减轻设备、管道的结垢现象。

6.4.1.2 **硫化沉淀技术**

(1)技术原理

该技术是利用硫化剂将水溶液中的重金属离子转化为不溶或难溶的硫化物沉淀，以达到分离和纯化的目的。大多数过渡金属的硫化物都难溶于水，且沉淀的

pH 范围较宽，所以可以用硫化沉淀技术去除或回收废水中的金属离子。其有两种主要处理方式，分别是硫化沉淀浮选法和硫化沉淀沉降法。

硫化沉淀浮选法是利用硫化剂将水溶液中的重金属离子转化为难溶的金属硫化物沉淀，然后加入表面活性剂改变沉淀物表面的疏水性，疏水性沉淀物与起泡剂发生黏附上浮，从而去除或回收水中重金属离子的方法。

硫化沉淀沉降法是工业上应用较多的硫化沉淀技术，该法是利用硫化剂将水溶液中的重金属离子转化为不溶或难溶的硫化物沉淀，然后加入絮凝剂使沉淀物沉降的方法。硫化沉淀的污泥一般应回流，工艺流程如图 6-4 所示。硫化剂主要有硫化钠(Na_2S)、硫氢化钠(NaHS)、硫化氢(H_2S)、硫化钙(CaS)、硫化铁(FeS)以及黄药等，最常用的硫化沉淀剂是硫化钠和硫氢化钠。硫化剂的投加宜采用氧化还原电位(ORP)自动控制。

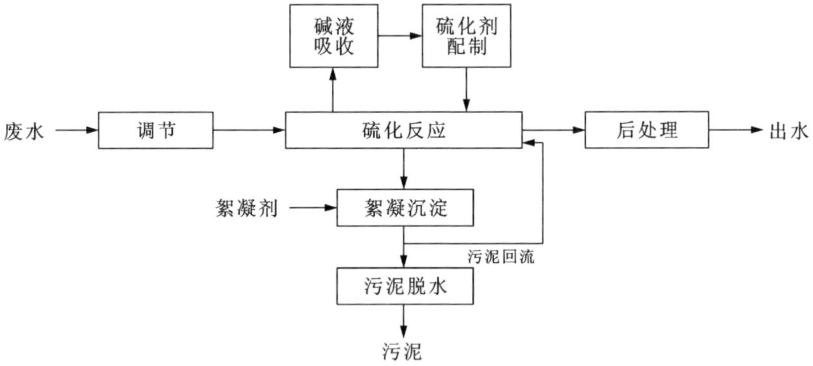

图 6-4　硫化沉淀法工艺流程

为确保出水达标，一般需与石灰中和法、HDS 法联合使用。根据中和及硫化沉淀的顺序不同，可分为石灰中和(或 HDS)—硫化法和硫化—石灰中和(或 HDS)法，其中硫化—石灰中和法为国家标准《铜矿山酸性废水综合处理规范》(GB/T 29999—2013)的推荐工艺。废水中含二价铁时，需增加曝气除铁工艺，采用石灰调节 pH 至 3~4。

(2)技术特点

适用于处理含铜质量浓度 40~200 mg/L 的矿山酸性废水，用于回收有价金属。

由于金属硫化物的溶度积比金属氢氧化物的溶度积小得多，当采用中和沉淀法不能将某些金属离子降到要求含量以下时，可采用硫化沉淀技术。该技术对铜的回收率高，回收率可达 95%，铜精矿品位 35%以上，铜回收成本为 2.0 万元/t。处理废水的适应性强，酸性废水处理后铜浓度低于 0.5 mg/L。

由于硫化剂在酸性废水中易产生硫化氢气体，硫化法常会有硫化氢气体逸出。因此，硫化反应池应密闭，并设置碱吸收装置吸收逸出的硫化氢，使现场空气中的硫化氢浓度低于 1×10^{-6}，实现硫化剂循环利用。

(3)应用实例

2007 年，德兴铜矿与加拿大百泰公司合作成立江铜百泰公司，投资 6000 多万元建设低浓度酸性废水处理工程，2008 年建成投产。该工程采用中和—硫化法处理酸性废水，设计处理酸性废水 24000 t/d，酸性废水平均含铜 120 mg/L。该技术包括中和沉淀和硫化沉淀两个阶段(图 6-5)。中和沉淀阶段，以电石渣代替石灰作为中和沉淀剂，在酸性废水中添加电石渣乳，使三价铁离子转化为氢氧化铁沉淀，钙离子转化为硫酸钙。硫化沉淀阶段，在密封反应器中，硫氢化钠与除铁后上清液中的铜反应，生成硫化铜沉淀，经压滤形成高品位的硫化铜精矿产品。该工程每年从废水中回收 800 多 t 铜金属，实现了废水中有价金属的回收利用。该工艺生产过程实行全自动化控制，自动化程度高，工艺作业效率高，安全系数高，作业人员的劳动强度降低，工业化程度高，取得了明显的环境效益和经济效益。

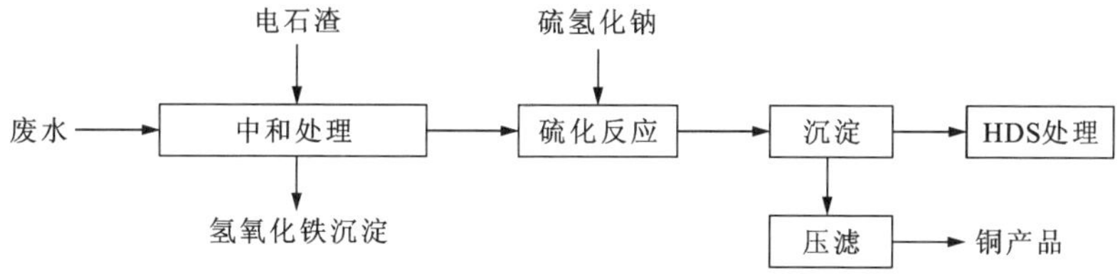

图 6-5　德兴铜矿中和—硫化沉淀工艺流程图

6.4.1.3　铁氧体法

(1)技术原理

该技术是指向废水中投加铁盐，通过控制 pH、氧化、加热等条件，使废水中的重金属离子在铁氧体的包裹夹带作用下进入铁氧体晶格中形成复合铁氧体，然后再采用固液分离手段去除重金属离子的方法。铁氧体法的工艺过程主要包括投加铁盐、调节 pH、充氧加热、固液分离、沉渣处理等五个环节。

铁氧体法主要分为中和法、氧化法、常温铁氧体法和 GT(galvanic treatment)-铁氧体法等。中和法是先将 Fe^{2+} 和铁盐溶液混合，在一定条件下用碱中和直接形成尖晶石型铁氧体。氧化法是将亚铁离子和其他可溶性重金属离子溶液混合，在一定条件下用空气部分氧化 Fe^{2+}，从而形成尖晶石型铁氧体。常温铁氧体法是在常温下通过控制 Fe^{2+} 与 Fe^{3+} 物质的量比，用氢氧化钠作为 pH 调整剂，经过一定的陈化时间可得到磁性沉淀物。GT-铁氧体法即电偶-铁氧体法，它克服了经典铁氧体法的不足，能在常温、不通氧的条件下处理废水。

(2)技术特点

适用于已建和新建铜矿山企业的酸性废水处理。

该法的优点为工艺简单，处理条件温和，治理效果明显；铁氧体沉渣粒度小，比表面积大，可通过吸附、包夹等作用去除部分有机污染物、泥沙、微生物及其他可溶性无机盐；进入铁氧体晶格的重金属离子种类多，处理废水的适用面广；铁氧体沉渣具有强磁性，可利用磁分离；铁氧体沉渣稳定，不存在二次污染，对其综合利用具有经济和社会双重效益，如用于制造电视机偏转磁芯材料、磁流体、CO 中温变化催化剂、导磁体、磁性标志物、电磁波吸收材料等。

该法的缺点是需消耗相对较多的硫酸亚铁等铁盐和一定数量的碱，且处理时间较长、成本较高；出水的硫酸盐含量较高；铁氧体沉渣性质不稳定；不能单独回收有用金属；中和法、氧化法需要加热，不便处理水量大的矿山废水。

6.4.2 离子交换技术

(1)技术原理

离子交换法是利用离子间的浓度差以及离子间的相互作用为动力推动，利用离子交换剂将废液中待分离的组分依靠库仑力吸附在离子交换剂上，然后利用合适的洗脱剂将吸附物质从离子交换剂上洗脱，从而达到分离纯化的方法。其实质是不溶性离子化合物(离子交换剂)上的可交换离子与溶液中的其他同性离子的交换反应，是一种特殊的吸附过程，通常是可逆性化学吸附。如图 6-6 所示为离子交换法处理废水的基本工艺流程。

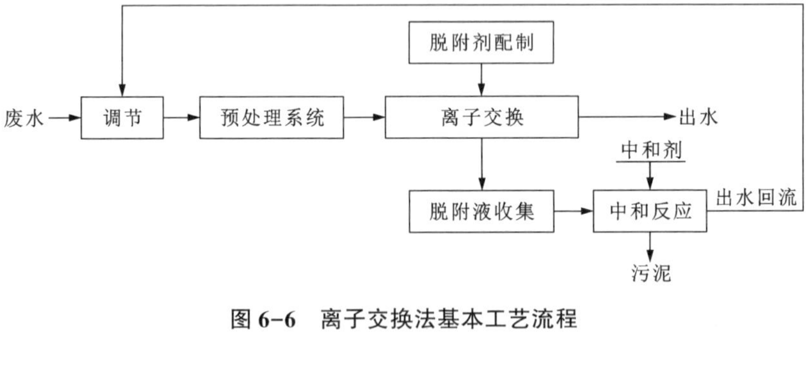

图 6-6 离子交换法基本工艺流程

离子交换剂分为无机离子交换剂和有机离子交换剂两大类。无机离子交换剂主要是沸石，包括天然沸石和合成沸石。有机离子交换剂主要包括离子交换树脂、离子交换纤维、磺化煤等。

(2)技术特点

适用于已建和新建含铜矿山企业的酸性废水处理。该法成本低、操作简单、选择性好、回收率高，且能起到吸附和交换的双重作用，避免了采用化学沉淀法处理重金属废水时产生的大量污泥。该法一般需要与化学沉淀技术联合使用。

离子交换纤维是继离子交换树脂之后发展起来的一类新型离子交换材料。与离子交换树脂相比，离子交换纤维具有比表面积大、交换速度快、再生时间短、易于洗脱等优点，因而在重金属废水的处理中得到越来越广泛的应用。

(3)应用实例

2010 年，德兴铜矿建设了镍钴回收装置，采用离子交换法和硫化法集成技术回收酸性废水中质量浓度为 5 mg/L 的低浓度镍和钴，设计酸性水综合利用能力 20000 t/d，年回收镍、钴金属近 40 t。

6.4.3　萃取—电积工艺

(1)技术原理

萃取法是利用分配定律的原理，用一种与水互不相溶，而对废水中某种污染物溶解度很大的有机溶剂(萃取剂)，从废水中分离出污染物的方法。电积是将萃取富集后的含金属离子的溶液电解沉积产出阴极金属的方法。电解法是一种利用铝(或铁)作为可溶性阳极，以不锈钢或铝、铁作为阴极，在直流电场下对废水进行电解的方法。通电后，阳极金属(铝或铁)放电成为金属离子溶入废水中并水解形成氢氧化铝或氢氧化铁胶体，同时废水中的重金属离子在阴极与 OH^- 结合形成金属氢氧化物，并吸附在阳极处形成的氢氧化物胶体上一起沉淀除去。此外，废水中的金属离子还可以直接在阴极上获得电子，还原为金属沉积在阴极上。

(2)技术特点

适用于已建和新建含铜矿山企业的酸性废水处理。

该法的优点是能同时去除多种金属离子，具有净化效果好、泥渣量少、噪声小等特点。另外，其电解装置紧凑，占地面积小，节省投资，易于实现自动化；药剂用量少，废液量少，通过调节槽电压和电流，可以适应较大幅度的水量与水质变化冲击。

该法的缺点是电耗较大，当采用可溶性阳极时，阳极材料消耗大。

(3)应用实例

①德兴铜矿。

该矿将酸性废水处理与废石处理相结合，采用酸性废水对采矿场剥离的含铜 0.25%以下的低品位废石喷淋，然后再利用萃取—电积提取金属铜，实现了废水和废石的同步利用。

②紫金山金铜矿。

紫金山金铜矿 2012 年 5—12 月进行了酸性矿坑水用于紫金山铜矿生物堆浸工业试验。工业试验中，采用酸性矿坑水作喷淋液进行堆浸，再通过萃取—电积生产电积铜，萃取过程的萃余液不返回堆浸，全部采用石灰中和处理后达标排放。根据 2014 年全年正常生产指标统计，吨矿消耗矿坑水 0.49 m^3，矿坑水回收铜 2241.9 t，实现了矿坑水的资源化利用。

6.4.4 膜分离技术

(1)技术原理

膜分离技术是指在分子水平上不同粒径分子的混合物在施加外界压力的条件下通过分离膜时，实现选择性分离的技术。根据膜孔径大小，膜分离可分为微滤(MF)、超滤(UF)、纳滤(NF)、反渗透(RO)等。图 6-7 为膜分离技术处理废水的基本工艺流程。废水在进行膜分离前，一般需要经过沉淀、过滤、中和等物理化学过程处理，国家标准《铜矿山酸性废水综合处理规范》(GB/T 29999—2013)推荐的物化-膜法即为此类方法。

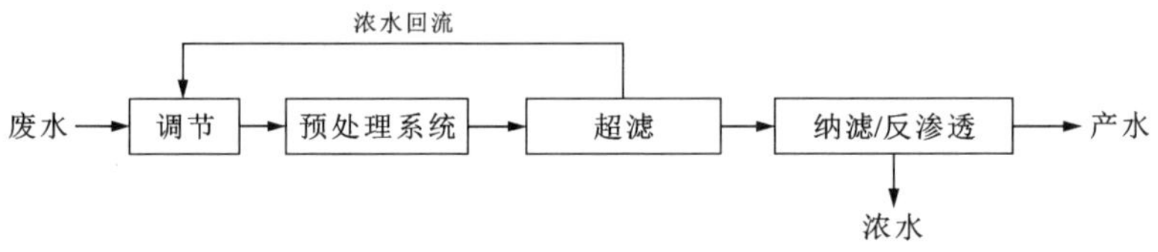

图 6-7　膜分离技术基本工艺流程

(2)技术特点

适用于处理含铜浓度 80 mg/L 以上的矿山酸性废水，用于回收有价金属；为确保出水达标，一般需与石灰中和法、HDS 法联合使用。

微滤和超滤技术主要用于去除固体微粒，纳滤技术主要用于含溶剂废水的处理。反渗透可以直接分离废水中的金属离子，无须化学品即可进行有效脱除，系统除盐率一般为 98%以上。反渗透是用足够的压力使废水中的水通过反渗透膜(一种半透膜)分离出来，方向与渗透方向相反，可使用大于渗透压的反渗透法进行分离、提纯和浓缩废水。反渗透是最先进的也是最节能、环保的一种脱盐方式。

膜分离技术能耗低，分离过程中物质不发生相变，分离效果好，操作简便，无二次污染，分离产物易于回收，是分离溶解固体的有效方法，可确保废水中的重金属离子完全去除；处理后的水质优良，可完全循环再利用；对废水中无机盐的处理效果比较明显，可以对污水中的多种溶质进行分离。

膜分离技术的缺点是设备投资较大，运行费用较高，膜易污染，需要经常清洗。

(3)应用实例

紫金山金铜矿采用膜分离技术处理含铜酸性矿山废水。废水经过初沉池混凝沉降—纤维束过滤—超滤—反渗透—产水回用—浓水回收铜工艺处理。硐坑水经反渗透两级浓缩后，铜总回收率为 98.6%，截留率为 99.79%，浓缩倍数为 7~12 倍。浓水送入萃取工段回收铜，产水可用作石灰配制石灰乳时所用的工业水，或加少量石灰中和后达标排放。该膜系统每天废水处理量为 4100~4500 m^3，年回收铜价值 1500 万元以上。膜分离处理废水成本为 2~3 元/m^3，与石灰石中和法相比，可节约石灰成本为 500~600 万元/a。

6.5 矿山排水

6.5.1 露天矿采场排水

6.5.1.1 露天矿排水方式

露天矿采场排水主要指排出大气降水、露天矿坑水等，它分为露天排水(明排)和地下排水(暗排)两大类、四种方式(表 6-4)。

表 6-4　露天矿采场排水方式

类别	排水方式	优点	缺点	适用条件
露天排水	自流排水方式	安全可靠；基建投资少；操作费用低；管理简单	受地形条件限制	山坡型露天矿有自流排水条件，部分可利用排水平硐导通
	露天采场底部集中排水方式	基建工程量小，投资少；移动式泵站不受淹没高度限制；施工较简单	泵站移动频繁，露天矿底部作业条件差，开拓延深工程受影响；排水经营费高；半固定式泵站受淹没高度限制	汇水面积小，水量小的中、小型露天矿；开采深度浅，下降速度慢或干旱地区的大型露天矿亦可应用

续表6-4

类别	排水方式	优点	缺点	适用条件
地下排水	露天采场分段截流永久泵站排水方式	露天矿底部水平积水较少；开采作业条件和开拓延深工程较好；操作费用低	泵站多、分散；最低工作水平仍需有临时泵站配合；需开挖大容积贮水池、水沟等工程，基建工程量较大	汇水面积大、水量大的露天矿；开采深度大、向下延伸快的露天矿
	井巷排水方式	采场经常处于污水状态；开采作业条件好；为穿爆、采装等工序高效作业创造良好条件；不受淹没高度限制；泵站固定	井巷工程量多；基建投资多；基建时间长；前期操作费用高	地下水量大的露天矿；深部有坑道可以利用；需预先疏干的露天矿；深部用坑内开采、排水巷道后期可供开采利用

排水方式的选择应考虑如下因素：

①有条件的露天矿宜充分利用高差，尽量采用自流排水方式，必要时可以专门开凿部分疏干平硐以形成自流排水系统。

②对水文地址条件复杂和水量大的露天矿，首要问题是确定用露天排水方式，还是用地下排水方式。水文地质条件简单和涌水量小的矿山，以采用露天排水方式为宜；对雨多含泥多的矿山，也可采用井下排水方式，以减少对采、装、运、排(土)的影响。

6.5.1.2 露天矿排水管理措施

根据国家环境保护标准《铜镍钴采选废水治理工程技术规范》(HJ 2056—2018)，铜矿山地表排水应遵循如下要求：

①应推行清洁生产，通过源头控制、过程管理提高水循环利用率，减少外排废水量。

②在露采场、排土场、废石场、尾矿库周边建设截、排洪设施，实现清污分流、雨污分流。

③应对选矿厂区初期雨水、地面冲洗水进行收集、处理。

6.5.1.3 露天矿排水实例

德兴铜矿采矿场为特大型露天矿山，矿区属于温湿多雨地区，雨水是地下水的主要水源。德兴铜矿绝大部分矿山的露天采场、废石场及尾矿库边坡封闭圈均修建了清污分流工程。排水系统主要由排水巷道、截水沟和水泵站组成。采用分段分区分片的办法建成截水沟，把雨水直接拦截到境界外，控制了山上的雨水进入采区；采用排水巷道把水排到境界外。利用清污分流工程，德兴铜矿每年可减少污水产生量620余万t。

6.5.2 地下开采矿井排水

矿井排水方法有自流式和扬升式两种。在地形条件许可的情况下，利用平硐自流排水最经济、可靠。但受地形限制，多数矿山需要借助水泵将水扬至地面。因此，矿井排水一般采用扬升式排水方法。

6.5.2.1 矿井排水系统

扬升式排水主要包括直接排水、接力排水和集中排水三种排水系统。

(1)直接排水

直接排水是在每个中段都设置水泵房，分别用各自的排水设备将水直接排至地面。其优点是在每个中段都有独立的排水系统，排水工作互不影响；缺点是所需设备多，井筒内敷设的管道多，管理和检查复杂，金属矿山很少采用。

(2)接力排水

接力排水是下部中段的积水，由辅助排水设备排至上中段水仓中，然后由主排水设备排至地表。其优点是管路铺设简单，节省排水电费，只有一个中段设置大型排水设备，开采延深后，辅助排水设备便于移置;缺点是当主排水设备发生故障时，可能使上、下各中段被淹没。这种排水系统适用于深井或上部涌水量大、下部涌水量小的矿井。

(3)集中排水

集中排水是把上部中段的水用疏干水井、钻孔或管道引至下部主排水设备所在中段的水仓中，然后由主排水设备集中排至地面。它具有排水系统简单，基建费和管理费少等优点，缺点是增加了排水电能消耗。集中排水不适用于有突然涌水危险的矿井，只适用于下部涌水量大、上部涌水量小的矿井。

6.5.2.2 矿井排水实例

(1)银山矿业

江西铜业集团银山矿业露天和井下采区总体排水工程于2019年通过竣工验收。该项目总投资5638万元，项目建设内容由地面和井下两个部分组成。地面部分主要包括地表截排水工程、排水设施、境界内采空区防治水工程。井下部分主要包括-60 m中段排水设备设施、-240 m中段排水设备设施、防水门、密闭墙等。

(2)梅岭南铜矿

梅岭南铜矿采用分段集中排水方式，在四、七水平建立集中排水泵房，五水平涌水下放到六水平，与六水平涌水一起排至四水平，七水平以下各水平涌水均排至七水平，其中八水平涌水下放到九水平，由九水平泵房汇集 2 个水平的涌水排至七水平；十一水平涌水下放至十二水平，十三水平涌水上排至十二水平，由十二水平泵房汇集 3 个水平的涌水上排至七水平；四水平以上各水平的涌水下放到四水平，最后由四水平泵房集中整个矿井的涌水上排至地表。

(3)谦比希铜矿

中色非洲矿业公司谦比希铜矿的井下排水采用接力排水系统，即 400 m 中段以上的所有井下涌水，由 448 m 泵房排至地表；500 m 中段的涌水由 500 m 临时泵房排至 400 m 水仓，再经 448 m 泵房接力排至地表；500 m 中段以下的涌水，全部集中到 900 m 水仓，由 948 m 泵房排至 400 m 水仓，再由 448 m 泵房排至地表。在地表设有两个相互连通又可独立使用的万 t 水池，对井下排水进行沉淀处理。

本章参考文献

[1] 邹家庆. 工业废水处理技术[M]. 北京：化学工业出版社，2003.

[2] 沈耀良，王宝贞. 废水生物处理新技术：理论与应用[M]. 2 版. 北京：中国环境科学出版社，2006.

[3] 李培红等. 工业废水处理与回收利用[M]. 北京：化学工业出版社，2001.

[4] 钱小青，葛丽英，赵由才. 冶金过程废水处理与利用[M]. 北京：冶金工业出版社，2008.

[5] 李培红. 工业废水处理与回收利用[M]. 北京：化学工业出版社，2001.

[6] 江晶. 污水处理技术与设备[M]. 北京：冶金工业出版社，2014.

[7] 陆国荣. 采矿手册(第六卷)[M]. 北京：冶金工业出版社，1999.

[8] 孙传尧. 选矿工程师手册[M]. 北京：冶金工业出版社，2015.

[9] 王毓华，邓海波. 铜矿选矿技术[M]. 长沙：中南大学出版社，2012.

[10] 朱屯. 萃取与离子交换[M]. 北京：冶金工业出版社，2005.

[11] 王湛，周翀. 膜分离技术基础[M]. 2 版. 北京：化学工业出版社，2006.

[12] 周连碧，祝怡斌，邵立南，等. 废物资源综合利用技术丛书——有色金属工业废物综合利用[M]. 北京：化学工业出版社，2018.

[13] 环境保护部，国家质量监督检验检疫总局. 铜、镍、钴工业污染物排放标准(GB 25467—2010)[S]. 北京：中国环境科学出版社，2010.

[14] 国家环境保护总局，国家质量监督检验检疫总局. 地表水环境质量标准(GB 3838—2002)[S]. 北京：中国环境出版集团，2019.

[15] 国家质量监督检验检疫总局，国家标准化管理委员会. 地下水质量标准(GB/T 14848—2017)[S]. 北京：中国质检出版社，2017.

[16] 生态环境部，国家市场监督管理总局. 农田灌溉水质标准(GB 5084—2021)[S]. 北京：中国环境出版集团，2021.

[17] 国家环境保护局. 渔业水质标准(GB 11607—1989)[S]. 北京：中国标准出版社，1990.

[18] 国家质量监督检验检疫总局，国家标准化管理委员会. 铜选矿厂废水回收利用规范（GB/T 29773—2013）[S]. 北京：中国标准出版社，2014.

[19] 国家质量监督检验检疫总局，国家标准化管理委员会. 铜矿山酸性废水综合处理规范（GB/T 29999—2013）[S]. 北京：中国标准出版社，2014.

[20] 生态环境部. 铜镍钴采选废水治理工程技术规范（HJ 2056—2018）[S]. 北京：中国环境科学出版社，2018.

[21] 赵娜. 铜矿废水综合处理新工艺研究[D]. 武汉：武汉理工大学，2009.

[22] 刘绪光. 吉恩铜镍选厂选矿废水循环利用生产实践[J]. 矿产保护与利用，2009(3)：55-58.

[23] 杨承祥，成祖国，夏柱华，等. 铜陵有色公司建设新型生态矿山实践[J]. 采矿技术，2008，8(3)：72-74.

[24] 陈林. 德兴铜矿生产废水的综合治理[J]. 金属矿山，2005(S1)：155-156，169.

[25] 唐灿富. 西藏某铜铅锌选矿废水处理及回用探析[J]. 湖南有色金属，2012，28(4)：55-57.

[26] 高文谦. 有色矿山尾矿库废水处理技术研究进展与应用现状[J]. 有色金属(矿山部分)，2020，72(6)：82-86.

[27] 毛银海，郭泽林. 氧化钙二段中和沉淀法处理铜矿酸性废水的应用与改造[J]. 给水排水，2003，29(5)：46-49.

[28] 杨晓松，刘峰彪，宋文涛，等. 高密度泥浆法处理矿山酸性废水[J]. 有色金属，2005(4)：97-100.

[29] 朱振兴. 改进性硫化中和沉淀法对德兴铜矿酸性含铜废水的处理研究[D]. 南昌：南昌航空大学，2008.

[30] 黄万抚，王淑君. 硫化沉淀法处理矿山酸性废水研究[J]. 环境污染治理技术与装备，2004，5(8)：60-62，87.

[31] 任万古. 德兴铜矿酸性废水处理实践[J]. 采矿技术，2002，2(2)：57-59.

[32] 林泓富. 酸性矿坑水用于紫金山铜矿生物堆浸研究及应用[J]. 有色金属(冶炼部分)，2016(8)：6-11.

[33] 邓娟利，胡小玲，管萍，等. 膜分离技术及其在重金属废水处理中的应用[J]. 材料导报，2005，19(2)：23-26.

[34] 季常青，黄怀国，张卿，等. 膜分离技术在矿坑含铜废水资源化中的应用及优化[J]. 黄金科学技术，2013，21(5)：102-105.

[35] 刘志翔. 德兴铜矿铜厂露天矿排水系统[J]. 露天采矿技术，2006，21(6)：13-14.

[36] 赵华. 梅岭南铜矿排水系统改造[J]. 现代矿业，2014，30(10)：184-185.

[37] 张宇光. 谦比希铜矿主矿体井下排水系统优化措施[J]. 中国矿山工程，2015，44(4)：15-17，56.

第 7 章　废石和尾矿处置技术

铜矿采选业产生的固体废弃物主要是采矿过程中产生的废石和选矿过程中产生的尾矿。废石和尾矿产出量巨大，合理地处理废石和尾矿是矿山安全生产的前提，也是矿山生态环境保护的重要举措。对废石和尾矿的处理方面，一方面是对其进行安全堆存，另一方面是针对有进一步利用价值的废石和尾矿进行资源化利用。

7.1　铜矿固体废弃物概述

7.1.1　固体废弃物的来源

铜矿采选业产生的固体废弃物主要是废石和尾矿。废石是指在矿山开采过程中所产生的无工业价值的矿体围岩和夹石的总称。废石包括开采过程中井下掘进废石、回采过程中的剔除废石以及露天采场剥离废石。尾矿是选矿产生的固废，具有产出量大、颗粒细小的特点。此外，尾矿还有一定的水分，且大部分尾矿具有碱性。

根据对 2011—2015 年全国重要矿产资源“三率”调查与评价结果，我国铜矿的废石排放强度达到 158.63，每生产 1 t 铜精矿会排出 158.63 t 废石，仅次于钼矿和钨矿；铜矿尾矿排放强度为 43.18，每生产 1 t 铜精矿排出 43.18 t 尾矿。我国铜矿山废石产生量大于尾矿产生量，废石量与尾矿量的比值为 3.67。然而，我国铜矿的废石利用率仅为 1.58%，远低于全国废石平均利用率 17.77%；铜矿尾矿的利用率为 9.18%，也远低于全国尾矿平均利用率 18.97%。

7.1.2　固体废弃物的性质

废石、尾矿属于工业固体废物，不同的矿石及不同的选矿工艺产生的废石、尾矿的化学性质不同，对应的环境保护要求也不同，因此应对废石和尾矿的性质进行鉴别。工业固体废物分为两大类：一类是危险废物，一类是一般工业固体废物。

工业固体废物是否属于危险废物，可以看是否被列入《国家危险废物名录（2021 年版）》（生态环境部 2020 年第 15 号令），或根据国家标准《危险废物鉴别标准　通则》（GB 5085.7—2019）、《危险废物鉴别标准浸出　毒性鉴别》（GB 5085.3—2007）

及国家环境保护标准《危险废物鉴别技术规范》(HJ 298—2019)等进行鉴定。铜矿废石和尾矿含有的有害成分较少，未被列入《国家危险废物名录(2021 年版)》，因此，一般不属于危险废物。硫化铜矿、氧化铜矿等铜矿采选过程中集(除)尘装置收集的粉尘被列入了《国家危险废物名录(2021 年版)》，废物代码为 091—001—48，危险特性被归为对生态环境和人体健康具有有害影响的毒性(T)，应按危险废物进行管理。

根据《一般工业固体废物贮存和填埋污染控制标准》(GB 18599—2020)，可将一般工业固体废物划分为第Ⅰ类一般工业固体废物和第Ⅱ类一般工业固体废物。第Ⅰ类一般工业固体废物是指按照国家环境保护标准《固体废物　浸出毒性浸出方法　水平振荡法》(HJ 557—2010)规定方法获得的浸出液中任何一种特征污染物浓度均未超过国家标准《污水综合排放标准》(GB 8978—1996)最高允许排放浓度(第二类污染物最高允许排放浓度按照一级标准执行)，且 pH 在 6~9 范围之内的一般工业固体废物。第Ⅱ类一般工业固体废物是指按照《固体废物　浸出毒性浸出方法　水平振荡法》(HJ 557—2010)规定方法获得的浸出液中有一种或一种以上的特征污染物浓度超过《污水综合排放标准》(GB 8978—1996)最高允许排放浓度(第二类污染物最高允许排放浓度按照一级标准执行)，或 pH 在 6~9 范围之外的一般工业固体废物。铜矿废石和尾矿大多属于第Ⅰ类或第Ⅱ类一般工业固体废物。因此，对铜矿废石和尾矿一般按照第Ⅰ类或第Ⅱ类一般工业固体废物进行处理。

7.1.3　固体废弃物引发的问题

矿山固体废弃物引发的问题包括资源浪费、环境污染以及生态破坏等。

(1)资源浪费

①土地资源浪费。

矿山生产大量占用土地资源。截至 2010 年，我国矿山占地已超过 3 万 km^2，而矿山的占地面积超过 40%用来堆放废石、尾矿。

②矿产资源浪费。

出于历史原因，我国不同时期的采选技术差距非常大，同时，由于资源综合利用研究方面起步晚、发展缓慢，导致资源综合利用率低，造成资源浪费。我国矿产资源绝大多数为共生、伴生矿，由于采选技术的限制，造成其中的剩余有价金属资源得不到有效利用。同时，废石、尾矿中还有大量的非金属矿物，在现今的技术条件下，其应用前景广阔，且价值甚至将超过金属矿物。

(2)环境污染

①空气污染。

废石和尾矿经过长期的风吹、日晒和雨淋，废石中的硫化物等易氧化物质与空气中的氧接触后被强烈氧化释放出 SO_2、CO_2、H_2S、NO_x 等有毒有害气体；尾矿由于粒径极细，干燥后会随风飘扬形成浮尘，污染大气和环境。

②土壤和水污染。

废石和尾矿与水发生化学反应产生矿山酸性废水，会对矿山周围的水系造成污染。矿山酸性废水也可能增加废石和尾矿中重金属的溶解，污染尾矿库周围的土壤和地下水，危害人体健康，影响动植物生长和繁殖。矿山酸性废水造成的水污染，其影响范围非常广，可扩展到周围几百公里。矿山酸性废水的污染持续时间也比较长，可持续几十年，甚至几百年。

硫化铜矿浮选过程中，常常加入大量的石灰作黄铁矿抑制剂，造成尾矿呈高碱性，矿浆 pH 为 9~13。碱性浮选废水中还含有一定量的捕收剂、起泡剂等浮选药剂，未经处理也会造成环境污染。

③安全隐患。

矿山排土场、尾矿库由于管理不当，会引发滑坡、溃坝、泥石流等事故，造成灾难性后果。

(3)生态破坏

矿山开采对矿区地形地貌、地表植被、地表水和地下水的影响严重，堆积的废石等松散物质加剧了矿区水土流失，还会造成下游河道淤塞、河流改道、河流周边地区被淹没等问题。矿区生态破坏影响的范围广，时间持久，部分破坏甚至是不可逆的，一旦破坏就无法恢复。

由于废石和尾矿排放量大，对其进行妥善处置是铜矿安全生产的前提。在不具备经济有效利用的条件下，对其进行回填或堆存是常用的方法。井下填充技术的发展，也为废石和尾矿的利用提供了一条良好的途径。随着科学技术的发展，尾矿和废石中的有用目标组分还有可能进一步回收利用，将其进行资源化利用，有望提高其经济价值。

7.2 排土场和尾矿库

排土场是用于集中堆放开采废石和开采剥离物的场所，也称废石场。尾矿库是用于集中排放尾矿选别后尾矿的场所。铜矿必须设置排土场和尾矿库，不能任意排放废石和尾矿。排土场和尾矿库可以分开单独建设和使用，也可以联合建设，联合使用。

7.2.1 排土场和尾矿库的分类

7.2.1.1 排土场的分类和等级分级

(1)排土场的分类

根据排土场设置地点，排土场可以分为内部排土场和外部排土场。废石和剥离物放在开采境界内的排土场称为内部排土场。内部排土场的显著优点是排土运输距离较近。废石和剥离物放在开采境界外的排土场称为外部排土场。当不具备采用内部排土场的条件时，需采用外部排土场。

(2)排土场的等级分级

按照国家标准《有色金属矿山排土场设计标准》(GB 50421—2018)规定，依据单个排土场总容积和堆置高度，排土场可划分为 4 个等级，如表 7-1 所示。

表 7-1　排土场等级分级

等级	单个排土场总容积 V/m^3	堆置高度 H/m
一	$V \geqslant 10000 \times 10^4$	$H \geqslant 150$
二	$2000 \times 10^4 \leqslant V < 10000 \times 10^4$	$100 \leqslant H < 150$
三	$500 \times 10^4 \leqslant V < 2000 \times 10^4$	$50 \leqslant H < 100$
四	$V < 500 \times 10^4$	< 50

排土场容积和堆置高度两者的等级差为一级时，采用高标准；两者的等级差大于一级时，采用高标准降低一级使用。

当排土场地基原地面坡度大于 24°，或者排土场地基存在工程地质、水文地质不良地段时，排土场的等级应提高一级。

当废石或剥离物遇水软化或含泥率大、排水不良、稳定性较差且具备形成泥石流条件，或者废石或剥离物的溶出物具有危险、有害特性时，排土场的等级应确定为一级。

7.2.1.2　**尾矿库的分类**

根据国家标准《尾矿设施设计规范》(GB 50863—2013)，尾矿库可划分 3 类：堆存第Ⅰ类一般工业固体废物的尾矿库为Ⅰ类库，堆存第Ⅱ类一般工业固体废物的尾矿库为Ⅱ类库，堆存危险废物的尾矿库为危险废物库。铜尾矿一般为第Ⅱ类一般工业固体废物，相应地，铜尾矿库一般应属于Ⅱ类库。

7.2.2　排土场和尾矿库的选址

7.2.2.1　**排土场的选址**

排土场的选址应当遵循安全、节约土地、便于进行排土作业的原则，并符合国家标准《金属非金属矿山安全规程》(GB 16423—2020)、《有色金属矿山排土场设计标准》(GB 50421—2018)及安全生产行业标准《金属非金属矿山排土场安全生产规则》(AQ 2005—2005)等相关标准和管理规定。

(1)一般原则

①排土场位置的选择，应保证排弃土岩时不致因滚石、滑坡、塌方等威胁采矿场、工业场地(厂区)、居民点、铁路、道路、输电网线和通信干线、耕种区、水域、隧道涵洞、旅游景区、固定标志及永久性建筑等的设施安全。

②排土场场址不宜设在工程地质或水文地质条件不良的地带。如因地基不良而影响安全时，应采取有效措施。

③排土场选址时应避免成为矿山泥石流重大危险源，无法避开时要采取切实有效的措施。

④排土场不应设在居民区或工业建筑的主导风向的上风向和生活水源的上游，废石中的污染物要按照国家标准《一般工业固体废物贮存和填埋污染控制标准》(GB 18599—2020)进行堆放、处置。

⑤排土场应根据采掘顺序、废石和剥离物分布位置及产出量选址，场址宜靠近采矿场。

⑥有回收利用价值的废石和表土，应在排土场内分排、分堆，为其回收利用创造有利条件。

(2)内部排土场的选址

①内部排土场不应影响矿山的正常开采和边坡稳定，排土场坡脚与矿体开采点和其他构筑物之间应有一定的安全距离，必要时应建设滚石或泥石流拦挡设施。

②露天矿群或分区分段开采的矿山，通过合理安排开采顺序，可部分采用内部排土场。

③在一个采场内有两个不同标高底平面的矿山，宜采用内部排土场。

④露天转地下开采的矿山，经安全论证后，可利用闭坑的露天采场作为地下开采的排土场。

⑤分期开采的矿山，可在开采境界内设置临时排土场，但应与外部排土场进行技术经济比较后确定。

(3)外部排土场的选址

①严禁将水源保护区、江河、湖泊作为排土场，严禁侵占名胜古迹和自然保护区。

②外部排土场宜利用沟谷、洼地、荒坡、劣地。

③外部排土场的场址宜选择在水文地质条件简单、原地形坡度平缓的沟谷，不宜设置在汇水面积大、沟谷纵坡陡的山谷中，不宜设在主要工业厂房、居住区及交通干线的临近处。

④外部排土场宜利用山岗、山丘、竹木林地等有利地形地貌作为防护带。

7.2.2.2　**尾矿库的选址**

尾矿库的选址应考虑位置条件、地形条件、水文条件、地质条件等因素，并遵循国家标准《尾矿库安全规程》(GB 39496—2020)、《尾矿设施设计规范》(GB 50863—2013)等规范，并应根据国家环境保护标准《尾矿库环境风险评估技术导则(试行)》(HJ 740—2015)对其进行环境风险评估。

(1)位置条件

尾矿库的位置应综合考虑如下因素：

①不应设在风景名胜区、自然保护区、饮用水源保护区及国家法律禁止的矿产开采区域。

②不宜位于大型工矿企业、大型水源地、重要铁路和公路、水产基地和大型居民区上游。

③不宜位于居民集中区主导风向的上风侧。

④应不占或少占农田，并应不迁或少迁居民。

⑤不宜位于有开采价值的矿床上面。

⑥应距选厂较近，位于选厂的下坡或高差较小，以使尾矿输送距离短，且利于尾矿自流或扬程小。

(2)地形条件

宜选择在沟谷地带，以求以最少的筑坝工程量达到所要求的库容。

(3)水文条件

汇水面积应小，总汇水面积一般应小于尾矿库面积的 10 倍。

(4)地质条件

应避开地质构造复杂、不良地质现象严重区域。尽量选取页岩等低渗透性的地层，以减少废水渗漏对地下水水质的影响。

7.2.3　排土场和尾矿库防渗设计

(1)一般原则

防渗设计时应重点考虑以下 5 个技术关键点：

①根据有关规范鉴别废石、尾矿的性质，根据废石、尾矿性质选择防渗措施。对于存储第 I 类一般工业固体废物的排土场和尾矿库，国家标准中没有环保防渗要求。国家标准《尾矿设施设计规范》(GB 50863—2013)中规定，Ⅱ类尾矿库库的防渗结构层应具备相当于一层饱和渗透系数不大于 1.0×10^{-7} cm/s、厚度不小于 1.5 m 的黏土层的防渗性能。

②根据废石、尾矿的危害程度、环境敏感程度，结合库区的工程地质及水文资料和岩土层的条件，采用合理的防渗结构类型。

③根据具体土质条件、气候条件，确定合适的防渗膜及黏土或膨润土防水毯

(GCL)指标要求。

④采用可靠的防渗膜下支持层(包括地下水导排结构)及膜上保护层，防止防渗膜穿刺、破裂。

⑤采用可靠的场地基础及稳定的边坡(包括锚固平台)，保持防渗结构的稳固性，防止发生灾害事故。

(2)防渗结构

防渗结构分为底部防渗和周边防渗。底部一般采用防渗结构层进行防渗，防渗结构层一般包括黏土防渗结构层和人工复合防渗结构层两大类。周边一般采用防渗坝进行防渗。

①黏土防渗结构层。

在排土场内和尾矿库区天然黏土层厚度大于1.5 m，渗透系数不大于1.0×10^{-7} cm/s的情况下，天然黏土层即可作为防渗结构层。但很多情况下，表层自然土层为粉质黏土，黏土层中含有大量的碎石，造成黏土渗透系数大于1.0×10^{-7} cm/s。因此，一般需要采取人工防渗措施。

人工铺设黏土层是较为经济可行的人工防渗措施之一。黏土可以采用天然黏土，也可以采用改性黏土。铺设黏土层之前，一般需要对土地进行平整，铺设后，采用碾压的方式进行压实。

②人工复合防渗结构层。

人工复合防渗结构层有防渗土工膜+压实黏土层、防渗土工膜+钠基膨润土防水毯(GCL)或防渗土工膜主防渗层+渗漏检测层+防渗土工膜次防渗层+压实黏土层三种结构类型。防渗土工膜材料一般为高密度聚乙烯(HDPE)，其渗透系数不大于1.0×10^{-13} cm/s，在防渗工程领域被广泛运用。HDPE的抗穿刺能力较差，下面一般需要铺设一层压实黏土作为保护层。当尾矿库库区缺少黏土层或黏土中的碎石含量较多时，应采用钠基膨润土防水毯作为保护层。钠基膨润土防水毯的渗透系数不大于1.0×10^{-9} cm/s，其本身也可作为一层防渗层。

(3)防渗实例

①玉龙铜矿。

玉龙铜矿一期工程尾矿库所堆存的尾矿为第Ⅱ类一般工业固体废物。尾矿库采用人工复合防渗结构层进行防渗，人工复合防渗结构层的结构为1.5 mm厚的HDPE膜+300 mm厚的压实黏土层，黏土压实度达到93%。

②德兴铜矿。

德兴铜矿五号尾矿库防渗系统由上游截渗坝、下游截渗坝、库内天然地基防渗层和人工防渗层组成，其中前两者属于周边防渗系统，后两者属于库内底部防渗系统。

上游截渗坝、下游截渗坝：截渗坝由地上坝体和地下截渗体构成。地上坝体为混凝土重力坝，地下截渗体为混凝土截渗墙，其渗透系数≤1.0×10^{-9} cm/s。

库内天然地基防渗层：排入库内的溢流尾砂渗透系数较小，其渗透系数一般小于 1×10^{-6} cm/s。随着库内尾矿的堆积，这些溢流尾砂可以自然形成一个相对的隔水层，且此隔水层随着尾矿的堆积逐年变厚。

人工防渗层：库区内存在 6 条断裂带，断裂带宽 1~5 m，影响范围 5~30 m。对 6 条断裂带进行人工防渗施工，首先对断层区域进行整平处理，再采用碾压方式进行硬化，之后再铺设黏土层。人工防渗层黏土厚度为 1 m，沿断裂带通过的沟底铺设，并向断裂范围两侧延伸不小于 10 m，防渗层横向宽度约为 40~60 m，人工防渗层总面积为 24.8 万 m^2。人工防渗层碾压后压实度不低于 93%，渗透系数不大于 5×10^{-6} cm/s。

浮船泵站人工防渗层：在浮船泵站场地范围内，防渗措施由 1 m 厚的黏土换成 30 cm 厚的 P6 混凝土，且在混凝土下加设一层 6000 g/m^2 钠基膨润土防水毯，钠基膨润土防水毯与混凝土之间加铺一层 10 cm 厚的粗砂过渡，钠基膨润土防水毯下铺设 10 cm 黏土找平。

③甲玛铜多金属矿。

甲玛铜多金属矿二期工程选矿厂尾矿属于第 I 类一般工业固体废物，尾矿排入果郎沟尾矿库。库区从上至下依次采用沥青砂绝缘层、砂垫层、长丝无纺土工布 2 mm 厚 HDPE 防渗膜、长丝无纺土工布、原土夯实的方式进行防渗，渗透系数不大于 1×10^{-7} cm/s。初期坝下游 150 m 处设 18 m 高环保坝一座，截获尾矿渗漏水；蓄水区采用 HDPE 土工膜防渗。

④红透山某铜矿。

红透山某铜矿尾矿库在坝体内坡面布设防渗层，其结构由外到内依次为 100 mm 厚的 C15 钢筋混凝土预制板护坡、900 g/m^2 防渗膜层及钠基膨润土防水毯层。坝体内黏土防渗墙与原坝体防渗帷幕，结合坝体内坡面防渗层，形成一个整体防渗体系。

⑤穆里亚希铜矿。

赞比亚卢安夏市（Luanshya）穆里亚希（Muliashi）铜矿尾矿库采用 2.0 mm 厚的 HDPE 膜+500 mm 厚的压实黏土层作人工复合防渗结构层，黏土压实度达到 96%。

7.2.4　排土场和尾矿库的管理

7.2.4.1　排土场的管理

排土场应当按照国家标准《金属非金属矿山安全规程》（GB 16423—2020）、安全生产行业标准《金属非金属矿山排土场安全生产规则》（AQ 2005—2005）等对排土场进行管理，并注意安全生产，保护生态环境。

①矿山企业应设专职人员负责排土场的安全管理工作。

②排土作业应按经过批准的安全设施设计进行。

③矿山应制订针对排土场滑坡、泥石流等事故的应急预案，建立排土场边坡稳定监测制度，防止发生泥石流和滑坡。

④矿山应对排土场的环境进行监测，水污染物、大气污染物的排放应符合国家标准《铜、镍、钴工业污染物排放标准》(GB 25467—2010)。

7.2.4.2 尾矿库的管理

尾矿库应当按照《尾矿污染环境防治管理办法》(生态环境部2022年第26号令)、安全生产行业标准《金属非金属矿山安全标准化规范尾矿库实施指南》(AQ/T 2050.4—2016)等对排土场进行管理，加强安全风险防控和生态环境保护。

①企业应设立文件化的安全生产目标，应建立所有岗位的安全生产责任。

②企业应按照安全生产法律法规要求，配备安全生产管理人员。企业安全生产管理人员应具备相应的意识、知识和能力。

③尾矿的输送、筑坝、排放等作业应当按照安全生产管理程序进行，并符合相应的指标。

④企业应建立尾矿库安全检查与隐患排查制度，确保所进行的安全检查与隐患排查覆盖所有作业场所、活动、设备、设施、人员和管理。

⑤尾矿库应采取防扬散、防流失、防渗漏措施防治环境污染，采取库面抑尘、边坡绿化等措施防止扬尘污染，美化环境。企业应对尾矿库的环境进行监测，水污染物、大气污染物的排放应符合国家标准《铜、镍、钴工业污染物排放标准》(GB 25467—2010)。

⑥尾矿回采进行再选，以及启用闭库后的尾矿库或将其改作他用，应按规定进行技术论证、工程设计和安全评价。同一尾矿库内不得同时进行尾矿的回采和排放。

7.2.5 排土场和尾矿库的关闭

7.2.5.1 排土场的关闭

排土场在服务年限结束后，应进行关闭。进行关闭设计和管理过程中，应注意以下事项：

①排土场应设置防护设施和排洪设施，排查排土场的安全隐患，并提出相应的对策。

②排土场关闭后应进行安全管理和安全、环境监测。

③关闭后的排土场，应采取生态恢复措施进行生态修复。

④关闭后的排土场重新启用或改作他用时，应进行可行性论证。

⑤矿山企业在排土场生产运行过程中，应制订切实可行的复垦规划，达到最

终境界的台阶先行复垦。

7.2.5.2　**尾矿库的闭库**

对已达到设计最终堆积标高并不再继续加高扩容，或出于各种原因未达到设计最终堆积标高而提前停止使用的尾矿库，应进行闭库设计。根据《尾矿污染环境防治管理办法》(生态环境部 2022 年第 26 号令)、应急管理部等六部委《关于印发防范化解尾矿库安全风险工作方案的通知》(应急〔2020〕15 号)、安全生产行业标准《金属非金属矿山安全标准化规范尾矿库实施指南》(AQ/T 2050.4—2016)，尾矿库的闭库应注意如下事项：

①运行到设计最终标高或者不再进行排尾作业的尾矿库，以及停用时间超过 3 年的尾矿库、没有生产经营主体的尾矿库，必须在 1 年内完成闭库治理并销号。特殊情况不能按期完成闭库的，应当报经相应的应急管理部门同意后方可延期，但延长期限不得超过 6 个月。

②尾矿库企业在尾矿库停止使用后必须进行处置，保证坝体安全，不污染环境，消除污染事故隐患。

③尾矿库经安全监管部门闭库验收合格后，方可对尾矿库的环境污染防治设施、生态保护工程进行闭库验收，验收时应对尾矿库中的尾砂进行环境达标监测。

④关闭尾矿设施必须由当地省环境保护行政部门验收、批准。

⑤闭库后的尾矿库，应做好坝体及排洪设施的维护。未经论证和批准，不得储水。严禁在尾矿坝和库内进行乱采滥挖、违章建筑和违章作业。

⑥对已完成闭库治理的尾矿库，必须由县级以上地方人民政府公告实施销号，不得再作为尾矿库进行使用，不得重新用于排放尾矿。

7.3　废石的处理方式

铜矿山废石的处理方式主要有堆存、直接回填采空区、在充填采矿法中进行充填以及提取有价元素等。此处重点叙述废石堆存和废石直接回填这两种方法。在充填采矿法中进行充填的方法，已经在第 2 章介绍充填工艺时进行了叙述，此处不再赘述。利用废石提取有价元素的方法主要是以浸出—萃取—电积(LXE)法为代表的化学采选技术，尤其是生物浸出技术，详见第 4 章。

7.3.1　废石堆存

(1)基本原理与特点

将采矿过程中的废石运往排土场进行堆存。排土工艺是不同运输方式和不同排土方式及其组合。运输方式主要有汽车运输、铲运机运输、铁路运输、胶带机运输、索道运输等。排土方式主要有人工排土、推土机排土、铲运机排土等。排土工艺及其特点如表 7-2 所示。

表 7-2 排土工艺分类

序号	工业类别	作业程序	技术特点与适用条件
1	窄轨运输-人工排土	窄轨铁路运输机车牵引(或人力推或自溜)，人工翻车，平整，移道	a. 单台阶排土场堆置高度高 b. 矿车容积小 c. 运输量小
2	窄轨运输-推土机排土	窄轨铁路运输，推土机转排	a. 排土宽度≤25 m b. 块度大于 0.5 m 的岩石不超过 1/3 c. 排土线有效长度一般为列车长度的 1~3 倍
3	汽车运输-推土机排土	汽车运输、自卸与推土机配合排土	a. 工序简单，排放设备机动性大，各类型矿山都适用 b. 岩土受雨水冲刷后能确保汽车正常安全作业或影响作业时间不长
4	铲运机排土	铲运机装、运、排土	a. 剥离物松散、厚，含水量≤20% b. 铲斗容积为 4.5~40 m^3，运距为 800~2000 m c. 运行坡度：空车上坡，≤18°；重车上坡，≤11°
5	铁路-电铲(或推土犁)排土	铁路运输，电铲或推土犁排土	a. 排土场基底稳定，其平均原地面坡度≤24°(适合单台阶排土场和多台阶排土场下部台阶的地形坡度) b. 所排岩土物理力学性质较差 c. 排土段高：电铲，≤50 m；推土犁，≤30 m。当推土犁作为电铲或装载机的辅助排土设备时，不受此限 d. 排土线有效长度≥列车长度的 3 倍
6	铁路-装载机转排	铁路运输，装载机排土	a. 排土场基底工程地质情况复杂，原地面坡度>24° b. 所排岩土物理力学性质较差 c. 排土台阶高度>50 m d. 排土线有效长度一般为列车长度的 1~3 倍

续表7-2

序号	工业类别	作业程序	技术特点与适用条件
7	公路汽车-破碎-胶带机输送联合开拓运输-排土机排土	胶带机运输，排土机转排	a. 排土机自重大，投资大，排土效率高，排土平台要求基底稳定，其平均原地面坡度≤24°(适合单台阶排土场和多台阶排土场下部台阶的地形坡度) b. 所排岩土物理力学性质较好，排土工艺需有破碎-胶带机配合，运输废石最大块度不应大于 350 mm，胶带坡度向上运输不大于 15°，向下运输不大于 12°，胶带坡度可根据具体选用的设备确定 c. 适用于排土量巨大的大型露天矿山
8	架空索道排土	架空索道运输	适用于小型露天矿或地下开采窄轨运输的矿山
9	斜坡道排土	斜坡道提升翻车架卸排；转运仓箕斗提升，卸载架排土	矿车沿斜坡道逐渐向上排土形成锥形废石山，适用于 1000 t/d 以下的废石排放
10	地下开采胶带输送排土	胶带机运输，推土机转排	运量小，需扩大容积而用地受限的排土场，胶带坡度 15°以内，胶带坡度可根据具体选用的设备确定，适用于中小型矿山

(2)应用实例

德兴铜矿的铜厂和富家坞两个采区分别采用破碎-胶带机运输系统排土方式和电动轮汽车与推土机联合排土作业方式。

铜厂采区随着采剥工作面往下延伸，矿石和废石的提升高度上升，运输距离逐渐增加，尤其是运往祝家排土场的废石，提升高度超过 200 m，运输距离达 5 km 左右，导致汽车运输费用和汽车数量不断增加，运输成本占整个采矿成本的比例越来越大，原有的单一汽车运输开拓方式也逐渐显得不合理。为缓解废石运距快速上升、电动轮高负荷运行等不利影响，2011 年建成了一套生产能力为 2000 万 t/a 的废石胶带运输系统。胶带运输系统总长 4.1 km，其破碎站卸载平台位于采区西部 125 m 标高，破碎后的废石由铺设在巷道(水平长 2400 余米)中的固定式长距离胶带输送机运输至采区南部境界外的祝家排土场，巷道出口处胶带头部标高为 362.3 m，再采用排土机接续排土。

富家坞采区境界内最高标高为 638 m，电铲初始作业台阶为 560 m，基建开始排土场标高为 500 m。排土场原始地形复杂，山势陡峭，山体自然坡度为 40°~44°。废石多为风化岩和强风化岩，自然安息角只有 36°~38°，许多表层废石含泥量高。这些客观存在的不利因素对排土作业安全构成很大危害，特别是在雨季，很容易出现排土场沉降、大面积滑塌和泥石流等灾害性事故。排土场通过优化开拓工程布局，创造条件加快采区南部下降速度，尽可能在新水平开拓前形成下一水平排土场。将整个排土线分为若干个区域，采用分区排土，根据废石料性质、天气、作业时间段等不同情况，安排在不同区域排土，使各区域有充足的自然沉降时间，从而增大排土场的稳定性。从采区 530 m 到排土场(500 m)修筑一条截排水沟，使地面径流和排土场积水迅速通过截排水沟导流出排土场区域，避免排土场因雨水浸泡而出现大面积塌方和形成泥石流等灾害性事故。根据电动轮轮胎直径(d=3.2 m)确定挡墙高度 1.6 m，挡墙上部宽度 0.8 m，下底宽 4 m。通过一系列的制度措施，克服了不利因素，实现了高段安全排土。

7.3.2 废石直接回填

(1)技术原理

将废石不经或少经处理，不添加胶凝剂，直接回填采空区。废石直接回填也称为废石非胶结充填或废石干式充填。

(2)技术适应性及特点

该技术适用于充填的目的仅是回填采空区，对回填体的强度和自立性没有要求的场合。露天开采废石回填的前提条件为露天采场有服务期满的采坑，这样才能够实现废石充填到采坑中。地下开采时，可用于回填空场嗣后充填采矿法的采空区，也可用于回填矿柱和边角矿体回采形成的采空区。

该法是最直接的废石利用方式，工艺简单，矿石不需破碎，生产能力大，能够节约废石的运输成本、处理成本等，经济效益明显。地下开采时，以井下废石进行回填，还可实现废石不出坑的效果。

(3)应用实例

安庆铜矿在生产和开拓的过程中，每年产出的废石达 5 万 m^3，约 13 万 t。对浅孔留矿嗣后一次充填采矿法及矿柱和边角矿体回采形成的采空区，采用井下废石直接回填。每吨废石减少 20 元的运输、提升等费用，每年节约费用 220 万元。

7.4 尾矿的堆存

在尾矿暂时不具有经济价值且无法安全利用的情况下，将尾矿排入尾矿库进行堆存，不失为一种可行的办法。尾矿筑坝根据筑坝材料分为一次建坝和尾矿筑坝。铜矿山一般采用尾矿筑坝的方式进行筑坝。根据堆存尾矿的水分含量不同，尾矿的堆存方式可以进一步划分为湿式堆存和干式堆存。湿式尾矿库和干式尾矿库的筑坝方式也有所差异，本书按尾矿筑坝方式，分别对尾矿湿式堆存和尾矿干式堆存进行介绍。

7.4.1　尾矿湿式堆存

湿式堆存工艺的尾矿排入尾矿库时带有大量水分，尾矿排入库内后多余水分通过排渗管、排水沟及排水井收集后进入回水池或沉淀池，但仍有部分尾矿废水可通过岩土孔隙进入地下。筑坝方法是区别湿式尾矿库不同堆存方式的显著特征。根据筑坝过程中坝轴线的变化，筑坝方法可分为上游式尾矿筑坝法、中线式尾矿筑坝法和下游式尾矿筑坝法。此外，还发展出了利用旋流器对尾矿进行浓缩分级的旋流器底流筑坝法。

7.4.1.1　**上游式尾矿筑坝法**

(1)技术原理

上游式尾矿筑坝法是一种在初期坝上游方向充填堆积尾矿的筑坝方式，其原理如图 7-1 所示。

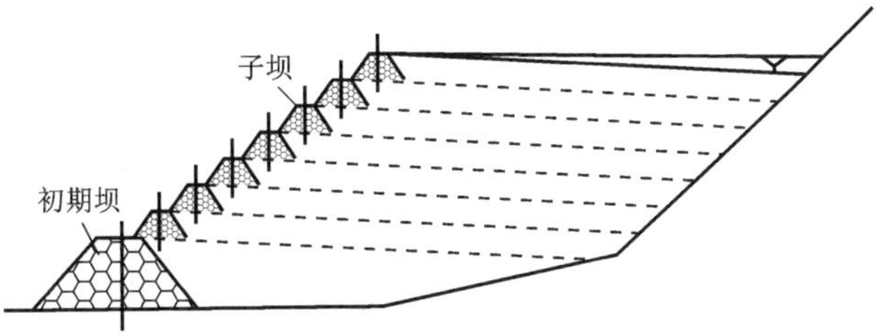

图 7-1　上游式尾矿筑坝法示意图

(2)技术特点

该法的特点是堆积坝坝顶轴线逐级向初期坝上游方向推移，具有筑坝工艺简单、管理方便、运营费用较低等突出优点。

上游式尾矿筑坝法受排矿方式的影响，往往含细粒夹层较多，渗透性能较差，浸润线位置较高，坝体稳定性较差；且尾矿库运行期间库内蓄水，可能造成溃坝和地下水渗透污染，进而可能危及下游居民和设施的安全，并可能污染地表水。常规尾矿库尾矿上方易形成悬湖，浸润线从坝坡出露时，有溃坝风险；分级后的尾矿容易发生液化，进而影响坝体安全；尾矿库一旦溃坝将形成泥石流，破坏性大。

上游式尾矿筑坝法是最经济的尾矿堆存方法，但如果安全管理不到位，上游式尾矿筑坝也是最危险的一种堆存方法。大型企业配备有尾矿库安全管理机构并配备有专业的安全管理人员，尾矿库的安全性相对较高；小型企业尾矿库安全管理机构设置不完善，安全管理人员专业水平参差不齐，容易给尾矿库的安全埋下隐患。

7.4.1.2 中线式尾矿筑坝法

(1)技术原理

中线式尾矿筑坝法是在初期坝轴线处用旋流器等分级设备所分离出的粗尾砂堆坝的筑坝方式，其原理如图 7-2 所示。旋流器分级得到的粗尾砂堆积到坝轴线下游尾矿堆积区，溢流细尾砂排放到坝轴线上游库内充填。

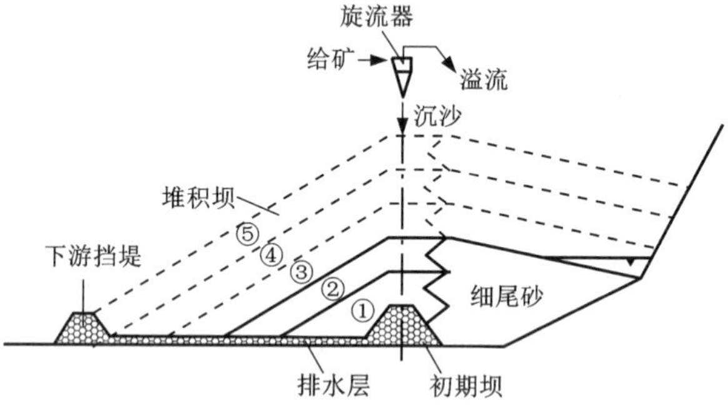

图 7-2　中线式尾矿筑坝法示意图

(2)技术特点

该法特点是堆积坝坝顶轴线始终不变，具有浸润线低、坝坡抗剪强度高、稳定性系数大等诸多优点，尤其在尾矿库处于高烈度地震区时中线式尾矿筑坝更为安全、稳定、可靠。中线式筑坝法坝体上升速度快，与下游式筑坝法相比，耗费材料较少，筑坝费用相对较低。

(3)应用实例

德兴铜矿四号尾矿库位于大山选矿厂以北的西源大沟内，设计最终堆积标高为 280 m，总坝高 208 m，库容达 8.35 亿 m^3，是亚洲最大的尾矿库。四号尾矿库 1991 年开始投入使用，目前已经进入后期堆坝阶段(图 7-3)。四号尾矿库采用中线法尾矿筑坝法，尾矿用 ϕ660 mm Krebs 型水力旋流器进行两段分级，东侧分级站处理大山选矿厂尾矿，西侧分级站处理泗州选矿厂尾矿，其中二段粗砂用于堆坝，一、二段溢流矿浆均排入库内。东西两侧的一段分级站为固定式，二段旋流器布置于坝面，可随坝顶升高和堆坝需要进行移动。

五号尾矿库位于铁罗山山沟，总投资约 32.39 亿元，占地面积 12.988 km^2，设计库容达 10.313 亿 m^3，设计处理尾矿 13 万 t/d，设计服务期 27 a。尾矿库工程包括上游坝、下游坝、尾矿输送分级排放系统、尾矿库回水系统、尾矿库防渗工程、尾矿库排洪系统、下游供水水库、尾矿库安全监测系统、安防、调度、通信、供电等工程。五号尾矿库 2016 年正式开工建设，2019 年建成并进行试生产，2020 年正式投入运行。五号尾矿库采用中线式上、下游同时筑坝法。大山选矿厂

图 7-3　德兴铜矿四号尾矿库

尾矿通过尾矿输送管道输送到尾矿库上、下游坝大山尾矿分级站，中期泗洲选矿厂尾矿通过输送管道送至下游坝泗洲尾矿分级站。尾矿砂在各分级站通过 ϕ660 mm 水力旋流器进行两段分级，其中二段粗砂用于堆坝，一、二段溢流矿浆均排入库内。上、下游坝的一段分级站为固定式，二段旋流器可随坝顶升高和堆坝需要进行移动。随着尾矿坝坝高不断上升，尾矿库堆筑后期，一段分级站的底流不能自流进入坝顶的二段旋流器，在尾矿砂上、下游分别为各一段分级站设置尾矿泵站，将一段分级底流泵入二级旋流器。上游坝最终高度将达到 178 m，下游坝最终将达到 222 m。

7.4.1.3　**下游式尾矿筑坝法**

(1) 技术原理

下游式尾矿筑坝法是在初期坝下游方向用旋流器等分级设备所分离出的粗尾砂堆坝的筑坝方式，其原理如图 7-4 所示。

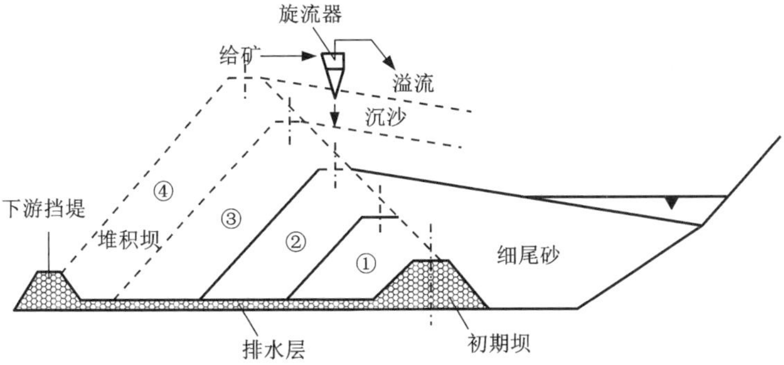

图 7-4　下游式尾矿筑坝法示意图

(2)技术特点

该法的特点是堆积坝坝顶轴线逐级向初期项下游方向推移。由于其筑坝颗粒粗,具有抗剪切强度高、渗透性能好、浸润线位置低、坝体稳定性好、易满足抗震要求等优点。该法的缺点是造价较高，管理复杂，且需要大量的粗粒型尾矿砂来进行筑坝,在工程建设初期难以满足要求。

(3)应用实例

2017 年，西藏玉龙铜矿尾矿库采用下游式筑坝法对其一期坝体进行加高。尾矿坝体加高 80 m(4250~4330 m)，坝轴线长 260.4 m，内外坡比均为 1∶1.8，每隔 10 m 高设置 2 m 宽马道，坝顶宽 7 m。筑坝石料采用中深孔爆破取石法，共完成筑坝量约 65 万 m^3。

7.4.1.4 旋流器底流筑坝法

(1)技术原理

利用旋流器有效的分级浓缩作用对选厂尾矿进行旋流处理后用底流筑坝是一种有效的尾矿处理方式。在尾矿处理中，利用旋流器进行分级，得到物理力学指标更好的底流用于堆坝，使尾矿系统更加安全，特别是在平地堆坝、下游式尾矿筑坝法及中线式尾矿筑坝法堆坝中，旋流器的使用尤为广泛。在上游式尾矿筑坝法堆坝过程中，也可以使用旋流器进行浓缩分级。

利用旋流器将尾矿中的粗、细级颗粒分离，使底流中的细颗粒质量分数小于设计值(国内要求-74 μm 占 25%；国外要求-74 μm 占 15%)，从而使底流物料具有更好的物理力学指标，保证了坝体的安全可靠。在用旋流器底流筑坝时，必须保证底流的产率及质量，以满足筑坝需要的底流量和形成颗粒粗大且浓度高易于堆积(塌落度低)的物料。旋流器分级和底流特性取决于旋流器的尺寸、沉砂嘴和溢流嘴的大小以及旋流器给料浓度、固体比重、给料压力等，所以旋流器的选型及安装方式比较关键。由于尾矿粒度较细，为了达到较小的切分点以及较高的分级效率，在保证处理量的前提下应尽量选择小直径旋流器。筑坝旋流器一般采用倾斜或者水平安装。

旋流器组台车安放在坝肩一侧山坡上的轨道上，其设置高度视一次需堆积子坝高度而定。堆积子坝高度通常是根据雨季坝体防洪高度与旋流器筑坝量通过计算来确定，一般为 3~5 m，也可达到 8~9 m。旋流器工作时，利用稳压箱与旋流器的高差(20~30 m)势能使尾矿浆在旋流器腔体内高速旋转产生的离心力作用对固体颗粒进行分级，分离出的含有粗颗粒尾矿的极高浓度矿浆直接由沉砂口排向台车前进方向沉积，含有细颗粒尾矿的稀矿浆则由溢流口用软胶管、聚乙烯塑料管引到库内。当沉积体达到稍高于预定的高度后，用人工整平顶部，向前接长轨道(后面的轨道可拆移交替使用)和给矿聚乙烯塑料管，前移台车，继续分级放矿。随着台车的前进，在台车后方自然形成一道边坡很陡的子坝。之后，按照整体尾矿坝外坡设计要求，在此子坝上游堆筑下一期子坝，这样反复就形成了尾矿堆积坝体。

(2)技术特点

该技术适用于尾矿粒度偏细、含泥量大的矿山。旋流器堆筑的坝体稳定性好，安全效益显著。利用旋流器分级在尾矿坝外坡形成的 15~20 m 厚的颗粒粗、含泥量少的均匀坝体，渗透性好，抗剪强度高，因此坝体稳定性好，抗震液化能力强，安全系数高；无须配置动力源，尾矿输送管路直接接入即可；无须安装旋流器移动台车设备，可随地放置；重量轻，移动、安装十分方便；处理量大，使用寿命长，经济效益显著；允许更快的坝体上升速度；需要更小的占地面积；可以得到更高的稳定性；尾矿库整体运行费用更低。

7.4.2 尾矿干式堆存

7.4.2.1 尾矿干式堆存工艺

(1)技术原理

利用大型板框压滤机，将选矿排出的尾矿浆送入搅拌槽缓冲后，用渣浆泵送到压滤车间，经压滤机充分挤压成为干片状的尾渣饼，浓度达到 80%以上，含水量仅 20%左右，运至尾矿干堆场堆存。也可将选厂尾矿在深锥浓密机中进行浓缩脱水，将矿浆浓度由 26%~29%提高至 62%~65%，然后用泵将浓缩底流矿浆扬送至陶瓷过滤机过滤脱水，所得尾矿干渣含水量降低至 13%以下，然后堆存。

干式尾矿库的尾矿排矿筑坝法，根据尾矿排放推进方向和筑坝方式分为库前式尾矿排矿筑坝法、库中式尾矿排矿筑坝法、库尾式尾矿排矿筑坝法和库周式尾矿排矿筑坝法。

①库前式尾矿排矿筑坝法：排矿从库区前部(下游)向库区尾部(上游)推进，边堆放边碾压，并修整边坡。

②库中式尾矿排矿筑坝法：排矿从库区中部向库区前部和尾部推进，边堆放边碾压，并在达到设计最终堆高时一次修整堆积坝外坡。

③库尾式尾矿排矿筑坝法：排矿从库区尾部(上游)向库区前部(下游)推进，排矿时自下而上分层碾压并设置台阶，台阶高度与堆积坝最终外坡设置的台阶高度一致。

④库周式尾矿排矿筑坝法：排矿从库周向库中间推进，推进过程中保持库周高、库中低，边堆放边碾压，并修整边坡。

(2)技术特点

对水资源缺乏、尾矿库纵深不能满足湿式堆存要求，并且技术经济比较合理时，可采用尾矿干式堆存。

该工艺的优点是环保效益显著；节约大量生产用水；确保地处干旱地区的选

矿正常生产；有利于减少药剂消耗；不会形成尾矿库悬湖，库内无尾矿水蓄积，蒸发水为尾矿内不可回收的孔隙水；尾矿不饱和，不易液化；一旦失稳后不会长距离流动，对尾矿库下游影响较小；尾矿排放后不会发生粗细颗粒分级，不形成泥粒夹层；同等条件下库容较传统直排工艺库容大；闭库复耕周期短，可分期覆盖，尾矿表面平整工作量小。

该工艺的缺点是设备投资较高；生产运营成本较高；压滤机、过滤机等的处理能力有限，导致大规模矿山企业无法实施尾矿干式堆存；在降雨较大的地区难以实现。

干式尾矿堆存运行管理和安全防范的重点应放在尾矿库防洪、排水系统上，其主要任务是完成干式尾矿排放与碾压、坝体维护与加固、汛期防洪、抗震、监测与环保等工作，确保干式堆存尾矿库的安全运行，防止滑坡和破坏性灾害事故的发生，减小对环境的污染。

(3)注意事项

①设计尾矿库防洪、排水系统时，应将库区周边洪水截流后排至库区下游，尾矿库有效利用空间范围内的洪水应设置专门的防洪、排水构筑物。

②要经常检查尾矿库防洪、排水构筑物的结构完整性和安全可靠性，保证防洪、排水构筑物排水通畅。

③在每年汛期前，初期坝前要留有一定调蓄库容和安全超高，以便储存洪水冲刷夹带下的泥砂，杜绝尾砂流出坝外。同时，应根据坝前淤积尾砂的情况及时对排水井拱板进行封堵，确保库内防洪、排水系统安全有效。

④应在库区底部适当范围内设置排渗层，确保及时疏干雨季时尾矿砂中的水分。

⑤尾矿排放与碾压、坝体维护应配合进行，确保坝体安全。

⑥为防止干式堆存尾矿库使用期间堆积表面尾砂扬尘造成污染环境，可采取洒水喷淋或喷洒化学固结剂等措施保持表面湿润固结。同时，尾矿堆积至最终设计标高时，应及时分阶段覆土植被。

⑦应及时对终期尾矿堆积坝下游坡进行修整后覆土植草，确保堆积坝下游坡不被雨水冲刷，保证堆积坝下游坡的安全稳定。对下游坡的修整应按照审查备案后的设计文件进行。

⑧禁止在干式堆存的尾矿库中出现干、湿混排现象。

(4)应用实例

内蒙古获各琦铜矿采用尾矿干排的工艺，即通过两段浓缩配合一段脱水的工艺处理尾砂，产出干排尾砂浓度为78%，达到尾砂干堆的要求，使得总尾砂利用率从42%提高到70%以上。尾矿干排工艺的投入，不仅避免了传统湿式尾矿库溃坝的安全隐患，而且可以降低3#尾矿库排放量，延长其使用时间。

7.4.2.2　尾矿膏体排放堆存工艺

(1)技术原理

尾矿膏体排放堆存工艺是一类新型的尾矿干式堆存工艺，该技术将尾矿浓缩形成膏体进行排放和堆存。浮选尾矿经过管路输送到尾矿车间的深锥浓密机内，加入絮凝剂进行絮凝沉降，深锥底流的膏体由喂料泵给入隔膜泵，再由隔膜泵泵入尾矿坝进行膏体排放，深锥溢流水，即选矿废水直接返回高位水池循环使用。

(2)技术特点

该工艺形成的膏体质量分数可达 65%～70%，是一种不离析、均质的流体，膏体堆存于尾矿库中可以减少尾矿库的沉降面积，节约土地，提高尾矿库的安全性。尾矿膏体排放工艺除了多雨地区之外，都能够推广，最理想的地方是气候干旱、地势平坦、比较荒凉的地区。在这种地方，甚至可以不建尾矿坝，可以节省大量投资。我国内蒙古、新疆、西藏等地都具备这种条件。

(3)应用实例

①乌山铜钼矿。

中国黄金集团内蒙古矿业有限公司乌山铜钼矿位于内蒙古呼伦贝尔市新巴尔虎右旗，全矿储量铜金属量为 300 万 t，钼金属量为 60 万 t，铜平均品位为 0.29%，钼平均品位为 0.039%。

该矿是我国第一个采用尾矿膏体排放的矿山。尾矿处理的主要设备是深锥浓密机和隔膜泵，膏体浓度为 65%。膏体排放工艺中选矿的水不外排，实现了选矿废水零排放。膏体尾矿不扬尘、不渗漏，而且还会板结，消除了泥石流隐患，极大提高了尾矿库安全性。

②甲玛铜多金属矿。

西藏华泰龙矿业开发有限公司甲玛铜多金属矿二期工程新建果郎沟尾矿库位于选矿厂西南约 5.3 km 的沟谷内，占地面积为 145.63 km^2，有效库容约为 6862.1 万 m^3。尾矿采用隔膜泵输送、膏体排放，膏体质量分数为 64%～66%。坝前放矿、上游法堆积，终期总坝高 260 m。

7.4.3　尾矿库突发环境事件的管理

根据原环境保护部办公厅《关于印发〈尾矿库环境应急管理工作指南(试行)〉的通知》(环办〔2010〕138 号)，尾矿库企业和地方政府应当建立尾矿库突发环境事件防范与应急处置体系，实现尾矿库环境应急管理的专业化、科学化和规范化。

7.4.3.1　三级防控体系

尾矿库企业应采取措施对车间及厂区范围内可能发生的突发环境事件进行防控，地方人民政府组织企业建设流域防控措施。建立三级防控体系，即在车间、厂区和流域三个层级设防布控，防止尾矿库企业发生污染事件。

(1)第一级防控：车间级

适用范围：因设备故障或事故造成矿浆溢流或选矿药剂泄漏进入车间。

防控措施：在车间内或车间外建事故池收集溢流的矿浆，并配立泵随时将事故池内的矿浆排入工艺中。

选矿药剂库四周应建围堰及通入事故池的地下导流沟，并与选矿车间一并做防渗处理。

(2)第二级防控：厂区级

适用范围：尾砂输送管道破裂造成矿浆泄漏或暴雨造成尾矿库废水漫坝溢流。

防控措施：在尾矿库初期坝下建有足够容量的事故池，将泄漏废水收集，经处理后循环使用。

(3)第三级防控：流域级

适用范围：尾矿库发生废水泄漏，一、二级防控措施失败。

防控措施：在尾矿库下游河道支流设计并建造拦截吸附坝基础工程。工程应以事故最大泄漏量，结合当地水文条件设计。拦截吸附坝数量与间距应按照当地实际情况选取。

在建造拦截吸附坝基础工程的同时，还应结合坝址周边地形和交通条件，同步设计建造应急物资储备场(库)，并储备砂袋、水泥管、活性炭网箱及吸附物资等。流域防控的工程类型包括滞污塘和截流断面两种(建议在流量较小的河流采用)。

除以上工程措施外，还可以利用水利设施和城市景观橡胶坝等作为流域防控设施。各地应结合本地实际情况选取流域防控设施。

7.4.3.2 污染物应急处置方法

尾矿污染类型可以分为有机污染和无机污染两类。有机污染主要是有机选矿药剂造成的污染，无机污染主要是尾矿中的金属离子和选矿中使用的酸、碱药剂造成的污染。总体来讲，有机污染采取投加粉末活性炭吸附的应急处置方法，无机污染采取絮凝沉淀的应急处置方法，药剂的投加量应根据监测数据确定。铜矿尾矿常见污染物处置方法如表 7-3 所示。

表 7-3 铜矿尾矿常见污染物应急处置方法

序号	污染物	处置方法
1	铜离子	投加硫化钠生成硫化铜沉淀去除
2	锌离子	投加硫化钠生成硫化锌沉淀去除
3	硫离子	加石灰处理
4	2 号油	投加活性炭粉末吸附
5	丁基黄药	投加活性炭粉末吸附

7.5　尾矿的资源化利用

废石和尾矿在一定条件下，有可能进行经济有效的利用，从而在减少废物排放的同时，创造一定的经济价值。低品位铜矿废石目前主要通过化学选矿法进行处理。对铜矿尾矿进行处理的方法主要有尾矿再选技术和利用尾矿生产建筑材料技术等。

7.5.1　尾矿再选技术

尾矿再选技术是指对尾矿进行二次选矿的技术，主要采用浮选、磁选或磁选-重选-浮选联合选矿等工艺，回收尾矿中的有价金属和硫精矿。该技术可提高金属回收率和资源利用率，减少固体废物排放。

7.5.1.1　尾矿回收铜、铁技术

(1)技术原理

尾矿中铜、铁及金等伴生矿物回收技术：铜在矿床中主要以硫化物的形式存在，并与磁铁矿、黄金矿、金等伴生，因此常选用联合选别工艺流程。可以采用磁浮联合作业，磁粗精矿浮选脱硫后的脱硫尾矿(浮选粗精)中会含有部分铁、铜、硫，可对该部分尾矿(浮选粗精矿)再磨后，经一粗二精三扫的浮选工艺得到铜精矿；尾矿中的铁可采用磁选法回收。对于伴生矿物菱铁矿，可采用强磁法回收，伴生矿物重晶石可采用浮选方法回收。

(2)应用实例

①德兴铜矿。

德兴铜矿尾矿回收厂处理泗州选矿厂和大山选矿厂的尾矿，采用丁基黄药进行选矿，精矿品位可达 8%以上，每年可回收铜金属 1000 t 左右。

②安庆铜矿。

安庆铜矿充分利用闲置设备，因地制宜地建起了尾矿综合回收选铜厂和选铁厂。铜矿物主要富集于粗尾砂中，所以主要回收粗尾砂中的铜。选厂尾砂因携带一定量的残余药剂，所以造成在储砂仓的顶部自然富集含 Cu、S 的泡沫。选铜厂是在储砂仓顶部自制一台工业型强力充气浮选机，浮选粗精矿再磨后，经一粗二精三扫的精选系统进行精选，最终可获得铜品位 16.94%的合格铜精矿。因此，投资 30 万元在充填搅拌站院内，就近建成 25 t/d 的选矿厂。

安庆铜矿选铁厂是针对细尾砂中的细粒磙铁矿和磁黄铁矿，利用主系统技改换下的 CTB718 型弱磁选机 3 台，投资 10 万元，在细尾砂进入浓密机前的位置，充分利用地形高差，建立了尾矿选铁厂，采用一粗一精的磁选流程回收铁。为了进一步回收选厂外溢的铁资源，又将矿区内各种含铁污水、污泥，以及尾矿选铜

厂的精选尾矿全部汇集到综合选铁厂。最终可获得铁品位63%的铁精矿。

③攀西某铜矿山。

采用铜钴混合浮选—铜钴分离工艺对攀西某铜矿山含铜 0.039%、含钴0.0052%的尾矿进行资源化利用，可获得 Cu 品位 13.38%、回收率 21.19%的铜精矿和 Co 品位 0.32%、回收率 17.20%的硫钴精矿。对铜钴混合浮选后的尾矿采用弱磁选—强磁选—重选联合工艺，可获得 TFe 品位 60.99%、回收率 7.12%的铁精矿和 K_2O 品位 8.67%、回收率 30.68%的云母精矿。对选云母后的尾矿开展多功能矿物硅肥制备研究，可获得有效硅(以 SiO_2 计)含量 38.75%的多功能矿物硅肥。该技术可实现攀西某铜矿尾矿减量 56%以上。

7.5.1.2 尾矿回收伴生金银技术

(1)技术原理

各种选矿厂一般根据各自矿石的特点采用不同的工艺流程来回收有利用价值的金属矿物，对含金、银等的矿物可以采用常规的浮—重—磁联合工艺流程综合回收。尾矿中金的赋存状态为与脉石共生的连生体，粒度较粗。先用溜槽对尾矿中的金进行富集，所得精矿再经摇床精选，最后得到合格产品。

(2)应用实例

①铜绿山铜铁矿。

铜绿山铜铁矿按照广州有色金属研究院推荐的再磨—硫化浮选—磁选流程建成了尾矿回收系统，利用该工艺平均每年可以从尾矿中回收铜 200 t，铁精矿 3×10^4 t，黄金 10 余 kg，白银 100 余 kg。

②奎屯铜冠冶化有限责任公司。

紫金矿业奎屯铜冠冶化有限责任公司以阿舍勒铜矿尾矿为原料，采用氧化焙烧—稀酸洗涤—两转两吸工艺制取硫酸，回收铁焙砂；采用酸浸—萃取—电积及全泥氰化浸出—炭柱吸附解析工艺分别回收铁焙砂中的铜、金、银等有价元素，可形成年产硫酸 40 万 t、铁焙烧砂 17.15 万 t、阴极铜 600 t、金锭 55 kg、银锭 3.5 t 的生产能力。

③湖北三鑫金铜股份有限公司。

湖北三鑫金铜股份有限公司从浮选尾矿中磁选回收铁和重选回收金，其中重选金精矿中还含有 2%的铜、35%的硫、35 g/t 的银等多种元素。该尾矿回收车间每年可回收铁精矿 12480 t、金 8.9 kg、铜 3.72 t、银 6.5 kg、硫 65.1 t，可创产值 582 万元。

7.5.1.3 尾矿回收伴生钨技术

(1)技术原理

为综合回收尾矿中的白钨，采用重选—磁选—浮选—重选的工艺流程进行尾矿的再选，即首先采用高效的螺旋溜槽作为粗选选段主要抛尾设备，抛尾后进一步采用高效磁选设备脱除磁性矿物，再进入摇床选其他种类的钨精矿。

(2)应用实例

永平铜矿选厂采用重选—磁选—重选—浮选—重选的工艺流程进行尾矿再选，最终获得 WO_3 品位66.83%、回收率18.01%的钨精矿，同时得到硫精矿以及石榴子石、重晶石等产品。按日处理7000 t，年生产330天计，年利润可达170万元。

7.5.1.4 **尾矿回收硫精矿技术**

(1)技术原理

将铜尾矿进一步进行浮选，分离出硫精矿。在选铜过程中，为了提高铜精矿品位和回收率，一般需要在高碱条件下抑制硫的上浮。因此选硫时需要调节矿浆pH，提高硫的可浮性。受矿石性质、磨矿工艺的影响，铜尾矿可能有较多的矿泥，此时需要进行脱泥处理。

(2)应用实例

武山铜矿铜尾矿含泥较多，该矿对铜尾矿进行二次分级处理，将其分成+37 μm、25~37 μm、-25 μm三个粒级，对+37 μm、25~37 μm粒级的铜尾矿进行浮选，-25 μm粒级的铜尾矿直接丢尾，实现了铜尾矿的分级浮选，回收得到硫精矿，工艺流程如图7-5所示。

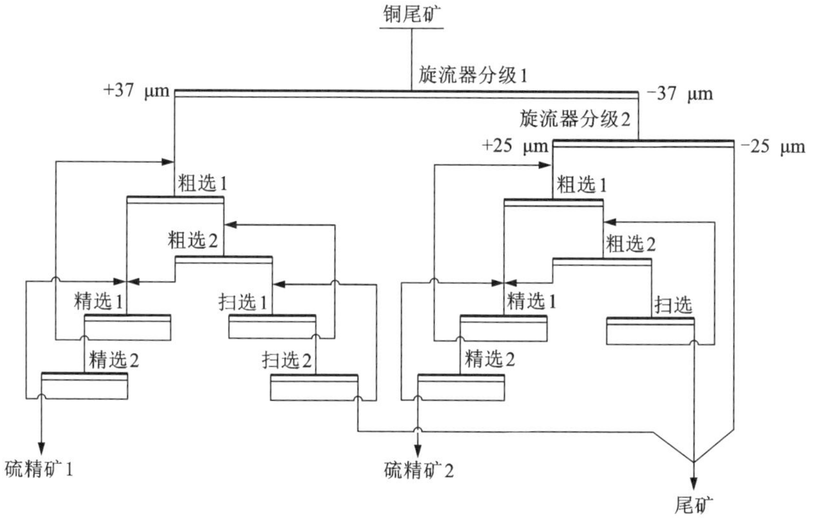

图7-5 铜尾矿旋流器分级脱泥—选硫工艺流程图

7.5.2 尾矿生产建筑材料技术

尾矿在资源特征上与传统的建材、陶瓷、玻璃原料接近，实际上是已加工成细粒的混合料，大多数尾矿可以成为传统原料的代用品，乃至成为别具特色的新型原料。

7.5.2.1 **尾矿生产建筑用砖**

(1)技术原理

以尾矿为主要原料，通过与其他成分配比后经特定加工工艺可生产建筑用砖。

(2)技术特点

该技术能够提高尾矿资源化利用率，减少尾矿排放对水体、大气的污染，保护生态环境。

该技术适用于已建及新建铜矿山。

(3)应用实例

①承德铜兴矿业公司。

承德铜兴矿业公司以低硅尾矿为主要原料，掺入适量矿渣和粉煤灰等固体废弃物，辅之激发剂，经过加压成型后，在 170～220℃下，采用蒸压养护方式制成标准砖。该砖平均抗压强度达到 16.2 MPa，抗折强度为 3.6 MPa，抗冻性指标合格。固体废弃物利用率达到 90%以上。

②浙江中厦新型建材有限公司。

浙江中厦新型建材有限公司以绍兴平铜集团的铜矿选矿尾矿为主要原料生产蒸压加气混凝土砌块和蒸压灰砂砖等建筑材料。采用尾矿、脱硫石膏、石灰、水泥等为原料，经搅拌、发气、静养、切割、蒸压养护等工艺制成蒸压加气混凝土砌块。采用尾矿、石料场石屑、煤渣及石灰等为原料，经坯料制备、压制成型、蒸压养护等工艺制备蒸压灰砂砖。该项目可消耗尾矿 56.7 万 t/a，生产建筑材料折合标准砖 3.366 亿块/a。

③江西万铜环保材料有限公司。

江西万铜环保材料有限公司以城门山铜尾矿为主要原料，制备建材用硅质原料、加气混凝土砌块、混凝土掺合料等，铜尾矿年处理量达 250 万 t。该公司达产达标后，可以消纳城门山铜矿的全部尾矿，新增产值 2.7 亿元/a。

7.5.2.2 **尾矿生产水泥**

(1)技术原理

铜尾矿中含有 Fe、Cu、Si 等有益元素，可以作为水泥复合矿化剂或生产水泥的原料。铜尾矿能够以多种形式在水泥中得到综合利用，既可以作为原料，也可以作为矿化剂，还可以作为混合材，其添加量有的可以高达 35%以上。铜尾矿生产水泥的工艺如图 7-6 所示。

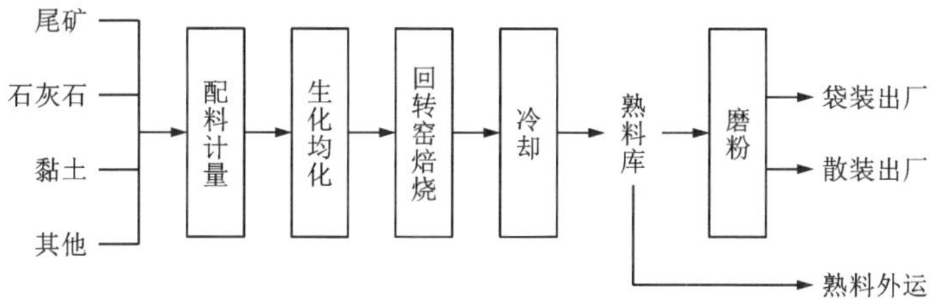

图 7-6　铜尾矿生产水泥的工艺流程图

(2)技术特点

使用铜尾矿生产水泥，可使尾矿得到资源化利用。另外，铜尾矿的加入大都能够降低水泥熟料的烧成温度，可降低能耗，提高经济效益。由于不同矿山的铜尾矿成分相差很大，尾矿在水泥生产中的利用必须依尾矿的具体成分而定。

(3)应用实例

①广东省连州市水泥厂。

广东省连州市水泥厂采用尾矿生产水泥技术后，将部分原料更换为 CaO 质量分数仅为 33%的低品位泥灰岩和邻县大麦山铜矿尾矿，并调整窑的煅烧操作，能耗降低了一半，产量也超过设计生产能力。

②浙江兆山新星集团云石水泥有限公司。

2005 年，浙江兆山新星集团云石水泥有限公司云石水泥有限公司采用浙江诸暨铜铅锌尾矿和 CaO 含量 45%~48%的石灰石为原料，在设计产能 2500 t/d 的回转窑中生产水泥，加入尾矿后，产能提高至 3091 t/d，节煤 11.25%，节电 10.20%。

7.5.2.3　尾矿生产玻璃

(1)技术原理

铜尾矿中的主要化学成分为 SiO_2，另外还含有 Al_2O_3、Fe_2O_3、CaO、K_2O 和 Na_2O 等，这些都是玻璃制造原料所需的成分。以铜尾矿为主要原料，根据铜尾矿的成分特点，添加氧化钙、氧化镁、氧化铝、氢氧化钠、氢氧化钾等配料，在 1100~1500℃熔融，经过成型、退火即可得到玻璃。如果将成型后的玻璃在 900~1150℃进行晶化，可以得到微晶玻璃。制备微晶玻璃时，可以在配料过程中添加成核剂，以提高晶化效果。

(2)技术特点

采用铜尾矿制备的玻璃具有强度高、耐磨、耐腐蚀等特点，可以代替大理石、花岗岩和陶瓷面砖等作为建筑材料，也可以用于制作工艺品。

该技术能够充分利用矿产资源，可使尾矿得以资源化利用。

(3)应用实例

同济大学与上海玻璃器皿二厂合作，以安徽琅琊山铜尾矿为原料，研制出了可代替大理石、花岗岩和陶瓷面砖等具有高强、耐磨和耐蚀的铜尾矿微晶玻璃。

7.5.2.4 尾矿生产彩色石英砂

(1)技术原理

尾矿中石英的含量较高，将预先配制好的玻璃原料(石英粉、碳酸钠、石灰粉按一定比例磨细)加入着色的金属氧化物，并与铜尾矿混合，在高温下煅烧，使尾砂表面裹上一层带颜色的玻璃层，从而生产出色泽鲜艳的彩砂。通过选用不同的无机颜料，可以得到深蓝色、黑色、绿色、杏黄色、粉红色等颜色的彩砂。

(2)技术特点

利用尾矿生产彩色石英砂可省去采矿以及破碎等原料加工费用，从而降低生产成本，而且不会对环境的自然地形、地貌造成新的破坏，还可节约尾矿治理费用，具有良好的经济效益和社会效益。

本章参考文献

[1] 李富平，赵礼兵，李示波. 金属矿山清洁生产技术[M]. 北京：冶金工业出版社，2012.

[2] 杨小聪，郭立杰，许文远，等. 尾矿和废石综合利用技术[M]. 北京：化学工业出版社，2018.

[3] 肖松文，张泾生. 现代选矿技术手册(第8册)环境保护与资源循环[M]. 北京：冶金工业出版社，2014.

[4] 周连碧，祝怡斌，邵立南，等. 废物资源综合利用技术丛书——有色金属工业废物综合利用[M]. 北京：化学工业出版社，2018.

[5] 姜福川. 地下矿山安全知识问答[M]. 北京：冶金工业出版社，2011.

[6] 生态环境部，国家市场监督管理总局. 危险废物鉴别标准 通则(GB 5085.7—2019)[S]. 北京：中国环境出版集团，2020.

[7] 国家环境保护总局，国家质量监督检验检疫总局. 危险废物鉴别标准 浸出毒性鉴别(GB 5085.3—2007)[S]. 北京：中国环境科学出版社，2007.

[8] 生态环境部. 危险废物鉴别技术规范(HJ 298—2019)[S]. 北京：中国环境出版集团，2020.

[9] 生态环境部，国家市场监督管理总局. 一般工业固体废物贮存和填埋污染控制标准(GB 18599—2020)[S]. 北京：中国环境出版集团，2021.

[10] 环境保护部. 固体废物 浸出毒性浸出方法 水平振荡法(HJ 557—2010)[S]. 北京：中国环境科学出版社，2010.

[11] 国家环境保护局，国家技术监督局. 污水综合排放标准(GB 8978—1996)[S]. 北京：中国标准出版社，1998.

[12] 住房和城乡建设部，国家市场监督管理总局. 有色金属矿山排土场设计标准(GB 50421—2018)[S]. 北京：中国计划出版社，2018.
[13] 住房和城乡建设部，国家质量监督检验检疫总局. 尾矿设施设计规范(GB 50863—2013)[S]. 北京：中国计划出版社，2013.
[14] 国家市场监督管理总局，国家标准化管理委员会. 金属非金属矿山安全规程(GB 16423—2020)[S]. 北京：中国标准出版社，2020.
[15] 国家安全生产监督管理局. 金属非金属矿山排土场安全生产规则(AQ 2005—2005)[S]. 北京：煤炭工业出版社，2005.
[16] 国家市场监督管理总局，国家标准化管理委员会. 尾矿库安全规程(GB 39496—2020)[S]. 北京：中国标准出版社，2020.
[17] 环境保护部. 尾矿库环境风险评估技术导则(试行)(HJ 740—2015)[S]. 北京：中国环境出版社，2015.
[18] 环境保护部，国家质量监督检验检疫总局. 铜、镍、钴工业污染物排放标准(GB 25467—2010)[S]. 北京：中国标准出版社，2010.
[19] 国家安全生产监督管理总局. 金属非金属矿山安全标准化规范尾矿库实施指南(AQ/T 2050.4—2016)[S]. 北京：煤炭工业出版社，2016.
[20] 冯安生，吕振福，武秋杰，等. 矿业固体废弃物大数据研究[J]. 矿产保护与利用，2018(2)：40-43，51.
[21] 生态环境部，国家发展和改革委员会，公安部，等. 国家危险废物名录(2021 年版)[EB/OL]. 生态环境部网站，http://www.mee.gov.cn/xxgk2018/xxgx/xxgk02/202011/t20201127_810202.html，2020-11-25.
[22] 生态环境部. 尾矿污染环境防治管理办法(生态环境部 2022 年第 26 号令)[EB/OL]. 生态环境部网站，https://www.mee.gov.cn/xxgk2018/xxgk/xxgk02/202204/t20220411_974191.html，2022-04-11.
[23] 袁永强. 第Ⅱ类尾矿库环保防渗系统设计探讨[J]. 金属矿山，2016(5)：178-182.
[24] 鞠丽萍，陈玉福. 江西铜业股份有限公司德兴铜矿五号尾矿库工程竣工环境保护验收调查报告[R]. 矿冶科技集团有限公司，2020 年 8 月.
[25] 苏静芝，张永雷. 西藏华泰龙矿业开发有限公司甲玛铜多金属矿二期建设工程环境影响评价报告[R]. 中冶东方工程技术有限公司，北京国环建邦环保科技有限公司，2013 年 7 月.
[26] 周志广. 红透山某铜矿尾矿库坝体整治及其稳定性分析[J]. 矿业工程研究，2016，31(3)：40-43.
[27] 李国平. 大型露天矿山废石胶带运输系统生产实践[J]. 铜业工程，2015(6)：1-4.
[28] 刘志强. 德兴铜矿富家坞采区高段排土安全管理[J]. 铜业工程，2008(1)：21-22.
[29] 方志甫，黄海云. 多种充填采矿法在安庆铜矿的应用[J]. 有色金属(矿山部分)，2005，57(1)：6-7.
[30] 陈华君，何艳明，栾景丽，等. 尾矿堆存处理工艺比较及应用[J]. 云南冶金，2012，41(4)：68-73.

[31] 郭天勇，段蔚平. 中线法尾矿筑坝应用问题研究[J]. 现代矿业，2014，30(12)：43-45.

[32] 梁金建. 德兴铜矿四号尾矿库中线法堆坝生产实践[J]. 中国矿山工程，2008，37(1)：15-17.

[33] 唐海水. 西藏玉龙铜矿尾矿库一期坝体加高主体工程封顶[EB/OL]. 中鼎国际矿山隧道建设分公司网站，http://www. zie cmtcc. com/NewsView. asp? ID = 1881&SortPath = 0，1，9，2017-11-24.

[34] 陶恒畅，郭超华，毛富邦，等. 尾矿干排在获各琦铜矿的应用[J]. 有色矿冶，2016，32(6)：56-58.

[35] 尾矿膏体工艺在乌努格吐山铜钼矿的应用[J]. 矿业装备，2015(7)：36-37.

[36] 王英硕，孙体昌，郭晓霜，等. 有色金属尾矿综合利用的方法比较[J]. 现代矿业，2019，35(11)：20-24.

[37] 牛忠育. 安庆铜矿尾矿资源综合回收的实践[J]. 金属矿山，1999(8)：5-7.

[38] 杨进忠，周家云，毛益林，等. 攀西某铜矿尾矿资源化利用研究[J]. 矿冶工程，2019，39(5)：44-48.

[39] 孔胜武. 综合利用铜绿山尾矿力争实现废料零排放[J]. 矿冶，2002，11(增刊)：241-243，230.

[40] 紫金矿业奎屯铜冠冶化尾矿综合利用项目点火[J]. 中国金属通报，2012(29)：6.

[41] 余程民，梁中扬，胡中柱. 从浮选尾矿中综合回收有价元素的试验研究与实践[J]. 黄金，2004，25(10)：40-42.

[42] 罗晓华. 水力旋流器在武山铜矿选硫生产中的研究与应用[J]. 有色金属(选矿部分)，2005(4)：35-37.

[43] 吴江林，阮华东，范毅. 武山铜矿分级浮选硫工艺改造实践[J]. 现代矿业，2016，32(11)：101-103.

[44] 陈建波，赵连生，曹素改，等. 利用低硅尾矿制备蒸压砖的研究[J]. 新型建筑材料，2006，33(12)：58-61.

[45] 刘海营，杨航，钱志博，等. 铜尾矿资源化利用技术进展[J]. 中国矿业，2020，29(S2)：117-120.

[46] 孙燕，刘和峰，刘建明，等. 有色金属尾矿的问题及处理现状[J]. 金属矿山，2009(5)：6-10.

第 8 章　绿色矿山

我国铜矿资源的储量有限，且资源禀赋不高，开采利用难度大。如何让有限的铜矿资源得到最大化的开发利用，并且将环境破坏程度降到最低，是当前铜矿资源开发面临的紧迫问题。近年来，我国经济增长方式逐步由粗放型发展向集约型发展转变，生态环境问题逐渐引起人们的重视，生态文明理念深入人心。全面推进绿色矿山建设，是我国铜矿采选业可持续发展的必由之路。

8.1　绿色矿山概论

8.1.1　绿色矿山的概念与发展历程

8.1.1.1　“绿色矿山”与“绿色矿业”的概念

(1)绿色矿山

绿色矿山(green mine)是指以矿区环境生态化、勘查采选方式科学化、资源利用高效化、企业管理规范化和矿区社区和谐化为目标，将绿色发展理念贯穿矿产资源勘查开发利用全过程，实现资源勘查开发的经济效益、生态效益和社会效益协调统一的矿山。绿色矿山是一种全新的矿山发展理念和模式，是在习近平生态文明思想指导下进行的矿山建设实践。

(2)绿色矿业

绿色矿业(green mining)是指在生态文明的规范下，将绿色发展理念贯穿于矿产资源勘查、开采、加工、管理及矿区土地复垦等矿业发展的全部环节，以节约资源和保护环境为基本要求，以开采方式科学化、资源利用高效化、企业管理规范化、生产工艺环保化、矿山环境生态化、矿区秩序和谐化为实施路径，实现经济效益、社会效益、生态效益相统一的矿业。因此，绿色矿业是在绿色理念指导下，通过矿产资源开发利用活动，为工业生产提供原料的矿业发展新模式。

(3)“绿色矿山”与“绿色矿业”概念辨析

矿山是指开采矿产资源的生产经营单位，绿色矿山是在矿山企业生产经营过程中，将绿色发展理念贯穿于生产经营全过程的矿山。绿色矿山企业可以根据绿色矿业的相关要求，结合自身的情况，制订适合自身特点的建设方案。

矿业是指开采矿物的事业或产业，绿色矿业则是根据绿色发展理念，从产业政策、市场机制、监督管理、矿产资源规划、矿山建设、资源开发、综合利用、循环经济等方面全方位地对整个矿业进行规范和要求。绿色矿业是对整个矿业行业、某一大类矿业或某一矿种矿业，按照绿色、生态、环保的标准来引导、监督和管理，但不会针对特定企业做具体要求。

由上可知，绿色矿山和绿色矿业密不可分，建设绿色矿山必须以绿色矿业的思想、方法为指导，发展绿色矿业又必须依靠建设绿色矿山这一重要抓手。另外，它们的概念范围不同，绿色矿山是企业的生产和管理实践，而绿色矿业是行业范围内的实践。

（4）“绿色矿山”与“绿色矿业”内涵的延伸

绿色矿山和绿色矿业的内涵在不断地丰富和发展。实际生产中，绿色矿山和绿色矿业已经不仅限于生产经营单位和矿业行业，绿色矿山也指将绿色发展理念贯穿于生产经营全过程的矿山发展理念和模式，而绿色矿业也指以绿色发展理念和生态文明思想为指导的矿业发展理念和模式。

8.1.1.2 绿色矿山的发展历程

（1）国外矿业绿色发展理念

国外发达国家很早就关注到矿业与生态环境的关系，并逐步推进矿业的绿色发展。国外的绿色矿业大概经历了三个发展阶段。

①第一阶段：早在 19 世纪，英国、美国等西方国家就提出开始注重矿山的环境保护。这一阶段，关注的重点是对矿区植被的保护和对矿区周边环境的美化。

②第二阶段：二战以后，随着经济和社会的急速发展，人类社会对自然资源的消耗速度急剧增快。人们意识到，矿产资源是有限的，而人类的需求是无限的，必须提高矿产资源的利用率，才能解决资源稀缺性和人类需求无限性的矛盾。这一阶段，关注的范围从单纯的环境保护延伸至资源的综合利用。

③第三阶段：20 世纪 70 年代以来，美国、英国、德国、日本等发达国家制定了一系列保护环境的法律、法规，对矿产资源的勘查和开发进行了严格的限制，不允许以牺牲环境为代价进行矿业开发活动。2009 年 5 月，加拿大自然资源部提出了“绿色矿业倡议”（Green Mining Initiative，GMI），包含减少污染物排放、矿山废物管理创新、矿山关闭和修复及生态系统风险管理等四个研究主题。2010 年，芬兰发布了《芬兰矿产资源战略》（*Finland's Mineral Strategy*），并于 2011 年开始实施“绿色矿业研发计划（Green Mining R&D&I Program）（2011—2016）”，提出了 2050 年“芬兰成为全球矿产资源可持续利用的领导者，矿业成为芬兰国民经济的关键基础之一”的愿景以及“减轻矿业的环境影响并提高生产力”“提升研发能力和知识水平”等行动主题。

国外并没有明确提出“green mine（绿色矿山）”的概念，但有“green mining（绿色矿业、绿色开采）”“sustainable mining（可持续矿业、可持续开采）”“responsible mining(负责任矿业、开采)”等提法。

国外将工业生态学、循环经济理论等应用于矿业，所包含的思想也都是矿业的绿色发展。在实践中，发达国家通过一系列措施以及技术创新，推进了矿山和矿业的绿色发展。

(2)我国绿色矿山的发展

绿色矿山在我国的发展大概经历了两个阶段。

①第一阶段：这一阶段主要是绿色矿山理念的提出和探索阶段。

1999 年，魏民等发表学术论文《推广无废工艺　发展绿色矿业》，提出了用高新技术改造矿业，实现矿业无废工艺系统，发展文明绿色矿业的思想。

2001 年，时任陕西省省长的程安东发表文章《建设绿色矿山　塑造现代矿业城市新形象》，文中指出，绿色矿山是指环保型矿山，是重视环保、关注可持续发展的矿业生产新模式。其主要特征是：坚持矿产资源开发与生态环境治理同步；坚持依靠科技进步，强化依法管理；坚持“谁采掘、谁复垦”“谁治理、谁受益”原则；坚持经济与社会发展互相协调，物质文明与精神文明建设相互促进。

2005 年 12 月，浙江省国土资源厅办公室发布《关于开展创建省级绿色矿山试点工作的通知》(浙土资办〔2005〕107 号)，在国内政府文件中首次提出“绿色矿山”。

2007 年 11 月，2007 中国国际矿业大会在北京召开，原国土资源部徐绍史部长致开幕辞，提出“发展绿色矿业”的倡议，内容包括：转变矿业发展方式，集约高效利用资源；严格保护矿山环境，促进矿区社会和谐发展；依法严格监管，维护良好的矿业秩序等。

2008 年 11 月，中国矿业循环经济论坛在南宁举行，会议发起和制定了《绿色矿山公约》。

2008 年 12 月，国土资源部公布由国务院批准实施的《全国矿产资源规划(2008—2015 年)》(国土资发〔2008〕309 号)，提出“探索发展循环经济的有效模式，大力推进绿色矿山建设，安全、环保、可持续地发展矿业经济”的明确要求，这也标志着国家层面开始全面推进绿色矿山建设。

2009 年 1 月，中国矿业联合会四届五次常务理事会在北京召开，通过了《中国矿业联合会绿色矿业公约》。

2009 年 10 月，中国国际矿业大会在天津召开，李克强向大会致信指出：“发展绿色矿业和循环经济，提高资源开采和利用效率。”

经过十来年的发展，绿色矿山的理念基本形成，在一些地方，部分行业的矿山企业也积累了初步的绿色矿山建设经验。

②第二阶段：这一阶段是我国绿色矿山正式建设阶段。

2010 年 8 月，《国土资源部关于贯彻落实全国矿产资源规划发展绿色矿业建设绿色矿山工作的指导意见》(国土资发〔2010〕119 号)发布，系统阐述了建设绿色矿山、发展绿色矿业的重要意义，提出了绿色矿山建设的总体思路、主要目标任务以及绿色矿山创建的基本条件。这是我国出台的首个绿色矿山建设政策文件，标志着我国绿色矿山建设工作正式启动。

2011 年至 2014 年，原国土资源部分 4 批先后公布了 661 家国家级绿色矿山试点单位。试点工作的推进，为绿色矿山建设全面推进积累了大量可借鉴的典型案例与管理经验。

2015 年 4 月，《中共中央　国务院关于加快推进生态文明建设的意见》(国务院公报 2015 年第 14 号)发布，提出“发展绿色矿业，加快推进绿色矿山建设，促进矿产资源高效利用，提高矿产资源开采回采率、选矿回收率和综合利用率”，标志着绿色矿山正式上升为国家战略。

2017 年 3 月，《国土资源部　财政部　环境保护部　国家质量监督检验检疫总局　中国银行业监督管理委员会　中国证券监督管理委员会关于加快建设绿色矿山的实施意见》(国土资规〔2017〕4 号)发布，明确了新形势下矿业绿色发展的总体思路、主要目标、重点任务及政策措施。这标志着我国绿色矿山建设由试点探索阶段转向全面推进阶段。

2017 年 3 月，中共中央办公厅 国务院办公厅印发《国家生态文明试验区(江西)实施方案》和《国家生态文明试验区(贵州)实施方案》，将绿色矿山建设纳入国家生态文明试验区建设。

2018 年 6 月，自然资源部发布《有色金属行业绿色矿山建设规范》(DZ/T 0320—2018)等 9 个地质矿产行业标准，从矿区环境、资源开发方式、资源综合利用、节能减排、科技创新与数字化矿山、企业管理与企业形象等六方面，对绿色矿山建设提出了要求，这标志着我国的绿色矿山建设进入了标准引领的新阶段。这些行业标准将绿色矿山定义为：“在矿产资源开发全过程中，实施科学有序的开采，对矿区及周边生态环境扰动控制在可控范围内，实现矿区环境生态化、开采方式科学化、资源利用高效化、企业管理规范化和矿区社区和谐化的矿山。”这也标志着我国对绿色矿山概念有了规范化的定义。

2020 年 1 月，《自然资源部关于将中国石油天然气股份有限公司大港油田分公司等矿山纳入全国绿色矿山名录的公告》(2020 年第 3 号)发布，正式建立全国绿色矿山名录，标志着我国绿色矿山建设进入名录管理阶段。

2021 年 3 月 11 日，十三届全国人大四次会议表决通过《中华人民共和国国民经济和社会发展第十四个五年规划和 2035 年远景目标纲要》，明确提出“提高矿产资源开发保护水平，发展绿色矿业，建设绿色矿山”。

我国绿色矿山经过十多年的建设，已经积累了一定的经验，出台了一系列制度，建立了一系列标准。从 2020 年正式启动全国绿色矿山名录管理开始，我国的绿色矿山建设已进入了常态化的建设阶段。

8.1.2　法律法规与标准

8.1.2.1　法律

我国绿色矿山建设离不开现行法律的支持。在绿色矿山理念提出之前，我国就有多部涉及矿山建设的法律法规。近年来，相继修订和修正了《中华人民共和国矿产资源法》(2009 年修正)(以下简称《矿产资源法》)、《中华人民共和国环境保护法》(2014 年修订)(以下简称《环境保护法》)、《中华人民共和国大气污染防治法》(2018 年修正)、《中华人民共和国水污染防治法》(2017 年修正)、《中华人民共和国固体废物污染环境防治法》(2020 年修订)、《中华人民共和国节约能源法》(2018 年修正)等法律文件，2021 年颁布了《中华人民共和国噪声污染防治法》(以下简称《噪声污染防治法》)，代替《中华人民共和国环境噪声污染防治法》(2018 年修正)。

《矿产资源法》对矿产资源勘查的登记和开采的审批、矿产资源的勘查、矿产资源的开采等方面进行了规定。部分条款摘录如下：

第七条　国家对矿产资源的勘查、开发实行统一规划、合理布局、综合勘查、合理开采和综合利用的方针。

第八条　国家鼓励矿产资源勘查、开发的科学技术研究，推广先进技术，提高矿产资源勘查、开发的科学技术水平。

第二十九条　开采矿产资源，必须采取合理的开采顺序、开采方法和选矿工艺。矿山企业的开采回采率、采矿贫化率和选矿回收率应当达到设计要求。

第三十条　在开采主要矿产的同时，对具有工业价值的共生和伴生矿产应当统一规划，综合开采，综合利用，防止浪费；对暂时不能综合开采或者必须同时采出而暂时还不能综合利用的矿产以及含有有用组分的尾矿，应当采取有效的保护措施，防止损失破坏。

第三十一条　开采矿产资源，必须遵守国家劳动安全卫生规定，具备保障安全生产的必要条件。

第三十二条　开采矿产资源，必须遵守有关环境保护的法律规定，防止污染环境。

2014 年修订的《环境保护法》明确要推进生态文明建设，规定：

国家采取有利于节约和循环利用资源、保护和改善环境、促进人与自然和谐的经济、技术政策和措施，使经济社会发展与环境保护相协调。

开发利用自然资源，应当合理开发，保护生物多样性，保障生态安全，依法制定有关生态保护和恢复治理方案并予以实施。

国家加强对大气、水、土壤等的保护，建立和完善相应的调查、监测、评估和修复制度。

企业应当优先使用清洁能源，采用资源利用率高、污染物排放量少的工艺、设备以及废弃物综合利用技术和污染物无害化处理技术，减少污染物的产生。

《环境保护法》及《噪声污染防治法》等法律的修订和颁布实施，是生态文明建设的重要内容，有利于促进我国环境保护事业的发展，切实改善环境质量。

2019 年，我国正式颁布《中华人民共和国资源税法》(以下简称《资源税法》)，代替 1993 年颁布的《中华人民共和国资源税暂行条例》(以下简称《资源税暂行条例》)。《资源税法》通过法律的形式，确立了资源税从价计征为主、从量计征为辅的税率形式，使资源税能够更好地反映资源价格的市场变化，促进资源集约化使用。与《资源税暂行条例》相比，《资源税法》对税目进行了统一规范，调整了具体税率确定权限，规范了减免税政策，引导企业加大技术研发投入，走绿色发展、安全生产之路。《资源税法》的颁布与实施是落实习近平生态文明思想、践行绿色发展理念的重要措施，对促进资源节约集约利用，加强生态环境保护等发挥着重要作用。

8.1.2.2　政策文件

(1)矿产资源和国土资源规划

矿产资源规划是矿产资源勘查、开发利用与保护的指导性文件，是依法审批和监督管理矿产资源勘查、开采活动的重要依据。我国从 1998 年开始矿产资源规划编制工作。规划是一个“两类四级”的有机体系，包括总体规划和专项规划两大类，全国、省级、市级、县级四级规划。2001 年，我国发布第一轮《全国矿产资源规划》，各省市编制地方规划。2008 年，发布了《全国矿产资源规划(2008—2015 年)》，各省、市、县自上而下编制各级规划。2016 年，发布了《全国矿产资源规划(2016—2020 年)》，规划与国家“十三五”规划同期进行，各省、市、县编制各级规划。2020 年，启动了《全国矿产资源规划(2021—2025 年)》编制工作。规划对保障我国矿产资源安全供应、推进资源利用方式根本转变、加快矿业转型升级和绿色发展、全面深化矿产资源管理改革、促进矿业经济持续健康发展具有重要的意义。

此外，国土资源部出台的《国土资源“十三五”规划纲要》中，也针对提升矿产资源节约与综合利用水平，建设绿色矿山提出了要求。

这些规划文件是落实国家资源安全、加强和改善矿产资源宏观管理的纲领性文件，是依法审批和监督管理地质勘查、矿产资源开发利用和保护活动的重要依据。

(2)矿产资源开发利用政策文件

从 2012 年开始，原国土资源部、自然资源部出台了一系列铜、铁、铅等矿产资源合理开发利用“三率”最低指标要求，以规范矿山对矿产资源的开发利用方式，提高资源利用效率。截至 2021 年上半年，共发布了 113 个矿种（矿类）合理开发利用“三率”最低指标要求。矿产资源合理开发利用“三率”最低指标要求已成为编制、审核矿产资源开发利用方案和矿山设计的主要依据。

2012 年以来，为贯彻落实节约优先战略，加快转变矿业发展方式，原国土资源部和自然资源部建立了矿产资源节约和综合利用先进适用技术目录发布制度。2012—2017 年，分六批发布了 334 项先进适用技术。2019 年，自然资源部对当年新申请推荐技术和前六批发布的先进适用技术进行论证筛选，优选出 360 项先进适用技术，形成了《矿产资源节约和综合利用先进适用技术目录（2019 版）》（自然资源部公告 2019 年第 60 号）。2022 年，自然资源部开展了新一轮目录评选更新工作，遴选出 317 项技术，发布了《矿产资源节约和综合利用先进适用技术目录（2022 年版）》（自然资源部 2022 年公告第 68 号）。

2019 年，自然资源部发布了新修订的《矿山地质环境保护规定》，规定内容包括：

矿山地质环境保护，坚持预防为主、防治结合，谁开发谁保护、谁破坏谁治理、谁投资谁受益的原则。

国家鼓励开展矿山地质环境保护科学技术研究，普及相关科学技术知识，推广先进技术和方法，制定有关技术标准，提高矿山地质环境保护的科学技术水平。

采矿权人应当按照矿山地质环境保护与土地复垦方案的要求履行矿山地质环境保护与土地复垦义务。

（3）生态文明建设政策文件

党的十八大以来，生态文明得到空前重视。国家相继发布了《中共中央　国务院关于加快推进生态文明建设的意见》（国务院公报 2015 年第 14 号）、《中共中央 国务院关于印发生态文明体制改革总体方案的通知》（中发〔2015〕25 号）等文件，大力推进生态文明建设。绿色矿山是生态文明思想在矿业的具体体现和实践，因此，生态文明思想是绿色矿山建设的理论基础，生态文明建设的相关政策是绿色矿山建设的行动指南。

（4）绿色矿山建设政策文件

为了切实推进绿色矿山建设，自然资源部门发布了一系列专门针对绿色矿山建设的政策文件。2010 年以来，相继出台了《国土资源部关于贯彻落实全国矿产资源规划发展绿色矿业建设绿色矿山工作的指导意见》（国土资发〔2010〕119 号）、《国土资源部　工业和信息化部　财政部　环境保护部　国家能源局关于加强矿山地质环境恢复和综合治理的指导意见》（国土资发〔2016〕63 号）、《国土资源部　财政部　环境保护部　国家质量监督检验检疫总局　中国银行业监督管理委员会　中国证券监督管理委员会关于加快建设绿色矿山的实施意见》（国土资规〔2017〕4 号)、《自然资源部关于探索利用市场化方式推进矿山生态修复的意见》(自然资规〔2019〕6 号)等文件，为我国绿色矿山建设指明了正确的方向。

在《国土资源部关于贯彻落实全国矿产资源规划发展绿色矿业建设绿色矿山工作的指导意见》中，列出了《国家级绿色矿山基本条件》，从依法办矿、规范管理、综合利用、技术创新、节能减排、环境保护、土地复垦、社区和谐、企业文化等 9 个方面对绿色矿山建设提出了要求。

在《国土资源部　财政部　环境保护部　国家质量监督检验检疫总局　中国银行业监督管理委员会　中国证券监督管理委员会关于加快建设绿色矿山的实施意见》中，列出了《黄金行业绿色矿山建设要求》《冶金行业绿色矿山建设要求》《化工行业绿色矿山建设要求》《非金属矿行业绿色矿山建设要求》《有色金属行业绿色矿山建设要求》《石油和天然气开采行业绿色矿山建设要求》《煤炭行业绿色矿山建设要求》等 7 个行业的绿色矿山建设要求及《绿色矿业发展示范区建设要求》。以《有色金属行业绿色矿山建设要求》为例，建设要求列入了包括矿区环境优美、采用环境友好型开发利用方式、综合利用有色金属及共伴生资源、建设现代数字化矿山、树立良好矿山企业形象等 5 个方面的要求。

各地政府也出台了一系列的政策文件，贯彻落实中央和部委文件精神，扎实推进绿色矿山建设。以湖南省为例，湖南省出台了《湖南省人民政府办公厅关于全面推动矿业绿色发展的若干意见》(湘政办发〔2019〕71 号)、《湖南省绿色矿山管理办法》(湘自然资规〔2019〕4 号)、《湖南省绿色矿山建设三年行动方案(2020—2022 年)》(湘自然资发〔2020〕19 号)等一系列文件，促进全省矿业绿色转型发展，加快推进绿色矿山建设工作。《湖南省绿色矿山建设三年行动方案(2020—2022 年)》确定的建设目标为：“到 2022 年底，全省生产矿山全部达到湖南省绿色矿山标准，并推荐一批省级示范矿山入选国家级绿色矿山，基本形成环境友好、高效节约、管理科学、矿地和谐的矿山绿色发展新格局。”

目前，我国仍存在着矿山种类和数量分布不均匀，各地经济发展不平衡，绿色矿山建设存在着不够快、不平衡、不充分等问题，建设任务也不尽相同。因此，各地应因地制宜地制订适合地方发展的绿色矿山地方政策，有利于引导当地矿业向绿色矿业方向发展。

8.1.2.3　**标准**

(1)矿山建设标准

绿色矿山应该是符合矿山建设相关标准的矿山。我国在矿山资源开发利用、生态环境保护、安全生产等方面，制定了一系列国家、行业和地方标准。矿山在设计、生产、关闭等环节，需要严格按照相关标准执行。由于涉及的标准较多，在此不再一一赘述。

(2)绿色矿山建设标准

2017 年以来，原国土资源部、自然资源部相继发布了《非金属矿行业绿色矿山建设规范》等地质矿产行业标准，中国矿业联合会也发布了《固体矿产绿色矿山建设指南(试行)》等团体标准。2019 年 6 月，国家市场监督管理总局、中国国家标准化管理委员会发布了国家标准《煤矿绿色矿山评价指标》。各地自然资源部门也出台了一系列的标准文件。绿色矿山相关标准如表 8-1 所示。

表 8-1 绿色矿山相关标准

序号	标准名称	标准类型	标准号	发布时间
1	煤矿绿色矿山评价指标	国家标准	GB/T 37767—2019	2019 年 6 月 4 日
2	非金属矿行业绿色矿山建设规范	地质矿产行业标准	DZ/T 0312—2018	2018 年 6 月 22 日
3	化工行业绿色矿山建设规范	地质矿产行业标准	DZ/T 0313—2018	2018 年 6 月 22 日
4	黄金行业绿色矿山建设规范	地质矿产行业标准	DZ/T 0314—2018	2018 年 6 月 22 日
5	煤炭行业绿色矿山建设规范	地质矿产行业标准	DZ/T 0315—2018	2018 年 6 月 22 日
6	砂石行业绿色矿山建设规范	地质矿产行业标准	DZ/T 0316—2018	2018 年 6 月 22 日
7	陆上石油天然气开采业绿色矿山建设规范	地质矿产行业标准	DZ/T 0317—2018	2018 年 6 月 22 日
8	水泥灰岩绿色矿山建设规范	地质矿产行业标准	DZ/T 0318—2018	2018 年 6 月 22 日
9	冶金行业绿色矿山建设规范	地质矿产行业标准	DZ/T 0319—2018	2018 年 6 月 22 日
10	有色金属行业绿色矿山建设规范	地质矿产行业标准	DZ/T 0320—2018	2018 年 6 月 22 日
11	绿色地质勘查工作规范	地质矿产行业标准	DZ/T 0374—2021	2021 年 6 月 18 日
12	绿色矿山建设规范	浙江省湖州市地方标准	DB3305/T 40—2017	2017 年 3 月 20 日

续表8-1

序号	标准名称	标准类型	标准号	发布时间
13	固体矿产绿色矿山建设指南(试行)	中国矿业联合会团体标准	T/CMAS 0001—2017	2017 年 12 月 21 日
14	绿色勘查指南	中国矿业联合会团体标准	T/CMAS 0001—2018	2018 年 6 月 28 日
15	绿色矿山第三方评估工作作业规范	中关村绿色矿山产业联盟团体标准	T/GRM 001—2019	2019 年 7 月 20 日
16	绿色矿山评估服务机构评定标准	中关村绿色矿山产业联盟团体标准	T/GRM 003—2019	2019 年 11 月 30 日
17	绿色矿山技术与装备评价规范	中关村绿色矿山产业联盟团体标准	T/GRM 003—2020	2020 年 1 月 1 日
18	绿色矿山管理体系规范及使用指南	中关村绿色矿山产业联盟团体标准	T/GRM 004—2020	2020 年 11 月 15 日
19	绿色矿山咨询服务单位服务能力评定标准	中关村绿色矿山产业联盟团体标准	T/GRM 005—2020	2020 年 11 月 15 日
20	小型绿色矿山建设规范	中关村绿色矿山产业联盟团体标准	T/GRM 052—2022	2022 年 9 月 7 日

8.1.3 国家级绿色矿山

国家级绿色矿山建设是我国绿色矿山建设最高级别的实践。前期，我国主要对国家级绿色矿山进行试点管理。2020 年以来，我国主要通过全国绿色矿山名录管理的方式进行管理。名录管理的重要特征是第三方评估和实地核查，这种方式既减轻了企业负担，又保证了评估效果。

8.1.3.1 国家级绿色矿山遴选程序

国家级绿色矿山遴选程序一般包括网上申请、矿山自评、第三方评估、材料审核、实地核查和公示等步骤。

①网上申请。

矿山企业登录全国绿色矿山名录管理信息系统(网址：http://greenmine.mnr.gov.cn)，填报有关申请信息。

②矿山自评。

通过网上申请的矿山企业，对照绿色矿山建设要求和行业标准开展自评，形成自评估报告，并在全国绿色矿山名录系统中填报。

③第三方评估。

以政府购买服务方式，委托第三方评估机构对矿山开展实地评估，按照统一评价指标要求形成第三方评估报告。

④材料审核。

审核自评估报告、第三方评估报告等材料。

⑤实地核查。

采取明察暗访、查阅资料等多种方式对通过第三方评估的所有矿山开展实地核查。

⑥公示。

通过网络、报纸等渠道，在本省(区、市)范围内公示遴选推荐结果。

对于符合相关标准的矿山，公示后纳入全国绿色矿山名录。

8.1.3.2　绿色矿山评估指标体系

绿色矿山评估指标体系是以绿色矿山理念为核心，根据国家及地方有关绿色矿山建设的相关政策和标准，将有关绿色矿山建设所涉及的内容划分为不同层次的考评指标而构成的综合评价指标体系。2019 年 7 月，中国自然资源经济研究院联合相关单位编制了《绿色矿山建设评估指导手册》，制定了绿色矿山建设评价指标体系。2020 年 6 月，自然资源部对指标体系进行修订完善，印发《绿色矿山评价指标》和《绿色矿山遴选第三方评估工作要求》(自然资矿保函〔2020〕28 号)，这两个文件是国家级绿色矿山评估的指导性文件。

(1)先决条件

先决条件属于否决项，共包括五项指标，有一项达不到就不能参与绿色矿山遴选工作，各省(区、市)可根据实际情况依法依规增加否决项。

①证照合法有效。

《营业执照》《采矿许可证》《安全许可证》证照合法有效。

②三年内未受行政处罚。

近三年内(自当次遴选通知下发之日起前三年)，未受到自然资源和生态环境等部门行政处罚，或处罚已整改到位(相关管理部门出具证明)，且未发生过重大安全、环保事故。

③矿业权人异常名录。

矿山参加遴选期间，矿业权人应进行矿业权人勘查开采信息公示，且未被列入矿业权人勘查开采信息公示系统异常名录。

④矿山要求。

矿山正常运营，且剩余储量可采年限(按储量年度报告)不少于三年。

⑤矿区范围。

矿区范围未涉及各类自然保护地。

（2）绿色矿山建设评分表

评价指标评分表分别从矿区环境、资源开发方式、资源综合利用、节能减排、科技创新与智能矿山、企业管理与企业形象六个方面对绿色矿山建设水平进行评分。指标体系评分说明的解读，可参考彭苏萍等编著的《绿色矿山评价指标条文释义》。

（3）计分办法

①评价指标评分表共100项，总分1000分，分别从矿区环境、资源开发方式、资源综合利用、节能减排、科技创新与智能矿山、企业管理与企业形象六个方面对绿色矿山建设水平进行评分。

②不涉及项处理。对于不涉及三级指标第33~36项矿山企业的得分计算，应依据国家标准《矿产资源综合勘查评价规范》（GB/T 25283—2010）和矿山开发利用方案等，判定第33~36项是否属于不涉及项，并在评分表中明确说明。如果属于不涉及项，大类最后得分采用折合法计分。如某矿不涉及第33~36项，假如第37~42项的得分和为64分，则“三、资源综合利用”大类最后得分为“64/80×120=96分”。

（4）达标要求

①总得分原则上不低于800分，各省（区、市）自然资源管理部门可在综合要求不降低的前提下，根据各地实际情况适当调整具体“达标线”。

②一级指标得分（折合后得分）原则上不能低于该级指标总分值的75%。如“矿区环境”一级指标评价总分值220分，则一级指标得分不得低于165分。

8.1.3.3 纳入全国绿色矿山名录的铜矿

2020年1月，《自然资源部关于将中国石油天然气股份有限公司大港油田分公司等矿山纳入全国绿色矿山名录的公告》（2020年第3号）发布，将953家矿山纳入全国绿色矿山名录，其中包含2019年遴选的矿山555家，原国家级绿色矿山试点单位398家。2021年1月，《自然资源部关于将河北华澳矿业开发有限公司蔡家营锌矿等矿山纳入全国绿色矿山名录的公告》（2021年第2号）发布，共有301家矿山纳入全国绿色矿山名录。至此，共有1254家矿山纳入全国绿色矿山名录。

截至2020年1月，共有55家铜矿纳入全国绿色矿山名录，其中30家矿山是第一批至第四批国家级绿色矿山试点单位，如表8-2所示。

表 8-2　纳入全国绿色矿山名录的铜矿

序号	矿区名称	所在地	纳入国家级绿色矿山名录时间	国家级绿色矿山试点单位入选批次
1	安徽省庐江县沙溪铜矿	安徽	2020 年	
2	安徽省濉溪县刘楼铜铁(金)矿	安徽	2020 年	第二批
3	安徽太平矿业有限公司濉溪县前常铁铜矿	安徽	2020 年	第四批
4	滁州铜鑫矿业有限责任公司琅琊山铜矿	安徽	2020 年	第二批
5	铜陵有色金属集团股份有限公司安庆铜矿	安徽	2020 年	第三批
6	铜陵有色金属集团股份有限公司冬瓜山铜矿	安徽	2020 年	第二批
7	紫金矿业集团股份有限公司紫金山金铜矿	福建	2020 年	第四批
8	甘肃省金昌市白家嘴子镍铜矿	甘肃	2020 年	
9	广东省大宝山矿业有限公司大宝山多金属矿	广东	2020 年	第二批
10	梅州市金雁铜业公司玉水硫铜矿	广东	2020 年	
11	广西德保铜矿	广西	2020 年	第二批
12	海南矿业股份有限公司昌江县石碌铁钴铜矿	海南	2020 年	
13	哈尔滨金大铜锌矿业有限责任公司	黑龙江	2020 年	第四批
14	黑龙江多宝山铜业股份有限公司	黑龙江	2021 年	
15	黑龙江陆玖矿业有限公司六九山铜矿	黑龙江	2021 年	
16	庆安帝圣矿业有限公司二股铁多金属矿	黑龙江	2020 年	第四批
17	大冶有色金属有限责任公司丰山铜矿	湖北	2020 年	第三批
18	大冶有色金属有限责任公司铜山口铜矿	湖北	2020 年	
19	大冶有色金属有限责任公司铜绿山铜铁矿	湖北	2021 年	第二批
20	湖北三鑫金铜股份有限公司鸡冠咀金矿	湖北	2020 年	第三批
21	湖北三鑫金铜股份有限公司桃花嘴金铜矿	湖北	2020 年	
22	阳新县鑫成矿业有限公司白云山铜矿	湖北	2020 年	第四批
23	湖南省邑金投资有限公司汝城县对面排铜钼矿	湖南	2020 年	
24	江西铜业股份有限公司城门山铜矿	江西	2021 年	
25	江西铜业股份有限公司德兴铜矿	江西	2020 年	第一批
26	江西铜业股份有限公司武山铜矿	江西	2020 年	

续表8-2

序号	矿区名称	所在地	纳入国家级绿色矿山名录时间	国家级绿色矿山试点单位入选批次
27	江西铜业集团银山矿业有限责任公司	江西	2020 年	第四批
28	中国有色集团抚顺红透山矿业有限公司	辽宁	2020 年	第二批
29	巴彦淖尔西部铜业有限公司获各琦铜多金属矿	内蒙古	2021 年	
30	赤峰大井子矿业有限公司银铜矿	内蒙古	2020 年	第四批
31	内蒙古拜仁矿业有限公司铜锌多金属矿	内蒙古	2020 年	第四批
32	内蒙古维拉斯托矿业有限公司铜锌多金属矿	内蒙古	2020 年	第四批
33	内蒙古自治区新巴尔虎右旗乌努格吐山铜钼矿	内蒙古	2021 年	第二批
34	青海省循化县谢坑铜金矿	青海	2020 年	
35	青海威斯特铜业有限责任公司德尔尼铜矿	青海	2020 年	
36	山东黄金矿业(沂南)有限公司铜井金场分矿	山东	2020 年	
37	北方铜业股份有限公司铜矿峪铜矿	山西	2020 年	第三批
38	山西中条山集团篦子沟矿业有限公司	山西	2020 年	
39	九龙县雅砻江矿业有限责任公司黑牛洞铜矿	四川	2020 年	
40	凉山矿业股份有限公司四川省拉拉铜矿	四川	2020 年	第二批
41	四川里伍铜业股份有限公司里伍铜矿	四川	2020 年	第二批
42	四川鑫源矿业有限责任公司(白玉呷村银多金属矿)	四川	2020 年	
43	西藏玉龙铜业股份有限公司玉龙铜矿	西藏	2020 年	
44	拜城县滴水铜矿开发有限责任公司新疆拜城县察尔其铜矿	新疆	2021 年	
45	富蕴县乔夏哈拉金铜矿业有限责任公司新疆富蕴乔夏哈拉铁铜矿	新疆	2021 年	
46	伽师县铜辉矿业有限责任公司新疆伽师县伽师铜矿	新疆	2020 年	
47	新疆哈巴河阿舍勒铜业股份有限公司新疆阿舍勒铜矿	新疆	2020 年	第三批

续表8-2

序号	矿区名称	所在地	纳入国家级绿色矿山名录时间	国家级绿色矿山试点单位入选批次
48	新疆哈密市图拉尔根铜镍矿	新疆	2020 年	
49	新疆汇祥永金矿业有限公司新疆乌恰县萨热克铜矿	新疆	2020 年	
50	新疆喀拉通克矿业有限责任公司喀拉通克铜镍矿	新疆	2020 年	第三批
51	新疆鑫旺矿业股份公司哈巴河县萨尔朔克金铜矿	新疆	2020 年	
52	新疆亚克斯资源开发股份有限公司黄山铜镍矿 30 号矿体	新疆	2020 年	第四批
53	云南思茅山铜业有限公司大平掌铜矿	云南	2020 年	第四批
54	杭州建铜集团有限公司建德铜矿	浙江	2020 年	第二批
55	绍兴平铜(集团)有限公司绍兴铜都矿业有限公司	浙江	2020 年	第三批

8.2　铜矿绿色矿山的建设途径

绿色矿山建设是一个系统工程，涉及的内容较为繁杂。为便于理解，本节从管理机制、绿色勘查采选技术、矿山生态环境保护三方面进行论述。

8.2.1　管理机制

发展绿色矿业、建设绿色矿山是一项长期性、系统性、战略性任务。为了推进绿色矿山的建设，需要全社会的关注与支持，需要矿山企业的共同努力，需要采取相关措施确保绿色矿山的建设工作稳步推进。

8.2.1.1　法律和行政层面

(1)发挥政策引领作用

2010 年以来，国家相继出台了一系列关于矿产资源规划、生态文明建设和绿色矿山建设的政策文件，为我国绿色矿山建设指明了正确的方向，提出了具体要求。各地政府也有配套文件出台，根据地方资源特色，提出了绿色矿山的建设要求。

(2)加强法律法规的保障作用

依法办矿是绿色矿山建设的前提条件，矿山不得违反法律法规，矿山应当依据法律进行资源的勘查、开发利用和保护工作。超越批准的矿区范围采矿的，责令退回本矿区范围内开采，并予以处罚。采取破坏性的开采方法开采矿产资源的，可以处以罚款，吊销采矿许可证，严重者对直接责任人员追究刑事责任。矿产资源开发利用过程中，必须遵守有关环境保护的法律规定。

(3)加强政府监督管理作用

政府的监督管理是确保绿色矿山建设效果的保障。在矿山勘查和生产经营的各个环节，政府依法依规对矿山企业进行管理。矿山的勘查、矿山企业的设立和关闭，必须由政府批准。各级自然资源部门在受理采矿权申请时，必须加强对《矿产资源开发利用方案》的审查，严格把好资源利用的源头关，使矿产资源的开发利用方案能够遵循科学、合理、有效的原则，符合可持续发展战略。加强矿产资源开发过程的环境保护管理与督查，最大限度减少或避免因矿产开发而引发的矿山环境问题。

在全国绿色矿山名录管理过程中，也应加强审查。申报阶段，自然资源部门需要对矿山提供的材料进行审核，并安排实地核查。入选全国绿色矿山名录的矿山，自然资源部门还会安排对一定比例的绿色矿山企业进行专项检查，了解建设情况，及时发现问题。

8.2.1.2 社会和市场层面

(1)发挥社会组织的促进推动作用

目前，专门致力于推进绿色矿山建设的社会组织主要是中国矿业联合会和中关村绿色矿山产业联盟等。各个行业的组织也在推进绿色矿山建设，如中国有色金属学会、中国有色金属工业协会等。相关协会的主要作用是做好政府与企业的沟通与协调工作，促进行业交流，强化行业自律等。近年来，中国矿业联合会和中关村绿色矿山产业联盟组织了一系列的绿色矿山相关会议、论坛、培训等，积极传播绿色矿山理念，探讨绿色矿山发展举措，宣传和推广先进典型经验，对绿色矿山的发展起到了良好的推动作用。

(2)发挥人民群众的主观能动作用

积极利用媒体宣传绿色矿山，增强全民生态文明意识。设立群众交流沟通通道，对绿色矿山的建设献言献策。搭建相关平台，公布绿色矿业政策信息、全国绿色矿山名录、绿色矿山相关的技术、设备和标准规范，宣传各地绿色矿业进展和典型经验等。

(3)探索利用市场化方式推进矿山生态修复

根据《自然资源部关于探索利用市场化方式推进矿山生态修复的意见》(自然资规〔2019〕6号)，可以通过政策激励，吸引各方投入，鼓励推行市场化运作、科学化治理的模式，加快推进矿山生态修复。

8.2.1.3　矿山企业层面

(1)建立现代企业管理制度

管理创新升级是绿色矿山建设的基本支撑。建立现代企业管理制度是企业绿色矿山建设的制度保障。

①企业应明确公司的目标与发展战略，建立健全现代化的产权管理制度、责任制度、企业经营管理制度，在现代化管理制度下规范运营。

②建立健全企业的矿产资源开发、资源综合利用、生态环境保护、节能减排、矿山规划与管理、科技创新管理等方面的管理制度。

(2)建立绿色矿山管理体系

根据绿色矿山评估的要求，企业应建立绿色矿山管理体系，明确绿色矿山建设的目标、途径、标准等。

①建立绿色矿山管理体系，根据设定的绿色矿山建设目标，全员参与，强化过程控制，不断改进矿区环境、资源开发、资源综合利用、节能减排、智能矿山建设以及科技创新方面的水平。

②对照国家环境保护标准《矿山生态环境保护与恢复治理技术规范(试行)》(HJ 651—2013)及《矿山生态环境保护与恢复治理方案(规划)编制规范(试行)》(HJ 652—2013)的各项要求，编制实施矿山生态环境保护与恢复治理方案。

③建立职工培训制度，制订绿色矿山培训计划，定期组织管理人员和技术人员参加绿色矿山培训。管理人员和技术人员应熟知绿色矿山建设的基本要求，掌握政策和技术，不断更新绿色矿山知识，指导绿色矿山建设。

(3)加强企业文化建设

企业文化是企业发展的内在驱动力。绿色矿山企业应努力建设符合绿色矿山发展理念的企业文化，为职工文化生活提供必要的支撑条件，提升企业的文化内涵。

①建立以人为本、创新学习、行为规范、生态文明、绿色发展的企业文化，配置相应的活动场所和宣传设施，开展相关活动。

②健全工会组织，丰富职工的物质、体育、文化生活，关注企业职工健康，维护职工权益，提高职工满意度。

8.2.2　绿色勘查与采选技术

勘查和采选是绿色矿山建设的核心环节，没有绿色勘查与采选技术，就谈不上绿色矿山。在绿色勘查与采选技术方面，应加大科技研发投入，加大力度推广新科技、新装备，研发采、选、冶自动控制技术，推进矿山的大型机械化、自动化、智能化建设。

8.2.2.1 资源勘查环节

由于我国经济发展迅速，矿产资源需求量巨大，而浅部矿产资源逐渐枯竭。因此，我国亟待提升矿产资源勘查技术，加强深部、外围和边远地区铜矿资源的勘查工作，以缓解浅部资源紧缺的状况。

一般来说，铜矿资源绿色勘查技术有以下几个要点。

(1)强化绿色勘查的理念

全程贯穿绿色勘查理念，应将绿色发展和生态环境保护要求贯穿于矿产勘察设计、施工、验收、成果提交的全过程，实施勘查全过程的环境影响最小化控制。

(2)采用绿色勘查技术

①采用先进的勘查方法。常规勘查方法是在全面勘察分析铜矿区地质情况与矿区特征后，采用先进合理的数据采集技术，对矿区铜矿资源进行系统分析，探究铜矿赋存的大致位置，此技术可缩短工序并大大降低勘察成本；再利用物化勘察法，勘察岩石物性参数，并分析各种岩性的断裂带和接触带，确定铜矿资源的具体位置。可控源音频大地电磁法(CSAMT 法)是一种人工源频率域电磁测深方法，该法具有信噪比高、信号稳定、穿透能力强以及探测深度大等特点，可揭示构造和地层特征及深部含矿情况。由于我国浅部矿产资源逐渐枯竭，CSAMT 法在深部找矿领域具有明显的优势。近年来，CSAMT 法应用于拉拉铜矿、大红山铁铜矿等矿山，取得了显著的成效。

②推进科技和管理创新。积极倡导绿色勘查理念，推行绿色勘查与固废利用一体化建设，同时大力发展和推广航空物探、遥感等新型绿色勘查技术，适度调整或替代对地表环境影响大的槽探、井探勘查技术手段，鼓励采用“一基多孔、一孔多支”等少占地的勘查技术，最大限度地避免或减轻勘查活动对生态环境的扰动、污染和破坏。

(3)全面查明矿区情况

①全面勘察铜矿区的地质情况。在实施开采计划之前，应先对铜矿区的水文地质、工程地质及环境地质条件等地质情况进行充分的了解，测量铜矿资源的储量。

②详查铜矿的具体特征。结合前期地质勘测的情况，分析矿区形成的铜矿的具体特征。同时，相关部门需要积极引进先进的勘察技术，利用操作简单、抗干扰性强、精度高的探测设备，对铜矿区进行广覆盖、高精度的勘察，提高整体勘察效率。

③加强共伴生资源综合利用。在勘查阶段要加强共伴生金属的勘查和评价，同时开展铜等有色金属矿产资源综合利用科技攻关，提高低品位和难选冶矿的资源综合利用能力。

8.2.2.2　采矿环节

采矿是资源开采利用的重要环节，选用合适的采矿方法是实现资源高效利用的关键手段。为实现资源最大化开采，提高矿产资源的利用率，要积极采用先进工艺技术及设备，在我国矿山广泛实现深部开采，并充分回收残矿资源，以发挥矿产资源的最大效益。

(1)采用高效低耗的开采工艺

①当矿体埋藏较浅或地表有露头时，宜采用露天开采。露天开采具有机械化程度高、开采条件好、开采成本比地下开采成本低、开采规模大、资源回收率高等优势。露天开采过程中，要优化采剥工艺，实现采、剥、装、运、排的大型机械化、自动化与智能化。

②当矿体埋藏较深时，宜采用地下开采。为了实现绿色采矿，控制低压，减少地表沉陷，保护生态环境，避免采空区失稳引起各种灾害事故，应尽量采用充填采矿法和机械化开采。根据矿岩性质及矿体埋藏条件进行合理设计，根据技术条件及经济效益，选择适用于铜矿山的充填新工艺及设备，确定最佳开采方案。建议推广使用全尾砂高浓度充填和膏体充填，这两种充填方法能够最大限度地利用尾矿资源，降低脱水处理成本。地下开采应建立地下应急安全系统，有相应的应急保护和紧急避险措施。

(2)采用适宜的一体化联合作业工艺

①在露天开采中推广剥离-排土-开采-治理一体化技术。该技术实行采矿生产与矿区治理同时规划、同步实施的协同创新机制，达到“采矿无痕，绿色矿山”的效果。

②在地下开采尤其是深部开采过程中推广采选一体化工艺。该工艺将采矿技术、选矿技术、充填技术进行有机结合，达到实现矿产资源开发高效、绿色、零排放的目的。该工艺包括井下预选、抛尾技术，矿浆输送技术，将选矿厂建在井下等。随着开采深度的增加，矿石和各种物料的提升高度显著增加，提升难度和提升成本大大增加，并对生产安全构成威胁。对于深部开采，可采用水力提升技术，将深部开采矿石破碎至一定块度后与水混合成一定浓度的浆体，泵送至地表，再进一步完成选矿工作。

③发展地下溶浸采矿，推进采选冶一体化工艺。通过钻孔或爆破在矿体中形成注液通道，直接将溶浸液体注入矿体中。溶浸液浸出的富矿液回收后，经集液通道送到地表，并选择合适的浸出液净化和精炼方法，实现无废化和连续化开采。该方法大大减少了开采作业工作量，是较理想的无废采矿方法，对深部矿床开采具有较强的适应性。

(3)提高资源综合利用率

①设计合理的资源综合利用方案。对共伴生资源进行综合勘查、综合评价、

综合开发，根据资源的赋存状况选择先进适用、经济合理的工艺技术综合回收利用共伴生资源，共伴生矿产综合利用率应符合铜矿资源开发利用“三率”最低指标要求。新建、改扩建矿山，共伴生资源利用工程应与铜矿的开采、选冶工程同时设计、同时施工、同时投产，不能同时施工或投产的，应预留开采、选冶工程条件。

②加大残矿的回收利用。残矿是开采留下的边角矿体以及难采矿体，形成原因复杂，回采难度大。一般来说，可根据资料分析和实地调查，分析残矿成因及回收价值，进一步制订回收方案并进行方案对比，最终确定最优回收方案。

(4)采用机械化和信息化装备

①露天开采优先采用自动化程度高的采、剥、运、排机械化装备。大型矿山生产装备宜100%实现机械化，中小型矿山机械化程度不低于80%，减少人工操作环节。随着现代信息技术的发展，采矿设备的自动化、智能化水平得到提升。例如，利用5G网络，无人驾驶矿用卡车可以远程遥控、自动行驶、自动装卸等。

②地下开采宜采用无轨机械化、信息化设备。地下开采中采用无轨设备是增大产能、提高效率、减轻作业人员劳动强度的重要途径。地下无轨设备主要有凿岩台车、铲运车、卡车、锚杆台车、锚索台车、装药台车、移动破碎锤等。信息化和智能化也是地下开采设备的重要发展趋势。例如，自动化铲运机可以在中央控制室控制实现运矿和卸矿的自动化操作等。

8.2.2.3 **选矿环节**

我国铜矿大多为共伴生矿，且品位较低，属于复杂难选矿石，选矿工艺及设备直接影响着生产过程、产品的质量和数量以及综合经济效益。

(1)采用绿色高效的选矿技术

①提高铜及伴生元素综合利用水平。铜矿的选矿工艺流程及产品方案，应在充分的选矿试验基础上制订，使铜金属及其伴生元素均得到充分利用。

②节能降耗并提高经济效益。采用创新的工艺技术降低能耗，提高经济技术指标。采用选冶联合工艺，鼓励规模化集中建厂、集中选冶。

③减少药剂对环境的影响。应尽量选用高效、低毒、对环境影响小的选矿药剂。有机药剂应尽量选用易降解的药剂。

④提高选矿装备水平。选矿厂宜选用大型、高效、节能、低耗的装备，并注意各部分装备的负荷匹配。采用先进技术对选矿生产过程实施自动化检测和监控，保证设备在最佳状态下运转，充分发挥设备效能。

(2)利用化学选矿技术处理低品位难处理矿石

①选择合适的浸出方式。对低品位铜矿或者是难选的伴生铜矿，宜选择堆浸或地下浸出两种浸出方式。堆浸的发展趋势主要表现在规模大型化、机械化、堆层薄化、矿石制粒堆浸等方面。地浸则省去了建选矿厂、冶炼厂的高昂费用，一

般不产生废水、废气、废石，不破坏地表植被，能较好地控制环境污染。

②选择低毒、污染小的浸出剂。细菌浸铜对处理低品位、复杂难选铜矿石和二次资源的再利用尤其具有优势，也可用于高品位矿的处理，矿石品位通常为0.1%~1.0%。

8.2.3　矿山生态环境保护

8.2.3.1　“三废”治理技术

矿山“三废”指的是废水、废气和废渣，根据绿色矿山的要求，应尽可能地减少尾矿、废石、废水、废气等铜矿开采废料的产出。一方面，需要改进生产工艺，降低耗水量及废料的排放量，有效保护矿山环境卫生；另一方面，将产出的废料回收利用，使之资源化，实现铜矿山的无废化清洁开采。

(1)废水处理

一般来说，铜矿山的废水主要是由采矿场产生的酸性废水和选矿厂产生的碱性废水组成。当降水或地下涌水流过硫化矿石或废石时，由于细菌的氧化作用产生酸性废水，而选矿作业是在碱性条件下进行的，在浮选过程中需添加大量的石灰和其他药剂，因此主要的碱性废水为大量尾矿和精矿脱水工序中产生的高碱性废水。要实现污染源的控制，就要重点防控有害重金属污染源(铅、镉、砷、汞和铬等)，在重金属污染源区应设置自动检测系统，尾矿场、排土场等处应建有雨水截(排)水沟，要实现雨污分流、清污分流，淋溶水要经处理后回用或达标排放；对矿井水、选矿水等废水，要实现废水的处理与综合利用，采用洁净化、资源化技术和工艺进行处理，综合回收酸性废水中的有价成分，提高回水复用率，减少废水外排，实行酸、碱废水中和，以废治废，综合治理，废水的总处置率应达到100%，选矿废水循环利用率应不低于85%，或实现零排放。同时，还要采用先进的节水技术，建设规范完备的矿区排水系统和必要的水处理设施，预防生产过程中的跑、冒、滴、漏，降低新水单耗。

(2)废气处理

铜矿采选过程中产生的废气污染物主要包括粉尘和化学污染物两大类。污染物浓度超过相关标准时，轻则危害身体健康，重则危及生命安全。应采取净化措施对污染物进行处理，处理后应达到循环回用、达标排放的目的，或使环境空气质量达标。

(3)固体废弃物处理

铜矿固体废弃物主要来源于采矿废石及选矿厂产生的尾渣，化学选矿过程中也会产生大量的浸出渣。因此，要优化采选技术，减少废石、尾矿等固体废弃物的产生量。铜矿固体废弃物的处理回收利用一般有以下几种方式：

①将尾矿、废石等废渣制成充填料浆回填采空区，用于控制地压，保护地表

生态。

②铜矿尾矿可以再选矿，提取有价金属铜、铁等。

③利用化学处理工艺提取铜、铁、金、银、钴等，回收率可达 80%~90%。

④生产砖、水泥、玻璃等建筑材料。

对于不能作上述用途的废弃物，可在采矿废弃物上覆盖土、石灰、草根、树根等，或用化学方法或物理化学方法处理后造田，种植农作物或植树造林。矿山废石、尾矿等固体废物处置率应达到 100%。

8.2.3.2 矿区生态环境保护

矿山生态环境保护是针对采选过程中造成的水污染、大气污染、景观和植被破坏、农田与土地的占用、土地破坏等问题进行勘测规划，采取整治措施，使生态环境恢复到可供利用状态的活动。铜矿山生态环境保护措施如下。

(1)尽量采用对环境影响小的采选工艺

优化生产工艺，避免或减少地面沉陷或地表扰动，做好防护措施；减少废弃物的产出，尽可能降低对土地、植被、水资源、生物多样性等的破坏。

(2)对废弃物进行减量化和再循环

提高采选过程的资源综合利用水平，提高生产效率，减少废物排放。对矿山生产制造的废弃物，进行收集处理，实现资源的再利用。

(3)矿山生态环境恢复与采选过程一体化

在矿山勘查设计阶段，提出矿山资源综合利用和生态恢复的方案，实现边生产边恢复。矿山闭坑应有矿山闭坑设计和实施方案，编制矿山闭坑地质报告，要实现环境治理-新产业一体化建设，将破坏的生态环境恢复治理后，开发为新产业，开展现代化农业、养殖业、矿山公园、娱乐场所等的建设。

8.2.3.3 环境监测与灾害预警

矿山应建立环境监测与灾害应急预警机制，设置专门机构，配备专职管理人员和监测人员，主要从以下几个方面展开工作。

①对选厂废水、尾矿、排土场、废石堆场、采场粉尘、噪声等污染源和污染物实行动态监测。

②建立矿山地压、边坡、尾矿坝实时监测系统，预防矿山灾害发生。

③开采中和开采后应建立、健全长效监测机制，对土地复垦区的稳定性与效果进行动态监测。

8.3　铜矿绿色矿山建设实例

8.3.1　德兴铜矿

(1)建设概况

德兴铜矿坚持以人为本，以技术创新和管理创新为动力，以最大限度地综合利用资源为核心，不断引进、消化、吸收、完善、提高、创新生产技术和装备，加强生产工艺全过程管理和控制，推行清洁生产，控制和治理污染，恢复矿区生态环境，促进经济建设与环境保护协调发展。2011 年，德兴铜矿入选第一批国家级绿色矿山试点单位。2014 年，通过国家级绿色矿山试点单位验收，成为我国铜矿山中第一家通过验收的国家级绿色矿山。2013 年，德兴铜矿被原国土资源部评为矿产资源节约与综合利用先进技术推广应用示范矿山。2020 年，德兴铜矿被纳入全国绿色矿山名录。

(2)资源开发与综合利用

德兴铜矿大力发展循环经济，重视低品位矿石的回收与利用，利用细菌浸出—萃取—电积新工艺和化学硫化等先进技术，回收废石和酸性废水中的铜矿资源，充分回收矿山现有铜矿资源和伴生有价元素，极大地提高了资源综合利用率，率先实现了规模效益，有效延长了矿山服务年限，推动了资源综合利用向效益型、产业化方向发展，具有典型的示范作用。据统计，2011—2013 年，合计处理低品位铜矿石 2751 万 t，回收铜 6.64 万 t、金 4819 kg、银 24401 kg、钼 1965 t；从废石和酸性废水中回收铜 6031 t。2013 年，其开采回采率为 98.6%，选铜回收率为 85.71%，共伴生矿产资源综合利用率为 57.17%，达到了铜矿资源合理开发利用“三率”指标。

(3)采选技术及装备

德兴铜矿积极引进国际先进水平的采选工艺、技术和设备，拥有世界先进水平的电动轮、电铲、牙轮钻，引进了国内首家先进的卡调系统、敏太克(Mitec)矿业软件。德兴铜矿扩大采选生产规模技术改造工程中应用了一大批世界一流的技术和大型高效的采选设备，如铜钼等可浮流程、160 m^3 和 200 m^3 浮选机、MP800 破碎机、2.25 万 t/d、ϕ10.37 m×5.19 m 大型半自磨机和球磨机以及 35 m^3 电铲、830E 电动轮汽车等先进的技术和大型高效的采选装备以及采选自动化控制技术。

(4)节能减排

德兴铜矿注重节能减排工作，加强节水节能技术的研究，大力推行清洁生产，实行生产全过程控制，从源头上减少污染物的产生，取得了良好的社会效益与经济效益。该矿成立了节能减排领导小组，加强节能减排工作的宣传教育，提高对节能减排工作重要性的认识。大力推广节能型变压器、节能型电动机的应用，推广应用变频节能技术，利用同步电动机自补偿的方式提高功率因数，在泵类等多种负载设备中大量使用变频调速装置等技能改造。强化调度指挥，确保均衡稳定生产，采用多碎少磨工艺及利用大型浮选柱等选矿设备大幅减少能耗。针对雨季雨水流经废石即转变成酸性水的情况，采取清污分流措施，清水直接排入大坞河中，污水则进入酸性水库进行集中处理，避免污染水源。先后完成了杨桃坞酸性水库、祝家酸性水库及水龙山排土场清污分流、露天采矿场南山 110 截水沟及引水巷道、大坞头老窿水治理等工程，从源头上减少了污染物的产生，每年可减少酸性水量达 332 多万 t。该矿还加强选矿节水技术的研究，预防生产过程中的跑、冒、滴、漏，不断降低新水单耗，选矿回水复用率可达 90%。

(5)环境治理与改善

德兴铜矿在 2012 年开工建设了环保设施完善工程，其投资估算达 39232.01 万元。富家坞酸性水输送巷道、百泰硫化铜二厂、精尾厂 HDS 处理二厂及杨桃坞污水处理厂、富家坞酸性水输送 2 号泵站等重点工程的建成，极大地提高了极端异常气候条件下对全矿废水的处理能力。另外，新建了 3000 t/d 矿区生活污水处理设施，对矿区内的生活污水进行收集处理，进一步改善了矿区的环境质量。该矿还加强了矿山地质灾害防治工作，建立了采矿场边坡及排土场监测系统，使矿区地质环境得到全面治理，多年来未发生重大地质灾害。

同时，为了进一步改善矿区环境质量，加快推进矿区废弃地的恢复治理，在水龙山排土场建立矿山生态复垦示范基地。水龙山排土场位于采矿场南侧，占地面积 10.9 公顷，原始地貌为一河谷，排土场治理面积为 48000 m^2。根据矿区水文、地质、气候环境条件，结合边坡地形地貌特点以及排水沟设置情况，进行原位整地，依山就势进行整形。完善治水工程措施，建造导水、排水工程，控制泥石流的水动力作用，减少边坡水蚀。采用原位基质改良+直接植被的方法进行生态修复，先期采用人工手段进行诱导和促进，营造一个适合植物生长的健康环境，最终依靠自然力来恢复与维系，实现更多自然、最小的人为痕迹。水龙山排土场生态恢复项目于 2016 年 9 月开展，同年 12 月完工。截至 2017 年 6 月，已形成乔灌草多层植物群落系统，植物平均株高达 0.8 m 以上，植被覆盖率达 95%，水土流失现象已得到遏制。

(6)矿山管理

德兴铜矿不断加强企业内部管理，以管理创新促进管理升级，在全面预算管理、现场管理标准化、提质增效、减员增效上下功夫，集聚创新驱动发展新动力，形成了具有德兴铜矿特色的内部运行机制。

(7)社区和谐

德兴铜矿重点围绕“打造民主的矿山政治环境、健康的矿山精神环境、舒畅的矿山工作环境、优美的矿山生活环境、稳定的矿山治安环境”，发挥“凝人心、强素质、保稳定、促发展”的作用，完善综合治理目标责任制，坚持开展“安全小区”创建活动，使矿山精神文明与物质文明相得益彰、共同进步，先后被授予“全省五一劳动奖状”“全省综治先进集体”等荣誉称号。

8.3.2　拉拉铜矿

(1)建设概况

拉拉铜矿将绿色矿山理念贯穿于矿产资源开发利用全过程，对低品位矿、残存矿石、共伴生资源以及低品位废石进行综合利用开发，回收了多种低品位和伴生金属，大大提高了资源的利用水平，同时减轻了对环境的影响，促进了矿地和谐，实现了矿山开发中经济效益、生态效益和社会效益的有机统一。2012 年，拉拉铜矿入选我国第二批国家级绿色矿山试点单位，2015 年通过验收。2020 年，拉拉铜矿被纳入全国绿色矿山名录。

(2)资源勘查技术

2012—2014 年，四川省地质矿产勘查开发局 403 队和凉山矿业股份有限公司共同承担实施了“四川省会理县拉拉铜矿接替资源勘查”项目。项目采用 CSAMT 法作为深部矿层的定位手段，圈定 3 个工业矿体。经勘查，新增铜资源量 641912 t，铜平均品位 1.31%。新增资源预计可使矿山企业服务年限延长 20 年，可有效解决拉拉铜矿资源枯竭的问题。

(3)采选技术及装备

①先进采选工艺。

拉拉铜矿采用先进的陡帮剥离-缓帮开采工艺进行开采，公路运输。矿山回采率为 86.5%，贫化率为 11.3%。充分利用矿物的等可浮性，采用铜钼部分混合优先浮选后再铜钴混合浮选、尾矿再选铁的流程。在弱碱性介质中采用中性油作捕收剂，先浮铜钼，再用丁基黄药及丁铵黑药选钴，选钴尾矿用弱磁选机选铁，铜钼混合精矿再磨，采用硫化钠抑铜浮钼分离选，铜钴精矿再磨再选，最后得到钴精矿和铜精矿。

②先进采选装备。

选用了国际领先的山特维克 CJ613 型颚式破碎机替代原来的 PJ 1200×1500 颚式破碎机以提高初碎处理能力，降低粗碎产品粒度。同时对振动筛筛网进行更换，选用了 14 mm×16 mm 的聚氨酯筛网，还对中细碎排矿口宽度进行了调整，完善其给料方式，优化了破碎比；选用 ϕ710 mm 旋流器，使磨矿细度从原来的 55% 提高到现在的 58%，铜回收率提高了 1.0%；装备 TT-20 型陶瓷过滤机进行过滤脱水，较好地解决了精矿的水分含量问题。高效采选关键技术与装备的研发与优化，提高采矿回采率和选矿回收率，提高资源利用水平。

③新型选矿药剂。

采用新型捕收剂 Y-68、新型捕收剂 503、起泡剂 WF-003、调整剂 DK-1 等，提高了铜精矿和钴精矿的品位和回收率以及铜精矿中金银的含量，降低了石灰的用量。

(4)低品位矿产资源综合利用

2007 年成立会理县马鞍坪矿山废石综合利用有限责任公司(简称马鞍坪公司)，专门处理拉拉铜矿原堆存的矿山废石和每年新丢弃的采矿剔夹及剥离废石。该公司每天可处理废石 6000 t/d，回收废石中的铜、铁、钴、钼，提高了资源的综合利用水平。

(5)共伴生矿产资源综合利用

通过钼精矿的深加工、低品位钴资源的综合回收利用等途径，分别对钼精矿和硫精矿进行处理，回收其中的铜、钼、钴、镍等元素。

①钼精矿的深加工。

建立了钼精矿产品深加工工厂，设计处理能力年处理 500 t 标矿，生产三氧化钼 307 t。对产生的废气进行回收处理，做到尾气达标排放。废液经过处理后可作为农肥。废固中含有少量钼和大量铜金属，均进行了综合利用。

②低品位钴资源的综合回收利用。

浮选后的硫精矿含钴 0.45%~0.5%，含铜 1%左右，对硫精矿进行硫酸化焙烧，将其中的铜、钴、镍转化为可浸出的硫酸盐。浸出液中的铜、钴、镍回收采用先进的溶剂萃取技术分别萃取铜和钴镍，可生产出阴极铜、氯化钴、碳酸镍等产品。

8.3.3 红透山铜矿

(1)建设概况

红透山铜矿按照科学、低耗和高效的原则合理开发利用资源，通过采取节能减排和土地复垦等措施，全面实施矿山地质环境恢复治理与土地复垦的各项治理工作；积极履行社会责任，带动周边村镇经济发展，建设绿色矿山新环境，实现了人与人、人与企业、人与自然的和谐发展。2012 年，中国有色集团抚顺红透山矿业有限公司(红透山铜矿)入选第二批国家级绿色矿山试点单位，2015 年通过验收。2020 年，中国有色集团抚顺红透山矿业有限公司被纳入全国绿色矿山名录。

(2)依法办矿

红透山铜矿充分体现国有企业的责任意识和法律意识，坚持依法办矿、以严治矿，完善各项管理制度，强化管理手段，在严格遵守国家法律、法规及各项产业政策的前提下科学开发利用矿产资源。

(3)矿山管理

红透山铜矿创新理念，创新思路，制定了切实可行的矿山管理制度、绿色矿山发展规划。

①科学合理编制矿山建设规划。

由企业的职能部门根据各行业相关法律、法规及时编制、调整矿山建设规划，在完成各项生产指标的同时还要兼顾生态环境的保护与治理恢复。把环境恢复治理和土地复垦纳入企业的建设规划中，对已经造成的环境破坏按照国家标准和要求逐渐进行治理、恢复，在建和设计建设的项目要进行科学的评价与预测，未雨绸缪，减轻甚至杜绝对环境的破坏，实现经济效益与社会效益的双赢。

②建立、健全规章制度。

依据国家行业标准，红透山矿业公司制定了切实可行的规章制度，以公司文件的形式下发给相关生产单位，由各相关处室与公司督查办及经营管理处共同监督执行。例如，在矿产资源管理方面有《矿产资源管理细则》《矿产资源管理责任追究细则》《矿产资源流失举报制度》等；在环境保护方面先后出台了《危险废物管理办法》《建设项目环境保护管理暂行规定》《环境监测管理办法》《环境保护管理办法》《环境保护工作处罚与奖励办法》《突发环境事故应急预案》《污染物超标排放处罚办法》《应急管理与控制管理制度》；建立三级安全应急救援中心，聘请专家帮助建立和培训专业救援队伍，不断提高矿山救援队伍的素质和处置各类突发事故的能力。

(4)资源开发与综合利用

①资源勘查。

开展深部开采有色金属矿山成矿模式及矿床数学化模型研究，创建三维定量资源评价与预测系统，提高矿产资源监控和预测能力。自 1984 年开始，红透山铜矿开始自主找矿，累计投入勘查资金 5270 万元，累计探明资源储量 3700 万 t，延长矿山服务年限 40 年以上，对稳定矿山企业、发展地方经济、构建和谐社会产生巨大的经济效益和社会效益，对确保全省的有色金属工业可持续发展具有重要的意义。

②地下开采。

矿山开拓方式为平硐与竖井联合开拓，开采方式为地下开采。矿山通过严细管理，做到有矿必采、窄脉窄采，对开采剩余的矿房顶底柱进行更彻底的回收，估算每年可多回收铜 0.8 万 t、锌 1.0 万 t、金 156 kg、银 8 t、硫 20 余万 t。通过进一步加强井上皮带道和井下作业采场手选废石工作，提高供矿品位。

③选矿。

开展铜锌矿石高效经济选矿技术和设备应用研究，使铜、金、银回收率分别提高到 93%、54%、63%。对尾矿进行二次选别，每年最高可回收 3 万 t 硫。

(5) 节能减排措施

①选矿废水循环使用。

对选矿厂进行了选矿回水利用技术改造，改造后，排放到尾矿库的选矿生产废水可回到选矿厂循环使用，避免对水体造成污染，也节约了水资源。

②尾砂与废石充填空区。

选矿厂年加工矿石 60 万 t，选矿厂每年排放尾矿砂 12 万 m^3。通过技术改造，其中约 10.5 万 m^3 尾砂直接由选矿厂经封闭管路输送至红坑口充填泵站，与水泥、河砂等经充填站混合后制浆，通过各中段间的充填管网，充填进采场或采空区，仅有不到 2 万 m^3 尾砂进入尾矿库，大大减轻了对环境的破坏和污染。采用井下废石充填系统，实现了 100%废石不出坑充填，既可以减少土地的占用，又能够减少对环境的二次污染。每年可以少排放废石约6 万 m^3。

(6) 构建和谐社区

红透山铜矿在矿区内投入建设了学校、职工医院、自来水厂等公共设施。2010 年，公司在供暖、环卫、医院、消防、离退休、民宅维修、道路维修、有线电视等公共设施及公益事业的开支近 1300 万元，建立了完备的生产、生活及医疗设施，给镇内居民带来了极大的便利。另外，由于早期建设的红透山镇棚户区巷道狭窄，基础设施落后，居民生活环境恶劣，公司积极向政府申请红透山棚户区改造相关政策，被列为省重点工程并完成建设改造。

(7) 企业文化建设

红透山铜矿在长期的发展过程中，积淀形成了独特的矿山精神：各级组织心系矿山、奋发有为的开拓进取精神；各级干部尽职尽责、求真务实的率先垂范精神；广大党员顽强拼搏、冲锋在前的无私奉献精神；全体职工爱岗敬业、埋头苦干的艰苦奋斗精神。矿山独有的精神使企业文化的渗透力、感染力、凝聚力每时每刻强力地推进着企业的发展。

为提高员工队伍的技术素质和管理意识，矿山还成立了职工培训中心和有色金属行业特有工种职业技能鉴定站。通过业务知识考试和实际操作培训，确定职工技术资格等级，并与绩效工资挂钩，以提高员工学习的积极性。职工业务技术水平提高了，企业的经济效益也随之提高。

本章参考文献

[1] 李富平，赵礼兵，李示波．金属矿山清洁生产技术[M]．北京：冶金工业出版社，2012.

[2] 绿色矿山系列丛书编写委员会．绿色矿山建设标准解读(有色金属、冶金、黄金行业分册)[M]．北京：地质出版社，2020.

[3] 彭苏萍，邓久帅，王亮．绿色矿山评价指标条文释义[M]．北京：科学出版社，2020.

[4] 自然资源部. 有色金属行业绿色矿山建设规范(DZ/T 0320—2018)[S]. 北京：地质出版社，2019.
[5] 自然资源部. 绿色地质勘查工作规范(DZ/T 0374—2021)[S]. 北京：地质出版社，2021.
[6] 国家质量监督检验检疫总局，国家标准化管理委员会. 矿产资源综合勘查评价规范(GB/T 25283—2010)[S]. 北京：中国标准出版社，2011.
[7] 环境保护部. 矿山生态环境保护与恢复治理技术规范(试行)(HJ 651—2013)[S]. 北京：中国环境出版社，2013.
[8] 环境保护部. 矿山生态环境保护与恢复治理方案(规划)编制规范(试行)(HJ 652—2013)[S]. 北京：中国环境出版社，2013.
[9] Natural Resources Canada. Evaluation Report：Green Mining Initiative [R/OL]. Natural Resources Canada，https://www.nrcan.gc.ca/maps-tools-publications/publications/minerals-mining-publications/evaluation-report-green-mining-initiative/17190，2017-07-26.
[10] NURMI P. Green mining：A holistic concept for sustainable and acceptable mineral[J/OL]. Annals of Geophysics，2017，60，https://doi.org/10.4401/ag-7420.
[11] AIRAKSINEN T，ALAPASSI M，HANNULABACKA J，et al. Finland's mineral strategy[M/OL]. Geological Survey of Finland，http://projects.gtk.fi/export/sites/projects/mineraalistrategia/documents/FinlandsMineralsStrategy_2.pdf，2010.
[12] 宋猛，李文超，赵玉凤. 矿业绿色发展的路径选择和参考：基于国际发展实践及差异分析[J]. 中国国土资源经济，2020，33(4)：10-15.
[13] 龚斌，师懿，陈姚朵，等. 生态文明建设背景下绿色矿山内涵扩展研究[J]. 中国矿业，2017，26(8)：81-85.
[14] 魏民，姚永慧. 推广无废工艺 发展绿色矿业[J]. 中国地质，1999，26(1)：27-29.
[15] 程安东. 建绿色矿山 塑现代形象[N]. 中国煤炭报，2001-10-23(3).
[16] 浙江省国土资源厅办公室. 关于开展创建省级绿色矿山试点工作的通知(浙土资办〔2005〕107 号)[EB/OL]. 浙江省自然资源厅网站，http://zrzyt.zj.gov.cn/art/2005/12/12/art_1289924_5612032.html，2005-12-12.
[17] 徐绍史. 在 2007 中国国际矿业大会开幕式上的致辞[J]. 国土资源通信，2007(23)：24-25.
[18] 国土资源部. 全国矿产资源规划[EB/OL]. 自然资源部网站，http://www.mnr.gov.cn/gk/ghjh/201811/t20181101_2324582.html，2001-04-11.
[19] 国土资源部. 全国矿产资源规划(2008—2015 年)[EB/OL]. 自然资源部网站，http://www.mnr.gov.cn/gk/tzgg/200901/t20090107_1989949.html，2009-1-7.
[20] 国土资源部. 全国矿产资源规划(2016—2020 年)[EB/OL]. 自然资源部网站，http://www.mnr.gov.cn/gk/ghjh/201811/t20181101_2324927.html，2016-11-15.
[21] 任辉. 关于全国矿产资源规划(2021—2025 年)编制的思考与建议[J]. 中国煤炭地质，2020，32(9)：1-8，20.
[22] 国土资源部. 国土资源"十三五"规划纲要[EB/OL]. 自然资源部网站，http://g.mnr.gov.cn/201701/t20170123_1430017.html，2016-04-12.
[23] 中国矿业联合会. 中国矿业联合会绿色矿业公约[EB/OL]. 中国矿业网，http://www.

chinamining. org. cn/index. php? m = content&c = index&a = show&catid = 133&id = 9983, 2014-09-01.

[24] 赵腊平，王琼杰. 2009 中国国际矿业大会在天津举行[N]. 中国矿业报，2009-10-22(A01).

[25] 国土资源部. 国土资源部关于贯彻落实全国矿产资源规划发展绿色矿业建设绿色矿山工作的指导意见(国土资发〔2010〕119 号)[EB/OL]. 自然资源部网站，http://f. mnr. gov. cn/201702/t20170206_1436376. html, 2010-08-13.

[26] 国土资源规划司. 国土资源部关于首批国家级绿色矿山试点单位名单公告(2011 年第 14 号)[EB/OL]. 自然资源部网站，http://www. mnr. gov. cn/gk/tzgg/201103/t20110322_1990507. html, 2011-03-19.

[27] 国土资源规划司. 国土资源部关于第二批国家级绿色矿山试点单位名单的公告(2012 年第 8 号)[EB/OL]. 自然资源部网站，http://www. mnr. gov. cn/gk/tzgg/201203/t20120330_1990772. html, 2012-03-23.

[28] 国土资源规划司. 国土资源部关于第三批国家级绿色矿山试点单位名单的公告(2013 年第 5 号)[EB/OL]. 自然资源部网站，http://www. mnr. gov. cn/gk/tzgg/201306/t20130603_1991080. html, 2013-04-07.

[29] 国土资源规划司. 国土资源部关于第四批国家级绿色矿山试点单位名单的公告(2014 年第 11 号)[EB/OL]. 自然资源部网站，http://www. mnr. gov. cn/gk/tzgg/201408/t20140801_1991297. html, 2014-07-28.

[30] 国务院.《中共中央 国务院关于加快推进生态文明建设的意见》(国务院公报 2015 年第 14 号)[EB/OL]. 中国政府网，http://www. gov. cn/gongbao/content/2015/content_2864050. htm, 2015-04-25.

[31] 国土资源部. 国土资源部 财政部 环境保护部 国家质量监督检验检疫总局 中国银行业监督管理委员会 中国证券监督管理委员会关于加快建设绿色矿山的实施意见(国土资规〔2017〕4 号)[EB/OL]. 自然资源部网站，http://g. mnr. gov. cn/201705/t20170510_1507255. html, 2017-03-22.

[32] 中共中央办公厅，国务院办公厅. 中共中央办公厅 国务院办公厅印发《国家生态文明试验区(江西)实施方案》和《国家生态文明试验区(贵州)实施方案》[EB/OL]. 中国政府网，http://www. gov. cn/zhengce/2017-10/02/content_5229318. htm, 2017-10-02.

[33] 自然资源部. 自然资源部关于将中国石油天然气股份有限公司大港油田分公司等矿山纳入全国绿色矿山名录的公告(2020 年第 3 号)[EB/OL]. 自然资源部网站，http://gi. mnr. gov. cn/202001/t20200110_2497273. html, 2020-01-08.

[34] 自然资源部. 自然资源部关于将河北华澳矿业开发有限公司蔡家营锌矿等矿山纳入全国绿色矿山名录的公告(2021 年第 2 号)[EB/OL]. http://gi. mnr. gov. cn/202101/t20210111_2597719. html, 2021-1-11.

[35] 第十三届全国人民代表大会第四次会议. 中华人民共和国国民经济和社会发展第十四个五年规划和 2035 年远景目标纲要[EB/OL]. http://www. gov. cn/xinwen/2021-03/13/content_5592681. htm, 2021-03-13.

[36] 国土资源部矿产资源储量司. 国土资源部关于铁、铜、铅、锌、稀土、钾盐和萤石等矿产资源合理开发利用“三率”最低指标要求(试行)的公告(2013 年第 21 号)[EB/OL]. 自然资源部网站, http://www.mnr.gov.cn/gk/tzgg/201401/t20140109_1991196.html, 2013-12-30.

[37] 自然资源部. 自然资源部关于《矿产资源节约和综合利用先进适用技术目录(2019 年版)》的公告[EB/OL]. 自然资源部网站, http://gi.mnr.gov.cn/202001/t20200107_2496334.html, 2019-12-24.

[38] 自然资源部. 自然资源部关于《矿产资源节约和综合利用先进适用技术目录(2022 年版)》的公告[EB/OL]. 自然资源部网站, http://gi.mnr.gov.cn/202209/t20220905_2758387.html, 2022-08-30.

[39] 湖南省人民政府办公厅. 湖南省人民政府办公厅关于全面推动矿业绿色发展的若干意见(湘政办发〔2019〕71 号)[EB/OL]. 湖南省人民政府网站, http://www.hunan.gov.cn/hnszf/xxgk/wjk/szfbgt/202001/t20200117_11159650.html, 2019-12-31.

[40] 湖南省自然资源厅. 湖南省自然资源厅湖南省财政厅湖南省生态环境厅湖南省市场监督管理局关于印发《湖南省绿色矿山管理办法》的通知[EB/OL]. 湖南省人民政府网站, http://www.hunan.gov.cn/xxgk/wjk/szbm/szfzcbm_19689/szrzyt/gfxwj_19835/202003/t20200306_11801624.html, 2019-11-05.

[41] 湖南省自然资源厅. 湖南省自然资源厅关于印发《湖南省绿色矿山建设三年行动方案(2020—2022 年)》的通知(湘自然资发〔2020〕19 号)[EB/OL]. 湖南省人民政府网站, http://zrzyt.hunan.gov.cn/zrzyt/xxgk/tzgg/202004/t20200408_11874048.html, 2020-04-08.

[42] 中共中央, 国务院. 中共中央 国务院印发《生态文明体制改革总体方案》[EB/OL]. 中国政府网, http://www.gov.cn/guowuyuan/2015-09/21/content_2936327.htm, 2015-09-21.

[43] 国土资源部地质环境司. 国土资源部 工业和信息化部 财政部 环境保护部 国家能源局关于加强矿山地质环境恢复和综合治理的指导意见(国土资发〔2016〕63 号)[EB/OL]. 自然资源部网站, http://www.mnr.gov.cn/gk/tzgg/201607/t20160720_1991811.html, 2016-07-01.

[44] 自然资源部法规司. 自然资源部关于探索利用市场化方式推进矿山生态修复的意见(自然资规〔2019〕6 号)[EB/OL]. 自然资源部网站, http://f.mnr.gov.cn/202103/t20210308_2616728.html, 2021-03-08.

[45] 自然资源部办公厅. 自然资源部办公厅关于做好 2019 年度绿色矿山遴选工作的通知(自然资办函〔2019〕965 号)[EB/OL]. 自然资源部网站, http://gi.mnr.gov.cn/201906/t20190610_2440308.html, 2019-06-04.

[46] 自然资源部办公厅. 自然资源部办公厅关于做好 2020 年度绿色矿山遴选工作的通知(自然资办函〔2020〕839 号)[EB/OL]. 自然资源部网站, http://gi.mnr.gov.cn/202005/t20200515_2513079.html, 2020-05-14.

[47] 中国自然资源经济研究院. 绿色矿山建设评估指导手册[M/OL]. 中关村绿色矿山产业联盟网站. http://www.greenmine.org.cn/home/ptcms/news.html? item = bgxz&id = 190804001, 2019-07-09.

[48] 自然资源部. 关于印发《绿色矿山评价指标》和《绿色矿山遴选第三方评估工作要求》的函[EB/OL]. 自然资源部网站，http://gi.m.mnr.gov.cn/202006/t20200601_2521979.html，2020-06-01.

[49] 陈从喜. 中国铜矿资源的综合利用与绿色矿业[J]. 国土资源情报，2010(9)：31-34.

[50] 李建华，林品荣，刘卫强. 一种可控源音频大地电磁测深数据采集方法和装置[P]. CN107329183A，2017-11-07.

[51] 邱林，王绪本，李军，等. 云南大红山铁铜矿 CSAMT 法深部勘探技术试验[J]. 中国科技论文，2016，11(9)：1011-1016.

[52] 王毅，刘君. 四川会理拉拉铜矿 CSAMT 法深部找矿预测[J]. 现代矿业，2018，34(4)：19-25.

[53] 江西铜业股份有限公司德兴铜矿. 德兴铜矿创建国家级绿色矿山企业自评报告[R/OL]. 中国矿业网，http://www.chinamining.org.cn/index.php? m = content&c = index&a = show&catid = 130&id = 9948，2014-08-27.

[54] 陈波. 矿山排土场生态恢复实践：以德兴铜矿水龙山为例[J]. 江西建材，2017(22)：278-279.

[55] 经济日报采访组. 锻造绿色竞争力——江西铜业集团调研行(下)[N/OL]. 经济日报，http://paper.ce.cn/jjrb/html/2016-12/16/content_320453.htm，2016-12-16(2).

[56] 中国矿业网. 四川凉山矿业拉拉铜矿[EB/OL]. 中国矿业网，http://www.chinamining.org.cn/index.php? m = content&c = index&a = show&catid = 124&id = 19507，2017-02-06.

[57] 四川省会理县拉拉铜矿接替资源勘查[N]. 中国矿业报，2018-07-28(5).

[58] 杨恢州. 优化拉拉铜矿选矿工艺的研究与实践[D]. 绵阳：西南科技大学，2015.

[59] 中国矿业网. 中国有色抚顺红透山铜矿[EB/OL]. 中国矿业网，http://www.chinamining.org.cn/index.php? m = content&c = index&a = show&catid = 124&id = 20428，2017-03-28.

[60] 崔大勇，韩建. 红透山矿业有限公司创建绿色矿山的构想与实践[J]. 有色矿冶，2017，33(5)：61-64.

第 9 章　数字矿山

随着信息科学技术的迅速发展，信息技术愈来愈广泛地应用于社会经济的各个领域，数字化、信息化与智能化已成为当今社会发展的重要手段。企业信息化也越来越受到人们的重视，传统产业的数字化改造与提升为大势所趋。对古老的采矿业而言，机遇与挑战并存，采矿业的创新发展——数字矿山建设成为必然趋势。

9.1　数字矿山的概念与发展现状

9.1.1　数字矿山的概念

美国、澳大利亚、加拿大、芬兰等矿业发达国家在数字矿山方面的研究起步较早，美国首先提出“数字地球(digital earth，DE)”的概念，随后被许多专家学者引用。

我国在矿山 GIS(mine geographical information system，MGIS)技术、数字地球的基础上，提出了“数字矿山”的思想。1999 年 11 月，在北京召开的首届国际数字地球会议上，吴立新教授率先提出了“数字矿山”的概念，并围绕矿山空间信息分类、矿山空间数据组织、矿山 GIS 等问题进行了分析和讨论。此后，国内许多专家学者围绕数字矿山的概念进行了深入研究与讨论，其中具有代表性的数字矿山的概念如表 9-1 所示。

表 9-1　数字矿山代表性概念

学者	概念
吴立新等	数字矿山是对真实矿山整体及其相关现象的统一认识与数字化再现，是一个“硅质矿山”，是数字矿区和数字中国的一个重要组成部分。数字矿山的核心是在统一的时间坐标和空间框架下，科学合理地组织各类矿山信息，将海量异质的矿山信息资源进行全面、高效和有序的管理和整合

续表9-1

学者	概念
孙豁然等	数字矿山是以计算机及其网络为手段，把矿山的所有空间和有用属性数据实现数字化存储、传输、表述和深加工，应用于各个生产环节、管理和决策之中，以达到生产方案优化、管理高效和决策科学化的目的
王青等	数字矿山是以计算机及其网络为手段，将矿山的所有空间和有用属性数据实现数字化存储、传输、表述和深加工，并应用于各个生产环节、管理和决策之中
毕思文等	数字矿山是以矿山系统为原型，以地理坐标为参考系，以矿山科学技术、信息科学、人工智能和计算科学为理论基础，以高新矿山观测技术和网络技术为支撑建立起的一系列不同层次的原型、系统场、物质模型、力学模型、数学模型、信息模型和计算机模型并集成，可用多媒体和模拟仿真虚拟技术进行多维表达，同时具有高分辨率、海量数据和多种数据融合以及空间化、数字化、网络化、智能化和可视化的技术系统
僧德文等	数字矿山是对真实矿山整体及其相关现象的统一认识与数字化再现，是数字矿区和数字中国的一个重要组成部分；它最终表现为矿山的高度信息化、自动化和高效率，实现无人采矿和遥控采矿
张申等	数字矿山是对真实矿山整体及相关现象的统一认识与数字化再现，即将矿山生产、安全、矿山地理、地质、矿山建设等综合信息全面数字化，其目的是利用信息技术及现代控制理论与自动化技术去动态、详尽地描述与控制矿山安全生产与运营的全过程
王李管等	数字矿山概念的核心是指采用现代信息技术、数据库技术、传感器网络技术和过程智能化控制技术，在矿山企业生产活动的三维尺度范围内，对矿山生产、经营与管理的各个环节与生产要素，实现网络化、数字化、模型化、可视化、集成化和科学化管理，使矿山企业生产呈现安全、高效、低耗的局面
赵安新等	数字化矿山就是一个矿山范围内的以三维坐标及其相互关系组成的信息框架，并在该框架内嵌入所获得的信息的总称
卢新民等	数字矿山也称智慧矿山，是建立在矿山数字化基础上能够完成矿山企业所有信息的精准适时采集、网络化传输、规范化集成、可视化展现、自动化操作和智能化服务的数字化智慧体
吴冲龙等	数字矿山是真实矿山整体及其生产经营过程的全面数字化、信息化和可视化，是存储于计算机网络上的、能供多用户访问和应用的一种虚拟矿山

分析表 9-1 中各位学者对数字矿山的认识，可以总结为："数字矿山就是将矿山生产管理有关的各种实体对象与现象进行数字化表达，并应用于各个生产环节、管理和决策之中，以实现生产管理网络化、数字化、模型化、可视化、集成化和科学化，为最终实现智能化、无人化开采提供支持。"根据多年的实践，作者认为："数字矿山是以矿山开采环境、对象及过程信息数字化为基础，构建数据的采集、传输、存储、处理和反馈的信息化闭环，并持续应用于矿山全生命周期业务的新型矿山技术体系和管理模式。"

数字矿山的概念图如图 9-1 所示，其中矿山开采环境、对象及过程信息数字化是数字矿山建设的基础，也是实现数字矿山的前提条件，包括矿山地理信息、地质信息、资源信息、工程信息、测量验收信息、质量化验信息等。数字化是将许多复杂多变的信息转变为可以度量的数据，再根据这些数据建立适当的数字模型，存入计算机内部，进行统一管理，即数字化的基本过程。矿山全生命周期业务则是由资源勘探、规划设计、计划编制、生产组织、经营管理等构成，是矿山开采必须面对的具体业务问题；而数字矿山的本质特征则是在数字化的基础上应用信息化技术解决这些业务问题。其中信息技术包括 CAD（计算机辅助设计）、OA（办公自动化）、计算机仿真与优化等，也包括数据的数据库管理及信息与业务流程的互联网传输，并将这些信息化手段和方法持续应用于矿山生产全生命周期。技术手段的改变必将驱动矿山生产技术管理流程的数字化再造，从而深层次改变传统技术与生产管理模式。因此，数字矿山是不同于传统矿山生产技术与管理方式的一种新型矿山技术体系和管理模式。

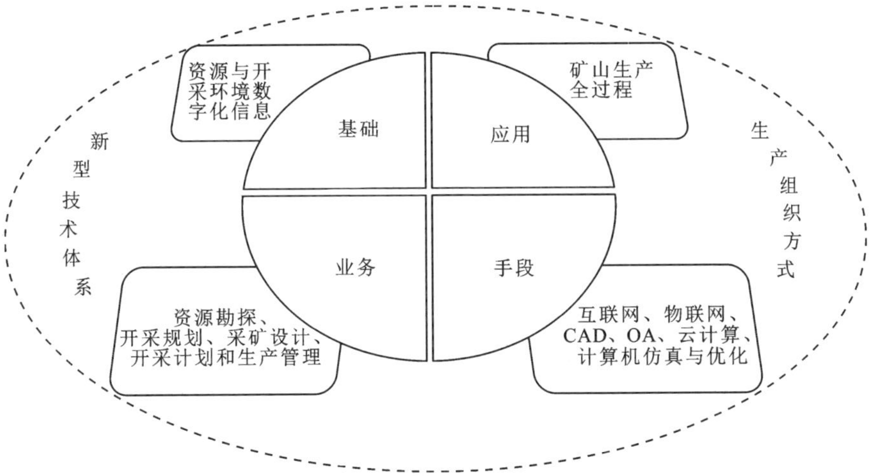

图 9-1　数字矿山概念图

数字矿山的主体对象是矿山开采环境、对象、活动及过程，主题则是应用信息化手段处理作用于这些主体对象的业务过程。数字矿山的本质特征是数字化和信息化。其中数字化是基础，是实现数字矿山的基本前提，也是必由之路；信息化是在数字化基础上的技术与管理手段。信息化是数字化的延伸，同时也是数字化的重要途径。

9.1.2 数字矿山的发展现状

(1)国外数字矿山的发展概况

世界上许多国家结合各自的实际，分别进一步提出了数字矿山的发展规划和建设目标。

澳大利亚联邦科学与工业研究组织(CSIRO)开发了矿工人身安全定位与监测系统，该系统由控制装置、监测设备、网络灯标和矿工异频雷达收发机组成，具有无线通信能力，即使在发生瓦斯爆炸等井下灾害之后仍能报告井下矿工的位置和安全状况。此外，他们还开发了一台名叫 Numbat 的遥控无人驾驶急救车，用于爆炸之后对伤员进行紧急抢救。

加拿大已制定出一项拟在 2050 年实现的远景规划，拟将加拿大北部边远地区的一个矿山建设成无人矿井，从萨德泊里通过卫星操纵矿山的所有设备，实现机械自动破碎和自动切割采矿。

芬兰采矿工业也于 1992 年宣布了自己的智能采矿技术方案，包括采矿实时过程控制、资源实时管理、矿山信息网建设、新机械应用和自动控制等 28 个专题。

瑞典也制定了向矿山自动化进军的“Grounteckni k 2000”战略计划。

智能矿山是数字矿山发展的更高目标，智能矿山包含装备的智能化与系统的智能化，其中系统的智能化是勘探、规划设计、计划、生产、调度和决策等过程的智能化。目前，国际矿业科技的前沿是向自动化开采朝遥控采矿(remote controlled mining)和无人采矿(hands-off mining)方向迈进，即“智能采矿”。“智能采矿”是当今世界矿业极其关注、并大力推进的一个具有时代意义的发展主题，是数字矿山发展的更高方向。

(2)我国数字矿山的发展概况

受国外矿业发达国家矿山信息化的影响，越来越多的中国矿业科技人员开始思考如何推进中国矿山信息化改造和发展数字矿山技术，政府也对数字矿山高度重视。

2010 年，国务院公布了《国务院关于进一步加强企业安全生产工作的通知》(国发〔2010〕23 号)，提出“煤矿、非煤矿山要制定和实施生产技术装备标准，安装监测监控系统、井下人员定位系统、紧急避险系统、压风自救系统、供水施救系统和通信联络系统等技术装备……积极推进信息化建设，努力提高企业安全防护水平”。监测监控系统、井下人员定位系统、紧急避险系统、压风自救系统、供水施救系统和通信联络系统也被称为矿山安全避险“六大系统”。

2016 年，原国土资源部发布了《全国矿产资源规划(2016—2020 年)》，提出“按照绿色开发、节约集约、智能发展的思路，推动形成矿产资源精细高效勘查、智慧矿山技术装备、生态矿山与资源节约、矿山绿色开采与选冶、稀贵资源提取关键技术、煤炭提质与综合利用和典型二次资源循环利用等矿业技术体系”。

2020 年，工业和信息化部、国家发展改革委、自然资源部发布《有色金属行业智能工厂(矿山)建设指南(试行)》(2020 年第 19 号)，包括《有色金属行业智能矿山建设指南(试行)》《有色金属行业智能冶炼工厂建设指南(试行)》《有色金属行业智能加工工厂建设指南(试行)》。

经过 20 余年的发展，数字矿山的理论与技术研究已卓有成效，产品研发与应用方面也取得较大进展。例如，长沙迪迈数码科技股份有限公司开发了数字采矿软件平台 DiMine、矿山资源管理系统 iRes、矿山生产执行系统 iMes 等系列数字矿山系统，北京三地曼矿业软件科技有限公司开发了 3DMine 矿业工程软件，北京龙软科技股份有限公司开发了 LongRuan GIS 等。这些产品都在矿山企业得到推广与应用，推动了我国数字矿山的建设。国内矿山企业的数字矿山建设实践如表 9-2 所示。

表 9-2　数字矿山建设实践

序号	建设内容	实例
1	以通信网络为主	兖州集团济三煤矿的全矿井覆盖 WiFi 网络；高峰矿业有限责任公司的大型网络信息系统
2	以监测监控系统为主	刘庄煤矿的监测监控系统；枣庄柴里矿的生产与安全集中监测监控系统
3	以自动化系统为主	德兴铜矿的选矿自动化系统
4	以地理信息系统或者三维矿业软件为主	春都铜矿采用 DiMine 软件进行的三维地质建模；紫金集团的 QuantyMine 系统等，陕西省煤层气开发利用有限公司等采用 Longruan3D 进行的煤矿工作面辅助设计
5	以生产管理系统为主	攀枝花煤矿的数字矿山安全生产管理系统；潞安集团漳村煤矿的中央指挥中心、智能管理灯房以及配件超市等；首钢矿业公司的 GIS-MES-ERP-OA 集成系统

续表9-2

序号	建设内容	实例
6	以决策系统为主	山东招金集团的三维地测采生产辅助决策系统
7	以三维矿业软件、通信网络、生产控制系统为主	大红山铜矿的基于 DiMine 的三维地质建模及开采环境可视化，基于光纤和 WiFi 接入点的有线/无线综合通信平台，以及井下语音、跟踪定位和视频应用系统等
8	以生产管理系统、自动化系统为主	三道庄露天矿的露天智能调度系统、露天矿车辆运输自动称重统计系统、生产信息视频监控系统、生产计划编制管理系统以及自动化配矿管理系统等露天矿数字化生产管理平台；神华集团神东煤炭集团公司的信息化应用系统、生产综合自动化系统
9	以设备控制系统、过程控制系统、生产管理系统以及决策系统等为主	巴润矿业的设备控制系统、过程控制系统、生产执行系统(MES)、资源计划系统(ERP)以及企业间管理系统及决策支持系统等五个层次的信息化应用系统；梅山铁矿的地测信息图数据一体化管理系统与选矿状态数据管理系统、井下数据自动采集和传输系统、管理信息化、决策智能化闭环决策支持系统；山东临沂矿业集团王楼煤矿比较完善的工业自动化系统以及地理信息系统、采矿协同设计系统、虚拟矿山系统与调度管理系统等软件系统

9.2 数字矿山技术

数字化是为了便于信息的存取、传输、分析与可视化表达，是实现数字矿山的基本前提。矿山数字化主要包括两方面的内容：矿山空间数据的数字化、监测监控与自动化数据的数字化。信息化是指数据获取及业务处理手段的信息化，即在数字化的基础上广泛利用互联网、数据库等信息技术，深入开发并将其应用于矿山资源管理、开采规划与设计、矿山安全管理、生产组织以及经营管理等各个业务层面，这些技术统称为数字采矿技术。数字采矿技术充分体现了数字矿山的数字化与信息化两大本质特征，是数字矿山的重要组成部分。

9.2.1　建设目标与总体思路

9.2.1.1　建设目标

数字矿山的建设目标是以矿山开采环境、对象、活动及过程为主体，在这些主体相互作用的过程中产生的信息数字化基础上，运用软件技术、网络技术、数据库技术、可视化仿真技术、地质统计学理论与最优化方法等，实现矿山开采过程的全流程、全过程数字化，以及对矿山全生命周期业务过程进行信息化处理，主要包括三维地质建模、资源可视化评价、矿山开采计算机辅助设计、开采方案与采矿设计计算机仿真与优化、测量验收过程数字化、设计与验收成果数字化存储与传输、开采过程数字化监测监控、计量化验数据的数字化采集与传输等。通过这种模式的提升并持续应用于生产过程，保障矿山生产安全、提高矿山生产效率以及提升矿山经济效益与综合竞争力，最终实现矿山的高效、安全、绿色与可持续发展。

9.2.1.2　建设任务

数字矿山的本质特征是数字化和信息化。数字化的目的是便于信息的存取、传输、可视化表达，是实现数字矿山的基本前提；信息化则是获取数据的技术与管理手段。矿山数字化是指将开采环境、对象、活动及过程等信息转变为可以度量的数字、数据，其特征是可存取、可计算、可认知；矿山信息化则是在数字化的基础上，广泛利用“互联网+数据库”等信息技术，深入开发并将其应用于矿山资源管理、开采规划与设计、矿山安全管理、生产组织以及经营管理等各个业务层面，提高矿山生产效率和经营管理水平，推动矿山加速实现现代化。因此，围绕数字矿山的数字化与信息化两大本质特征，数字矿山的建设任务具体有以下几个方面。

(1) 矿山全生命周期开采环境、对象、活动及过程信息的数字化

矿山全生命周期开采环境、对象、活动及过程信息的数字化包含：

①开采环境的数字化，包括矿区地理环境数字化、地质环境数字化以及作业环境的数字化。

②开采资源数字化，包括矿体赋存情况、资源类型、资源分布、资源储量等信息的数字化。

③开采工程数字化，主要是开拓、采准、回采等采矿工程对象的数字化。

④开采活动的数字化，包括人的位置及行为状态、设备工况等的数字化。

⑤生产台账的数字化，包括资源储量、掘进进尺、凿岩量、爆破量、出矿量等信息的数字化。矿山全生命周期开采环境、对象、活动及过程信息的数字化通常借助于三维矿业软件、矢量化工具、监测监控系统以及自动化系统等，实现矿床三维地质建模、储量计算与动态管理、生产组织与管理、作业环境以及安全状态、

人的状态及设备工况等信息的数字化。

(2)矿山业务处理过程及结果的数字化

矿山业务处理过程及结果的数字化，即矿山地、测、采等各专业业务，包括地质勘探、生产勘探、开采规划、采矿设计、生产计划、生产组织以及测量验收等业务处理过程中产生的各种结果具有数字化特征，即可存取、可计算与可认知。矿山业务处理需借助数字化采集、处理、存储、传输等工具，涉及的业务过程包括地质勘探、化验取样、地下矿开采系统设计、开采单体设计、回采爆破设计、生产计划编制、露天境界优化、露天采场设计、采剥顺序优化与计划编制、各种工程图表生成以及测量验收与成图、任务分解与分配、生产执行与监管、计量化验等工作所需的地理信息系统、三维矿业软件、采矿生产执行系统及自动化数据采集系统等数字化手段。

(3)矿山全生命周期业务流程信息化

矿山全生命周期业务流程信息化包括：

①矿山业务流程信息化，即矿山资源勘探、矿山规划、开采设计、生产计划以及生产管理等矿山全生命周期业务流程实现信息化。

②业务流程规范化，在信息技术的支撑下各业务按规范执行，以信息化业务驱动数据高效流转，实现信息互联互通。

③矿山信息标准化，即矿山信息在采集、加工、存储、传输、应用过程中具有统一的规范和标准，实现数据自动流转以及信息共享，避免在信息采集、存储和管理上重复、浪费。

(4)为智能矿山提供数据支撑

实现智能矿山建设，需以矿山全过程海量数据为基础，进行大数据集成、分析与挖掘，并借助人工智能技术，使矿山开采规划设计与生产计划优化、调度与决策等业务过程具备自主分析、自主运行以及自主决策等智能化特征。矿山的智能化必然需要大量的数据作为支撑，而数字矿山的发展必将沉淀大量的数据，包括环境数据、资源数据、工程数据、生产计划数据、生产管理数据、装备运行数据、自动化采集数据及测量验收数据等矿山全过程海量数据。

9.2.1.3 **建设架构**

结合数字矿山建设目标，数字矿山总体架构如图 9-2 所示。在企业信息化网络、工业自动化网络与数据标准、流程规范、开放体系的支持下以数据为中心、矿山业务为重点，面向全流程数字化与信息化应着重开展如下工作。

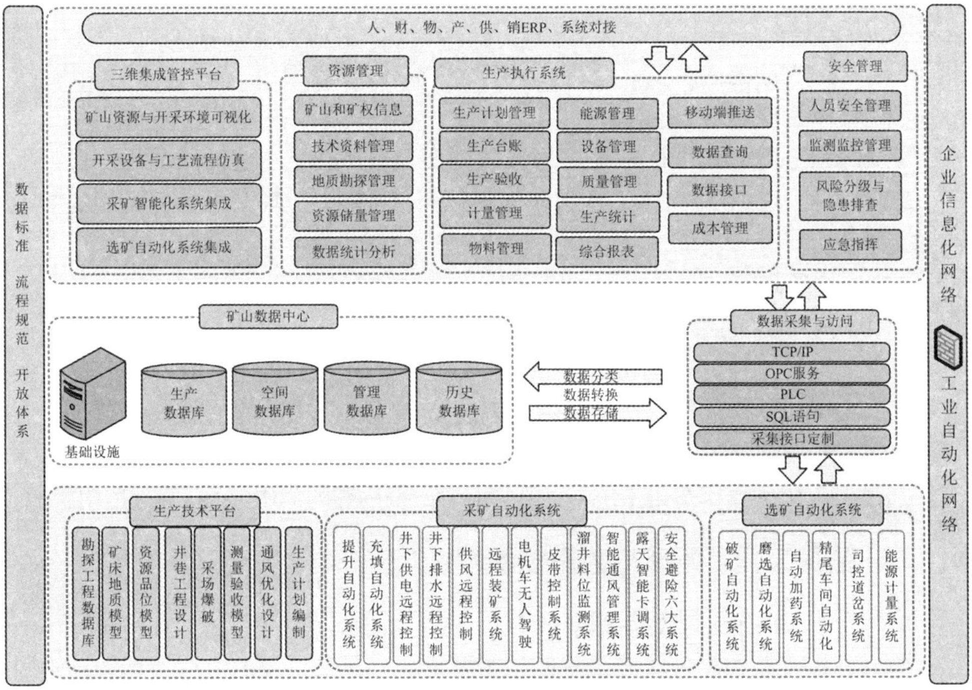

图 9-2 数字矿山的总体架构

(1)矿山数据中心

依据计算机和网络技术，集中采集和存储智能采矿系统中的全流程数据，以数据中心为纽带，实现各类数据的高度共享，采矿业务流程协同，消除生产业务过程中的“信息孤岛”。

(2)生产技术平台

资源模型的三维可视化，有利于进一步摸清资源，为矿山科学规划、合理开采提供依据，准确的资源模型可有效进行品位控制，减少资源浪费。资源与开采环境数字化是优化开采设计、开采规划及未来智能开采的数据基础。

(3)数据采集与访问

矿山涉及的数据内容多样且来自不同系统，在数据标准的基础上规范数据采集接口及数据访问接口方能实现数据共享，尽可能发挥数据价值。

(4)采矿自动化系统

采矿自动化系统是未来智能化矿山建设发展的重点，自动化系统可极大地助力数字矿山建设，为矿山数据自动化获取提供可能，矿山数字化也可极大地提高系统的自动化程度并向智能化方向发展。

(5)生产执行系统

采用先进的技术手段，对矿山生产过程中的设备状态、产量、质量、消耗、场景等数据的采集和控制，实现精细化管理，提高生产效率。

(6)资源管理

资源管理系统包含了矿山地质管理的主要业务工作，它包括储量的消耗与保有、二级矿量管理、贫损管理、探采对比等业务，为矿山合理开采提供可靠的数据支撑。

(7)安全管理

矿山安全生产信息化建设是企业安全生产管理工作的重要组成部分，利用信息化技术，结合先进的安全管理理念，对安全信息资源实现现代化管理，建立一套先进、实用的安全生产综合管理信息系统是数字矿山建设的重要组成部分。

(8)三维集成管控平台

通过构建矿山数字孪生系统，实现矿山生产全过程的集中、可视化、透明管控。

9.2.2 数据采集、处理与管理技术

9.2.2.1 矿山空间数据采集

空间数据主要包括开采环境空间位置及形态、开采工程的实测数据、地质构造数据及品位分布信息等。目前空间数据数字化测量手段主要有全站仪测量、GPS-RTK 测量、雷达遥感测量、摄影测量与倾斜摄影测量以及三维激光扫描仪测量等。

(1)全站仪数字化测量

全站仪(electronic total station)是一种集光、机、电于一体的高技术测绘仪器，具有水平角、垂直角、距离(斜距、平距)、高差测量等功能。全站仪示意图如图 9-3 所示。

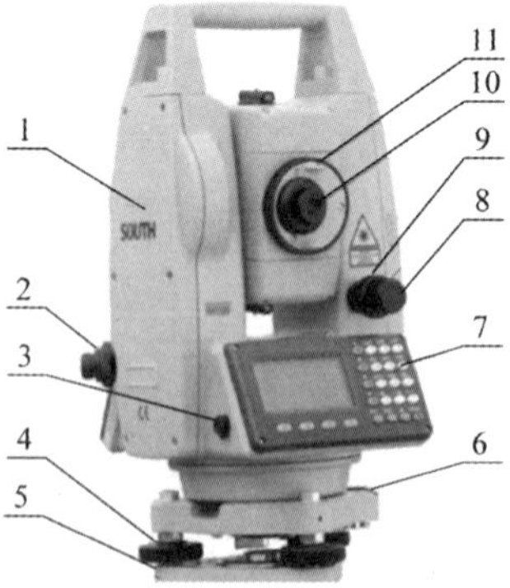

1—仪器中心把；2—光学对中器；3—数据通信接口；4—整平脚螺旋；5—底板；6—圆水准器；7—键盘；8—垂直微动螺旋；9—垂直制动螺旋；10—目镜；11—望远镜把手。

图 9-3 全站仪示意图

近年来，随着微电子技术和电子计算机技术的迅速发展和广泛应用，众多测绘仪器制造厂家不断推出各种型号的全站仪，以满足各类用户各种用途的需要。特别是新一代的智能型全站仪，不仅测量速度快、精度高，还内置微处理器和存储器，结合功能强大的软件系统，可实现设计、计算、放样等多种高级功能。

全站型电子速测仪是由电子测角、电子测距、电子计算和数据存储等单元组成的三维坐标测量设备，它具有自动显示测量结果以及同外围设备交换信息等功能。全站仪由以下两大部分组成：

①数据采集设备：主要有电子测角系统、电子测距系统、自动补偿设备等。

②微处理器：微处理器是全站仪的核心装置，主要由中央处理器、随机储存器和只读存储器等构成。测量时，微处理器根据键盘或程序的指令控制各分系统的测量工作，进行必要的逻辑和数值运算以及数字存储、处理、管理、传输、显示等。

通过上述两大部分有机结合，既能自动完成数据采集，又能自动处理数据，使整个测量过程工作有序、快速、准确地进行。全站仪具有角度测量、距离(斜距、平距、高差)测量、三维坐标测量、导线测量、交会定点测量和放样测量等多种用途。内置专用软件后，其功能还可进一步拓展。

全站仪的记录系统又称为电子数据记录器，在全站仪与电子计算机之间起着桥梁作用，它使野外记录工作实现了自动化，减少了记录计算的差错，大大提高了野外作业的效率与数字化水平。

(2)GPS-RTK 测量

GPS 作为一项现代空间定位技术已被广泛应用在越来越多的领域，取代了传统和常规的光学或电子测量仪器。从 20 世纪 80 年代开始，GPS 卫星导航定位技术逐渐实现了与现代通信技术完美地结合，这是现代空间定位技术具有革命意义的突破，更进一步拓展了 GPS 空间定位技术的应用范围与作用。GPS-RTK 测量技术是以载波相位观测量作为基础的实时差分 GPS 定位测量技术，它能够实时获得待测站点在指定空间坐标系中的三维坐标，精确度可以达到厘米级。

GPS-RTK 测量系统主要由一个基准参考站点、多个流动站点和数据通信系统三个部分组成。在 GPS-RTK 的作业模式中，基准参考站点可以通过数据链将观测值和待测站点的坐标信息一同传送至流动站接收机中。流动站点接收机不仅可以通过数据链接收来自基准参考站点的数据，同时还需采集 GPS 系统的观测数据，并在系统内部组成差分观测值，然后进行实时处理与计算，最终给出厘米级的定位数据结果，一般用时不超过 1 s。

GPS-RTK 在露天矿应用比较广泛，如矿区大比例尺地形图的测量、验收露天矿区的采剥量、露天采场边坡境界线的施工放样、纵横断面测量、钻孔的测量和放样、布置采样点等。

(3)雷达遥感测量

雷达(radar)最早的含义仅是无线电探测与测距(radio detection and ranging)，它是利用微波传播的时间差测量距离差。雷达最初只是一个无线电的检测和测距装置，叫作平面位置指示器(PPI)系统，测绘中只是用来测高和测距，是非成像雷达系统。后来出现了真实孔径成像雷达(RAR)系统，然后又出现了合成孔径成像雷达(SAR)系统。

SAR是一种高分辨率的二维成像雷达。它作为一种全新的对地观测技术，近20年来获得了巨大的发展，现已逐渐成为一种不可缺少的遥感手段。与传统的可见光、红外遥感技术相比，SAR具有许多优越性，它属于微波遥感的范畴，可以穿透云层，甚至在一定程度上穿透雨区，而且具有不依赖于太阳作为照射源的特点，使其具有全天候、全天时的观测能力，这是其他任何遥感手段都不能比拟的。微波遥感还能在一定程度上穿透植被，可以提供可见光、红外遥感所得不到的某些新信息。随着SAR遥感技术的不断发展与完善，它已经被成功应用于地质、水文、海洋、测绘、环境监测、农业、林业、气象、军事等领域。

合成孔径雷达干涉测量技术(InSAR)是将由重复雷达数据推导出的雷达信号的相位信息作为辅助信息，并利用这些信息提取地表三维信息的一项技术。InSAR数据的方法有两种，一种是在同一次飞行中使用两部相隔一定距离的天线接收地面回波的方法，另一种是多次对同一地区进行SAR成像的方法。在机载SAR系统中获得InSAR数据多采用前者，而后者多用于星载SAR中获取InSAR数据。InSAR典型的应用领域有生成高精度数字高程模型DEM、地震灾害检测、地面变形和位移的监测、火山监测与灾害评估、地面沉降监测、农作物生长监测与生物量统计，以及林业、冰川、海洋等领域，数字矿山建设中主要用于地形测绘和地表变形监测等方面。

(4)摄影测量与倾斜摄影测量

摄影测量是通过分析在胶片或电子载体上的影像来确定被测物体的位置、大小和形状的技术。它的主要任务是用于测绘各种比例尺的地形图、建立数字地面模型，为各种地理信息系统和土地信息系统提供基础数据。摄影测量要解决的两大问题是几何定位和影像解译。几何定位就是确定被摄物体的大小、形状和空间位置。几何定位的基本原理源于测量学的前方交汇方法，它是根据两个已知的摄影站点和两条已知的摄影方向线交汇构成这两条摄影光线的待定地面点的三维坐标。影像解译就是确定影像对应物的性质。

摄影测量广泛地运用于测绘地图、工程质量管理，建筑物监测、气象监测、环境保护以及自然灾害防治等领域。在矿山地质考察方面，通过多种测量手段，可以进行矿区地表形态的测量，水文地质、工程地质的测量和矿房施工断面的测量与设计等，特别是在岩体结构面分析研究方面的运用获得了极大的成功。

随着无人机及倾斜摄影测量技术的发展，倾斜摄影测量技术可以用于测量露天矿坑生成现状的三维模型，可大大提高露天矿开采现状数据的时效性、方量计算的准确性，同时可以为采剥计划编制、穿爆设计等采矿应用提供更加及时、准确的数据。无人机倾斜摄影测量露天矿坑的原理如图 9-4 所示。

图 9-4　倾斜摄影测量露天矿坑

（5）三维激光扫描仪测量

三维激光扫描是集光、机、电和计算机于一体的非接触测量技术，具有测量速度快、自动化程度高、分辨率高、可靠性高和相对精度高的特点。其扫描结果直接显示为点云，利用点云数据，可快速建立结构复杂、不规则的场景的三维可视化模型，既省时又省力。该方法与传统测量方式相比具有很大的优越性，显著提高了生产效率和质量。激光扫描技术是目前最直接的、最具潜力的三维模型数据自动获取技术。它可以对复杂的环境及空间进行扫描操作，并直接将各种大型的、复杂的、不规则、标准或非标准的实体或实景的三维数据完整的采集到计算机中，进而重构出目标的三维模型以及点、线、面、体、空间等各种制图数据。

作为新的高科技产品，三维激光扫描仪已经成功地应用于文物保护、城市建筑测量、地形测绘、变形监测、工厂、大型结构、管道设计、飞机船舶制造、公路铁路建设、隧道工程、桥梁改建等领域。在采矿业方面，利用三维激光扫描仪进入到一些人员不方便到达或有危险的区域进行三维扫描，可有效解决露天矿采剥量验收、地下矿山采空区塌陷探测等矿山测量工作。三维激光扫描仪如图 9-5 所示。

空区监测系统（CMS）是三维激光扫描仪的重要应用场景，是一种专门针对地下矿山采空区开发的激光扫描的空区探测系统，该系统在人员无法进入的危险采空区测量中得到很好的应用，其主要特点是大范围的扫描幅度和高精度的小角度

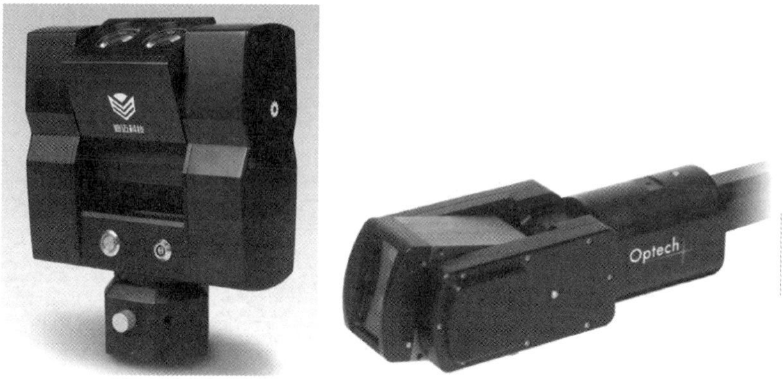

图 9-5 三维激光扫描仪

扫描间隔。CMS 配置一个激光测距仪的扫描头，CMS 激光测距仪采用的激光二极管能够实现对任何材料物体的非接触测距，可以在黑暗或光照强的环境下使用而不需采用其他反射体或反射镜。扫描头发射的细小激光束不会产生错误的回波，并可对远距离的小物体进行测距，激光束从粗糙的物体表面反射回来，可被接收单元接收并实现距离测量。系统采用高速发射的激光和均方的方法来减少系统的随机误差，使激光测距仪测定的距离精度与所测定的距离大小无关。激光扫描头伸入采空区后作 360°旋转并连续测量收集测点距离和角度数据。每完成一圈 360°的扫描后，扫描头将自动按照预先设定的角度抬高，并进行新一圈的扫描，直至完成全部的探测工作。

三维激光扫描仪也用于露天矿爆破堆及堆场扫描，其原理与采空区扫描类似。

9.2.2.2 **矿山空间数据处理**

空间数据处理是对采集的各种空间数据，按照不同的方式对数据进行编辑运算，清除数据冗余，弥补数据缺失，最后形成符合工程要求的数据文件格式。处理内容主要包括数据编辑、数据压缩、数据变换、数据格式转换、空间数据内插、边沿匹配、数据提取等。数据处理对空间数据有序化、检验数据质量、实现数据共享、提高资源利用效果都具有重要意义。此处简要介绍 GPS 数据处理、三维激光扫描数据处理以及雷达遥感数据处理。

(1)GPS 数据处理

在定位(坐标系统、时间系统、卫星的位置、卫星的信号)、测距(观测量、影响因素)、定位原理和方法(静态定位原理、动态定位原理等)等的基础上，GPS 数据处理工作是随着外业工作的开展分阶段进行的。从基本流程上分析，可将

GPS 数据处理流程划分为数据预处理、格式转换、基线解算、无约束平差以及约束平差等五个阶段，如图 9-6 所示。

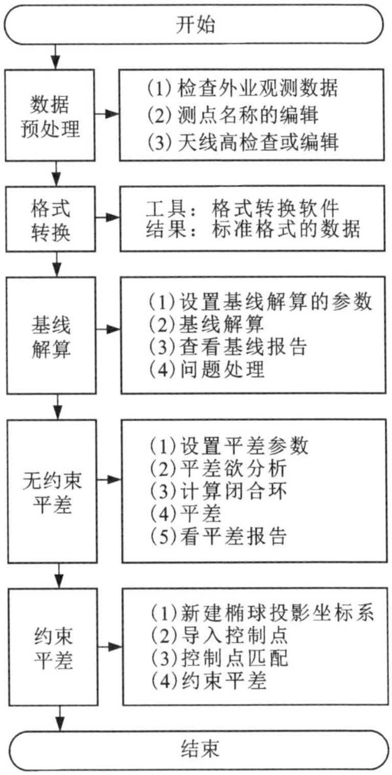

图 9-6　GPS 数据处理流程图

由 GPS 定位技术得到的测量数据需要经过数据处理才能成为合理且实用的结果。GPS 卫星定位测量是用三维地心坐标系（WGS—84 坐标系）来进行测定和定位的，所以在进行数据处理时，根据地方和工程的特点，需要将测量数据由 WGS—84 坐标系转换为国家或地方独立坐标系。测量数据处理过程中，最主要的任务是进行平差计算，因为 GPS 测量数据是在空间三维坐标系下得到的，所以进行的平差计算应该是三维平差计算。为了联合利用并处理现有数据，还需要考虑 GPS 测量数据的二维平差。

目前国际上著名的高精度 GPS 分析软件有瑞士 Bernese 大学的 Bernese、美国 MIT 的 GAMIT/GLOBK、德国 GFZ 的 EPOS、美国 JPL 的 GIPSY 软件等。这些软件对高精度的 GPS 数据处理主要分为两个方面：一是对 GPS 原始数据进行处理，获得同步观测网的基线解；二是对各同步网解进行整体平差和分析，获得 GPS 网的整体解。

在 GPS 网的平差分析方面，Bernese、EPOS 和 GIPSY 软件主要采用法方程叠加的方法，首先将各同步观测网自由基准的法方程矩阵进行叠加，然后再对平差系统给予确定的基准，获得最终的平差结果。GLOBK 软件则采用卡尔曼滤波模型，对 GAMIT 的同步网解进行整体处理。

国内著名的 GPS 网平差软件有原武汉测绘科技大学研制的 GPSADJ、Power Adjust 系列平差处理软件以及同济大学研制的 TGPPS 静态定位后处理软件等。

(2) 三维激光扫描数据处理

三维激光扫描技术是目前空间信息获取的重要手段，可以对空间三维物体特征点快速扫描，精确获取目标的空间三维信息，具有探测过程自动化程度高、数据精度高等技术特点，便于结构复杂、非接触式场景的三维可视化建模。作为重要非接触式探测手段，三维激光扫描技术广泛应用于逆向工程、计算机视觉、测绘工程、图像处理和许多设计类行业中。

在三维激光扫描过程中，由于受被测对象的属性、探测环境，包括温度、湿度、粉尘浓度等因素，以及测量系统自身影响，如散斑效应、电噪声、热噪声等信号干扰，使得扫描获取的点云包含大量失真点，影响空间探测效率和点云质量，因此在对点云数据进行三维建模前需要对原始数据进行必要的预处理。通用的点云数据三维建模流程如图 9-7 所示。

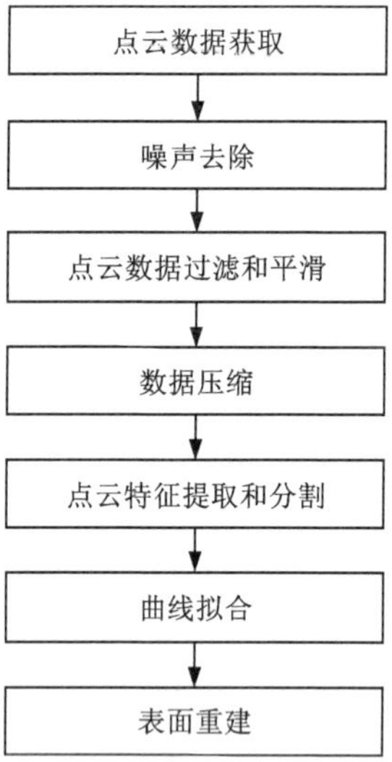

图 9-7　点云数据三维建模流程

在基于激光点云三维建模的过程中，为了提高模型质量，点云数据去噪处理、点云数据精简及点云数据的三维拼接至关重要。

①点云数据去噪处理。

探测过程中激光设备受到人为或环境因素的影响，所获点云包含噪声点和坏点，在对点云进行三维建模前，需要对获取的点云数据进行噪声点过滤。对于噪声点的处理，传统的方法主要是采用频谱分析，也就是让信号通过一个低通或带通滤波器。但是，在实际工程应用中，信号和噪声不同频率的部分可能同时叠加，而且所分析的信号可能包含许多尖峰或突变部分，要对这种信号进行去噪处理，传统的去噪方法难以达到满意的效果，此时我们可以采用以下三种方法进行数据的去噪处理。

a. 滤波法。主要有三种：高斯滤波法、平均滤波法、中值滤波法。

b. 角度法和弦高差法。角度法检查点沿扫描线方向与前后两点所形成的夹角与阈值比较，弦高差法检查点到前后两点连线的距离与阈值比较，确定噪点后删除。

c. 曲率去噪法。根据曲率变化分段，段内曲线拟合，逐行去噪，可以减少误差点的删除错误，保证拟合曲线的真实性。

②点云数据精简。

三维激光扫描单次采集点的数量众多，如果一个采空区需要多点探测并拼接，点数量将会更大。为减少数据冗余，数据精简是三维建模前的必要环节。目前常用的点云数据精简方法有最小距离法和平均距离法。最小距离法是设定一个最小距离作为阈值，当两点之间的距离小于阈值时删除该点。这种方法虽然能够对数据密集的区域进行处理，但是不能很好地保留空区边界的具体形态。平均距离法是先计算出扫描轨迹线两点之间的平均距离，当两点之间的距离小于平均距离时，删除该点。这种方法对点云数据较为密集的区域是不适用的，不能有效地对数据进行精简。除了以上两种方法，弦高偏移法、均匀网格法和非均匀三维网格法等也能很好地对数据进行精简处理。

a. 弦高偏移法。根据曲面曲率的变化进行抽样精简，曲率越大抽样点越密，也可以基于弦值的方法先对数据进行精简，因为弦值的高低与曲率密切相关。

b. 均匀网格法。1996年，Martin等提出均匀网格法，构建一个均匀网格，把数据点投影并分配至网格内，将网格内中间点作为特征点保留，删除其余点。

c. 非均匀三维网格法。以八叉树原理和非均匀三维网格细分方法优化均匀网格法，达到更有针对性地压缩数据的目的。

③点云数据的三维拼接。

采空区探测中，因为探测盲区的存在，需要先分区域探测，然后进行三维点云拼接。三维激光探测点云拼接的方法主要有ICP(iterative closest point)法，该方法主要以迭代的方式优化初始状态，使得最终计算结果满足两个点集达到最小二乘误差的相对空间变换。ICP法要想得到全局最优解，关键在于较优初始化预测。在逆向工程的点云或CAD数据重定位中，一般采用ICP法进行拼接。基于ICP法的多个标志点坐标转换拼接方法精度高，但迭代过程复杂。除了ICP法，还有四元数法、SVD法等也可以进行空间数据的点云三维拼接处理。

(3)雷达遥感数据处理

雷达遥感数据的处理包括辐射校正和几何纠正、图像整饰、投影变换、镶嵌、特征提取、分类等内容，常用的图像数据处理方法有图像增强、复原、编码、压缩等。图像处理中还可以应用卡尔曼滤波器、Gamma Map滤波器、增强lee frost滤波器等，通常使用雷达图像多项式几何校正法使雷达成像的几何畸变降到最小。

常规的干涉数据处理主要包括四个环节：复数像对的配准、干涉图像的生成、相位解缠、建立数字高程模型等。与常规的干涉测量相比较，差分干涉测量的数据处理步骤可分为两大步：第一，将地表形变前、后的两幅聚焦SAR图像配准，共轭相乘，生成主干涉图；第二，利用生成的地表形变前的干涉图或DEM模拟干涉图从主干涉图中消除地形影响，便得到地表形变检测图。当然，在进行差分干涉前，根据需要对原始数据的质量进行评价。雷达遥感差分干涉测量数据处理步骤如下：

①基准辅SAR复图像、观测SAR复图像的粗配准、精配准及重采样。

②对辅图像、主图像、观测图像进行滤波。

③生成复相干涉图和单视干涉纹图，并进行平地效应消除和相位解缠。

④生成差分干涉图，并进行相应的地理编码，最终生成区域性地表形变图。

9.2.2.3　矿山地质数据的采集与处理

矿山常见的地质数据可分为钻探数据、物探数据、化探数据等。地球物理探测的目的是从与地球所伴生的物理现象(例如地磁场、热流、地震波的传播、重力等)中推求出地球的物理性质及其内部结构，主要表征地质属性。物理探测方法的应用前提一是探测对象与其周边介质存在足够大的物理性质差异，二是探测对象的空间分布(埋深、大小、形态)使其能被现有技术所确定。

地球化学调查的目的因区域规划和选区的特点而异。若要针对局部任务，则应主要围绕该区域或水系流域内岩石土壤进行；若只需要进行区域性的了解，可以进行小比例尺大面积的调查，并可包括多个采样单元；如果是研究地质问题，则需要对规划区内的岩石、土壤、水体及各生物种群等进行调查。野外考查采样之后便是室内工作，地球化学室内研究工作是多方面的，包括标本测试、样品分析、数据时间序列或空间分析等。

钻孔数据库承载了矿山地质勘探和生产勘探的详细信息，钻孔数据库是进行地质解译、品位推估、储量计算与管理以及后续采矿设计的重要基础。矿山的钻孔数据信息主要包含钻孔的孔口坐标信息、钻孔的样品信息、钻孔的测斜信息等。其中测斜信息对大部分矿山来说只是对地质勘探的钻孔进行测斜，生产勘探的钻孔一般不进行测斜，因为生产勘探的钻孔为直孔，没有偏斜。

(1)基础数据表格的准备

矿山地质数据主要保存在平、剖面图、柱状图及勘探报告附表中等。在建立地质数据库之前，需要将矿山提供的这些工程地质数据分析整理，按照“孔口文件”“测斜文件”“样品文件”“岩性文件”等格式进行录入。对地质数据进行整理分析时，将原始的地质信息按照如表 9-3～表 9-6 所示的格式要求分别整理。

表 9-3　孔口文件包含的信息

列编号	列代表的意义	说明
第一列	钻孔名称(BHID)	a. 此文件中包含的是关于钻孔开口信息方面的内容； b. 各列的编排顺序并无严格限制，但这样组织比较符合习惯； c. 文件中除了这些必有内容外，还可添加其他内容，如钻孔类型(钻探或坑探)等
第二列	钻孔开口东坐标(X)	
第三列	钻孔开口北坐标(Y)	
第四列	钻孔开口标高(Z)	
第五列	钻孔深度	
第六列	勘探线号	
……	……	

表 9-4 测斜文件包含的信息

<table>
<tr><th>列编号</th><th>列代表的意义</th><th>说明</th></tr>
<tr><td>第一列</td><td>钻孔名称(BHID)</td><td rowspan="5">a. 此文件中包含的是关于钻孔测斜信息方面的内容;
b. 各列的编排顺序并无严格限制, 但这样组织比较符合习惯</td></tr>
<tr><td>第二列</td><td>测斜起点距钻孔口的距离</td></tr>
<tr><td>第三列</td><td>方位角</td></tr>
<tr><td>第四列</td><td>倾角</td></tr>
<tr><td>……</td><td>……</td></tr>
</table>

表 9-5 样品文件包含的信息

<table>
<tr><th>列编号</th><th>列代表的意义</th><th>说明</th></tr>
<tr><td>第一列</td><td>钻孔名称(BHID)</td><td rowspan="8">a. 此文件中包含的是关于钻孔取样信息方面的内容;
b. 各列的编排顺序并无严格限制, 但这样组织比较符合习惯;
c. 该文件第四列以后的内容根据所研究矿床含有的有用元素的具体情况确定</td></tr>
<tr><td>第二列</td><td>取样段起点距孔口的距离(FROM)</td></tr>
<tr><td>第三列</td><td>取样段终点距孔口的距离(TO)</td></tr>
<tr><td>第四列</td><td>元素 1 品位(Cu)</td></tr>
<tr><td>第五列</td><td>元素 2 品位(TFe)</td></tr>
<tr><td>第六列</td><td>元素 3 品位(Au)</td></tr>
<tr><td>第七列</td><td>元素 4 品位(Ag)</td></tr>
<tr><td>……</td><td>……</td></tr>
</table>

表 9-6 岩性文件包含的信息

<table>
<tr><th>列编号</th><th>列代表的意义</th><th>说明</th></tr>
<tr><td>第一列</td><td>钻孔名称(BHID)</td><td rowspan="6">a. 此文件中包含的是关于钻孔取样信息方面的内容;
b. 各列的编排顺序并无严格限制, 但这样组织比较符合习惯</td></tr>
<tr><td>第二列</td><td>取样段起点距孔口的距离(FROM)</td></tr>
<tr><td>第三列</td><td>取样段终点距孔口的距离(TO)</td></tr>
<tr><td>第四列</td><td>岩性代码</td></tr>
<tr><td>第五列</td><td>岩性描述</td></tr>
<tr><td>……</td><td>……</td></tr>
</table>

(2)钻孔数据库建立

当孔口表、测斜表、样品表、岩性表 4 个数据表文件整理好后，就可以在矿业软件(如 DIMINE)中建立钻孔数据库，分为以下几个步骤：

①导入 TXT 或 CSV 格式的数据。

②对数据进行校验。

③生成钻孔数据库。

生成的钻孔数据库如图 9-8 所示。

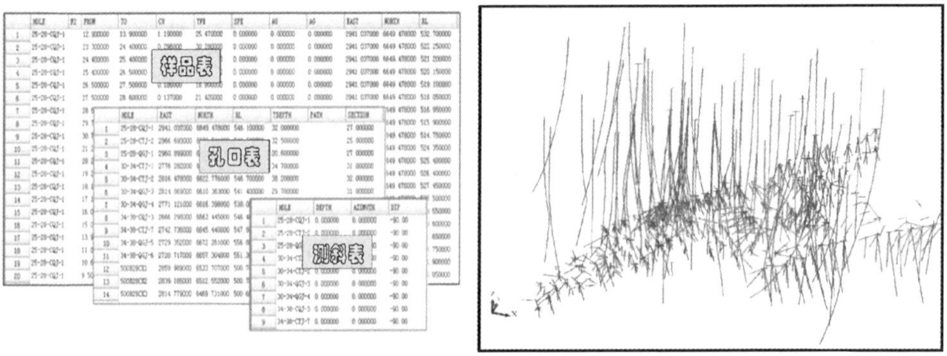

图 9-8　钻孔数据库

9.2.2.4　监测监控与自动化数据采集

通常矿山有如下监测监控与自动化系统：井下有轨信集闭系统、无轨设备定位系统、水泵远程集控系统、风机远程集控系统、压风远程集控系统、供电自动化系统、选矿自动化系统、井下人员管理系统、环境监测系统、视频监控系统、计量化验系统、卡车调度系统及重要装备的实时监测数据。通过数据采集系统进行数字化采集。

数据采集系统需支持多种采集方式，能将各技术平台的数据、工业自动化控制系统数据、安全生产管理数据等，通过各自的采集方式，经过过滤和压缩后汇入数据中心，以统一形式组织和存储，便于分析查询和发布的需要。

支持的采集方式有数据库接入、OPC 协议、MODBUS 协议、文件读取、视频监控传输协议等，具体按照各个系统现有接口选择采集形式。不同系统的数据采集接口如图 9-9 所示。通过数据采集接口，可以采集得到技术平台数据、自动化系统数据、安全生产管理数据等各类业务数据。

(1)组态软件采集模式

自动化系统(组态接入)，通过相应的标准接口(如 OPC 接口)，按照定义的频度，将组态系统的即时运行工况与业务参数采集传递给数据处理系统。

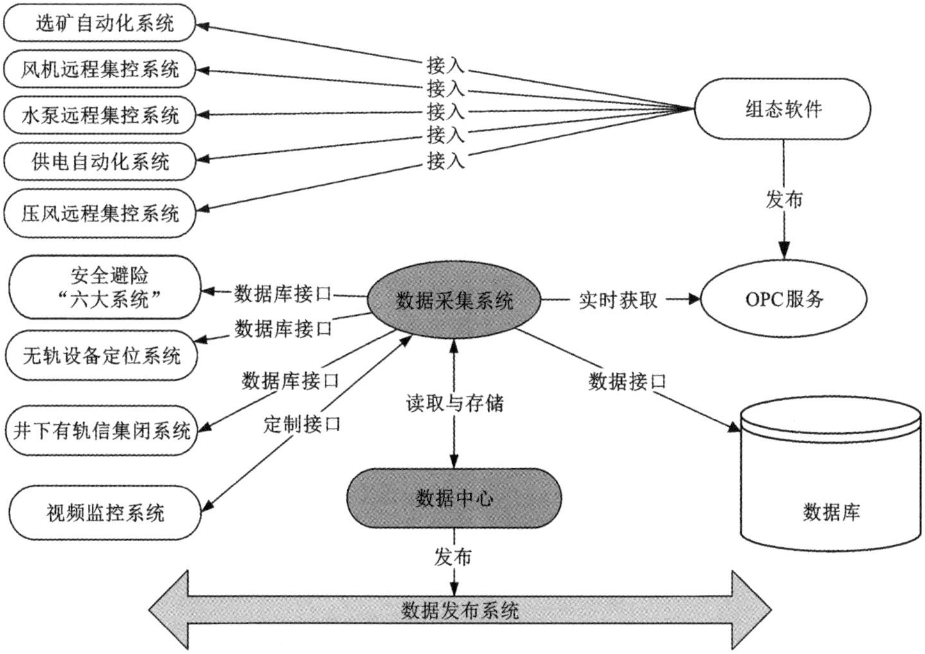

图 9-9　数据采集接口

(2)定制采集协议模式

根据协商或公布的数据采集协议，针对性地开发数据采集接口，即按照监测监控的频度，通过程序接口自动采集即时数据传递给数据处理系统。

(3)数据库采集模式

利用客户或已有系统厂商提供的数据库视图为数据访问接口，通过程序接口自动采集即时数据，传递给数据处理系统。

(4)视频实时数据模式

分别针对不同的视频设备，实现视频协议接入接口，拔接到监测监控系统(视频数据量很大，不考虑在数据中心存储)，用于实时展示。

9.2.2.5　**矿山数据管理**

矿山数据管理总体构架如图 9-10 所示。矿山数据管理包括数据实体、数据整理、建库管理的一系列技术规范标准以及核心数据库管理系统。数据实体是核心数据库的核心内容，是矿业各专业或业务数据库系统或应用系统数据的综合。为了便于管理和更新，将数据逻辑上划分为基础层、专业层、感知层和管理层。

①基础层为基础地理数据，主要是以基础地理框架为基底的正射遥感影像数据，以及地名、行政境界等基础地理信息。

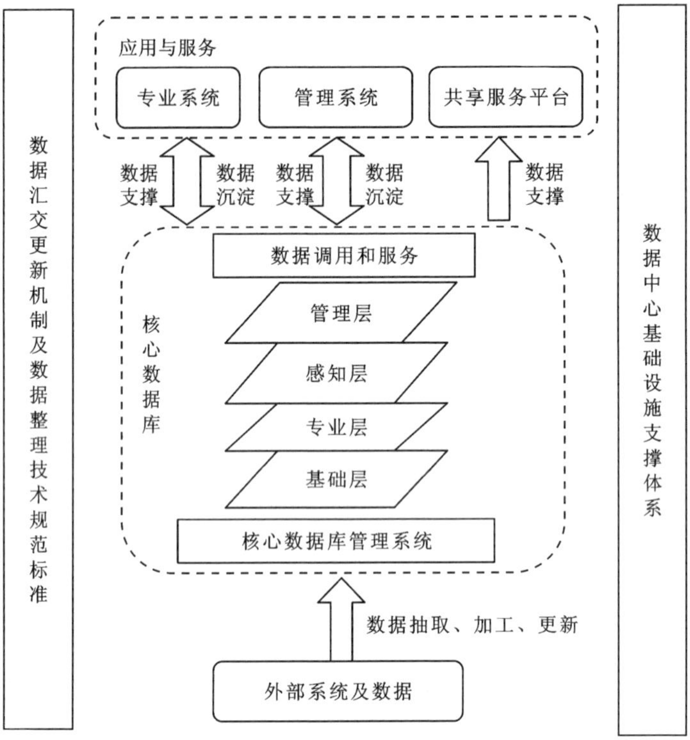

图 9-10　矿山数据管理总体构架图

②专业层是地质、测量、采矿、生产计划等专业产生的数据，主要是由点、线、面、体要素组成的空间数据图层，通常由空间数据库进行存储与管理。

③感知层是矿山生产过程中实时采集的数据，一般通过传感器、采集终端、通信网络感知、传输获得的数据。

④管理层是矿产资源等管理过程产生的数据，随管理业务实时更新，主要是由坐标串构成的空间数据及统计表格组成的属性数据。

各数据层之间的关系是基础层为所有数据的基础，各类数据都以基础层为统一的空间参考。专业层反映的是矿山开采全生命周期的专业数据，是管理层的本底。感知层是矿山开采过程的现势数据，体现的是过程与现状，是管理层的支持层。管理层是矿山开采管理过程及行为的记录，是管理过程及结果“沉淀”在专业层上的信息。

数据整理、建库和管理的一系列技术标准规范包括数据整理、质量检查、命名规则、数据转换、数据入库、数据管理、数据更新及其应用接口开发等，确保所有的数据按照统一的空间数据数学基础，统一数据分类代码、数据格式、命名规则和统计口径，实现分类分层管理。

核心数据库管理系统是针对“数据中心”的数据实体建立相应的数据库管理系统，在数据整理、建库和管理的规范标准技术基础上进行数据标准化检查和批量入库、数据更新、数据处理、数据维护及权限和日志管理等，最终实现核心数据库的高效管理，为应用和服务提供有效支撑。

9.2.3　数字采矿技术

数字采矿是由数字矿山概念延伸而来，主要是以计算机及其网络为手段，使矿山开采对象与开采工具的所有时空数据及其属性实现数字化存储、传输、表述和深加工，并应用于采矿各个生产环节与管理决策中，从而达到生产方案优化、管理高效和科学决策的目的。

9.2.3.1　数字采矿技术目标

数字采矿的目标是针对矿山资源与开采环境以及生产过程控制的全过程，采用先进的数字化与信息化技术，对矿山生产和管理进行控制，实现资源与开采环境数字化、生产过程数字化、信息传输网络化、生产管理与决策科学化，其具体体现为品位均衡、安全高效、绿色环保、管理科学。

①地质建模与储量计算通过计算机软件实现。

②开采规划、开采设计在地质模型基础上通过计算机辅助实现，并达到优化的目的。

③测量验收通过数字化工具和手段获取数据，通过信息化手段处理、传输与管理数据。

④计划编制、任务分解与生产组织管理通过数据库、互联网、移动互联网等技术进行。

⑤计量系统、监测监控与自动化系统数据实现数字化采集与存储、管理与应用。

9.2.3.2　数字采矿技术与方法

数字采矿技术与方法主要包括矿山空间信息获取、处理与应用，矿山信息模型(mining information modeling，MIM)理论与技术，矿山地质建模与空间插值技术，基于空间数据的采矿系统工程理论与方法，矿山开采方式与参数优化方法，数字化采矿设计技术与方法，基于可视化技术的矿山生产计划编制技术，采矿模拟仿真与虚拟现实技术，矿山数字化采矿生产与安全管控技术等。

①矿山空间信息获取、处理与应用。通过利用水准仪、经纬仪、全站仪、GPS测量、雷达遥感测量以及三维激光扫描仪等装备与仪器，获取矿山空间数据；为了建模的准确性，需对采集的矿山空间数据进行有效处理，如坐标系与坐标的转换、数据预处理与误差处理，最后将处理后的数据用于矿山建模(地形模型、露天

填挖模型、井巷模型与采空区模型)。

②矿山信息模型理论与技术。MIM 是指在矿山资源开发相关对象数字化建模的基础上，通过对矿山全生命周期业务流程数字化再造，实现业务处理信息化及业务主体信息互联互通、协同作业。它是数字矿山建设与发展的新理念，包括数字模型、业务模型及方法模型三个方面的内容。其中：数字模型，即地理信息、地质与工程对象的几何形态及其空间关系、资源数量与品质及其分布；业务模型，即矿山在全寿命期内建立和应用矿山数据进行资源勘探、开采设计、基建施工、开采过程管理等业务过程；方法模型，即利用矿山信息模型支持矿山全生命周期信息共享的业务流程组织和控制过程。MIM 是一种指导矿山行业数字化与信息化建设的新理念。

③矿山地质建模与空间插值技术。该技术的核心是地质建模与插值。地质建模的地质数据一般通过钻探、坑探、槽探、物探、化探、工程勘探等手段获得，再将各种勘探手段获得的三维地质属性数据进行统计与分析，它是属性插值的前提；空间数据插值方法有反距离加权插值法、双线性多项式插值法、趋势面插值法以及克里格插值法等。该技术主要用于空间属性的查询与分析、勘探辅助设计与成矿预测以及地质模型的展示等。

④基于空间数据的采矿系统工程理论与方法。采矿系统工程理论主要包括矿山设计优化、矿山生产工艺优化与矿山生产管理优化；采矿系统工程的主要方法有多目标线性规划、神经网络、模糊数学、灰色理论、遗传算法、蚁群算法、支持向量机以及群集拟生态算法等。

⑤矿山开采方式与参数优化方法。主要包括露天矿开采三维可视化优化、地下矿开拓运输系统三维可视化优化、地下矿通风系统三维可视化优化以及矿山工程结构稳定性分析及参数优化。

⑥数字化采矿设计技术与方法。由露天矿开采设计、地下矿开拓系统设计和地下矿开采设计三部分组成。其中：露天矿开采设计有露天矿台阶设计、道路设计、排土场设计与台阶爆破设计；地下矿开拓系统设计主要包含主要开拓工程、辅助开拓工程与掘进爆破设计；地下矿开采设计则主要包括三维环境采矿设计流程、采切工程设计、底部结构设计、回采爆破设计。

⑦基于可视化技术的矿山生产计划编制技术。一是露天矿采剥计划编制，按周期长短可分为中长期采剥顺序优化和短期采剥计划；二是地下矿采掘计划编制。

⑧采矿模拟仿真与虚拟现实技术。主要包括矿山虚拟环境生产系统自动化建模技术、矿山生产系统工况可视化模拟与仿真以及矿山虚拟现实技术。

⑨矿山数字化采矿生产与安全管控技术。该技术主要包括矿山数字通信与组网技术、露天矿可视化生产管控一体化系统与地下矿可视化生产管控一体化

系统。

9.2.3.3　数字化三维建模

矿区内的地形地质环境以及井下各生产工艺都是处于三维空间状态的，而三维空间数据模型就是联结现实世界和计算机世界的桥梁。三维空间数据模型作为数字矿山的核心内容和基础，真实反映了矿山中三维空间实体及其相互之间的联系，为三维设计及生产组织管理提供数据支持。

(1)数字地表模型

数字地形模型(digital terrain model，DTM)是将测量得到的等高线和测点矢量化后经计算机处理所得到的表面模型。通常直接按照等高线所生成的地表模型可能会因为数据量偏少，使生成的数字地形模型不能很好地符合实际情况，此时可以通过空间插值技术，重新在地表模型的基础上加密等高线，再用加密后的等高线生成数据齐全且表面光滑的地表模型。在建立地表模型时空间数据插值方法主要有：趋势面插值、距离幂次反比法、克里格插值、样条函数插值等。目前，在地形建模方面，比较典型的软件有 DIMINE、3D Max、SketchUp、OpenGL 和 MultiGen-Paradigm 公司的专业地形制作软件 Creator Terrain Studio v1.2 等。

数字地形模型(DTM)是建立三维地质实体模型的重要组成部分，在数字矿业软件中具有广泛应用，如地面模型建模、露天矿矿坑建模、岩层建模、层状矿体建模、断层建模等。矿区 DTM 效果图和露天采矿场填挖模型分别如图 9-11、图 9-12 所示。建立一个好的地表模型，可以使我们对矿区所在位置在宏观上有一个完整的认识。一些地表工程的设计和施工包括排土场、选场、井口等位置都是以地表模型为参考的，而且以地形模型作为边界约束条件还会直接影响技术经济指标和工程量的计算。

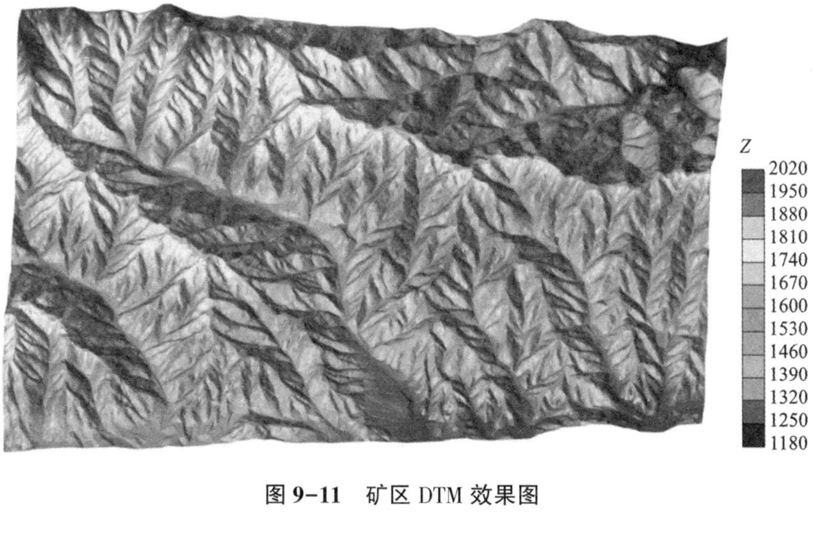

图 9-11　矿区 DTM 效果图

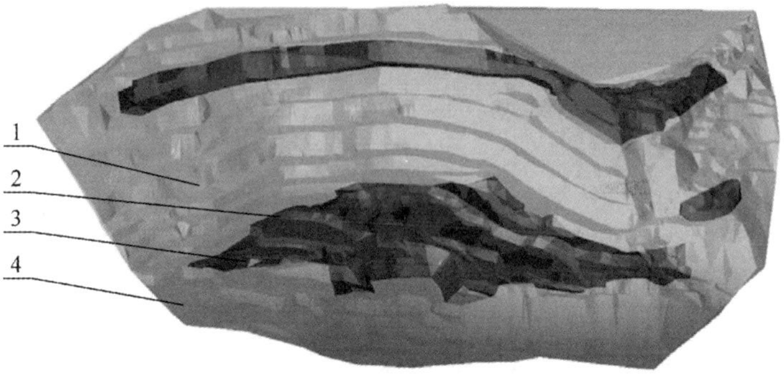

1—露天台阶；2—挖方量模型；3—填方量模型；4—露天坑现状。

图 9-12　露天采矿场填挖模型

(2)井巷工程建模

井巷是用于联通地上和地下的各类通道，是井下生产的动脉。由于井下巷道的复杂性和地下资源条件的不断变化，传统的二维 CAD 图只能将巷道抽象显示成双线，无法直观地显示井下巷道的空间位置关系及其与周边巷道的相互关系。随着计算机技术的快速发展和广泛应用，数字化平台可较为方便地进行三维建模，如 DIMINE 软件提供了中心线法、双线法、步距法、断面法等四种方法，为巷道的三维设计提供了准确、快捷、方便的工具，从而可以从三维可视化的角度来直观、形象地反映出各井巷间的空间位置关系，并在此基础上指导后期生产。井巷工程模型如图 9-13 所示。

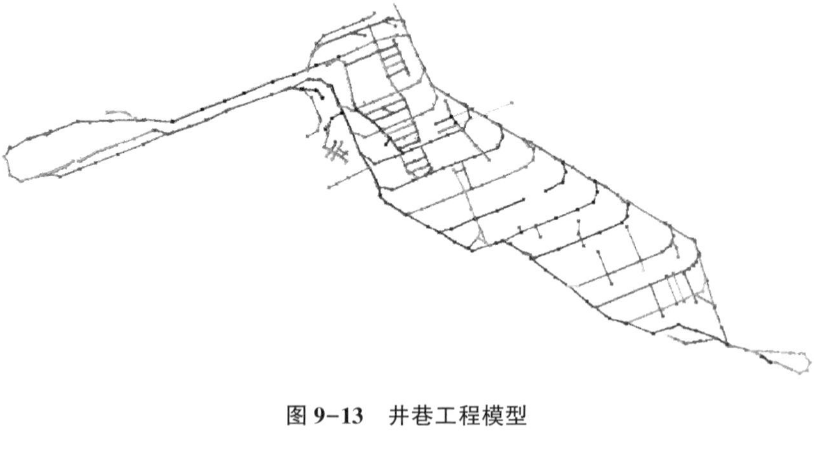

图 9-13　井巷工程模型

井巷工程设计与测量验收是矿山日常生产管理中一个重要的方面。地下矿山开采实际工程中，井巷工程图纸分为两类，一类是设计的巷道施工图，另一类是实测已开掘的巷道工程图。实测巷道工程图不仅可以很好地校核设计巷道的落实情况，明确其所在的实际空间位置，而且还可以进行掘进工程量的核算。

(3)采空区建模

矿山地下开采形成的隐患空区，因其具有形态复杂、分布无规律、安全性差等特点，使其不仅对矿山的安全生产造成威胁，而且还会使矿产资源难以得到充分回收。如何准确获取隐患空区三维信息，对开展空区调查、安全性评价及灾害预测与控制等工作具有重要的现实意义，一个真实的三维空区模型有助于准确、有效的获取采场回采后的存留矿石量、采下废石量、采下矿石量、贫化率和损失率等指标，对改进回采工艺和评价开采质量具有重要作用。

在传统矿山生产开采过程中，由于安全原因，测量人员难以进入采场空区进行实际测量，对各回采指标的获取往往只能根据采矿设计，并结合经验进行简单估算，其结果往往与实际情况相差较大。如今，通过运用空区激光精密探测系统(cavity monitoring system，CMS)对采场空区进行三维探测，以空区实测点数据为基础，运用三维矿业软件建立采空区的三维可视化模型，可以准确获取采场空区的三维形态和实际边界，如图 9-14 所示。

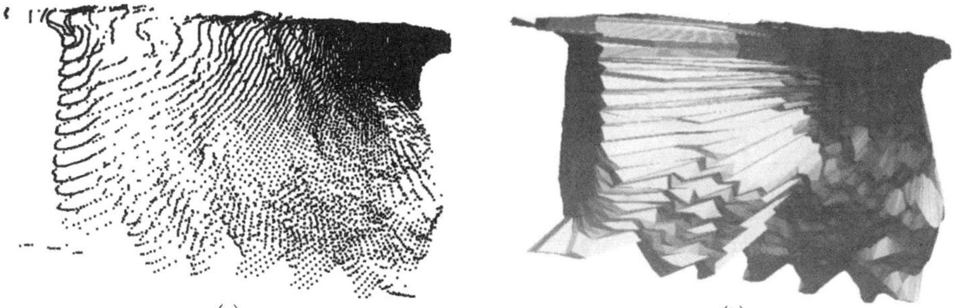

(a)　　(b)

图 9-14　采空区点云与三维重建后的模型

CMS 探测空区所获得的原始数据经 CMS 预处理软件处理后，转换为 dxf 格式的数据文件，该文件可被第三方软件如 DIMINE、Surpac 和 Gocad 等识别，用以生成空区三维实体模型。基于创建好的空区三维实体模型，便可对回采过程中的各项技术经济指标进行求解核算。

(4)三维地质建模

从数据描述格式上看存在两种形式的数据结构：栅格数据结构和矢量数据结构。栅格数据结构的特点是以基于空间单元的离散化来表达空间三维实体对象，数据结构简单、易于空间分析与计算，但数据量大、数据处理速度慢，所表达的空间实体几何精度低，不能正确表达和分析空间实体之间的空间拓扑关系。矢量数据结构的特点是以空间实体的边界为基础来定义和描述空间对象，因此能够对所描述的空间对象以完整和显式的形式表达，空间几何精度高、数据量小，能够表达实体之间的空间拓扑关系，便于空间查询，但矢量结构拓扑关系复杂，增加了对模型产生、编辑和拓扑关系维护的难度。

对于数字采矿系统，在采矿设计过程中主要关心人工工程对象、矿体等的边界形态，但在生产规划、计划编制、品位控制时，关心的则是这些实体的内部属性。所以有必要找到一种既能准确表达实体边界又能精确表达实体内部属性的三维数据模型。实际应用中通常采用结构建模与属性建模相结合的松散型建模方案，即结构模型(地质实体模型)与属性模型(块段模型)分别为两个不同的文件类型，存放在不同的文件中，模型之间不建立数据结构上的关系，但提供快速转换算法，两者共同存在、相互依赖，以满足数字采矿的应用要求。三维地质建模流程如图 9-15 所示。

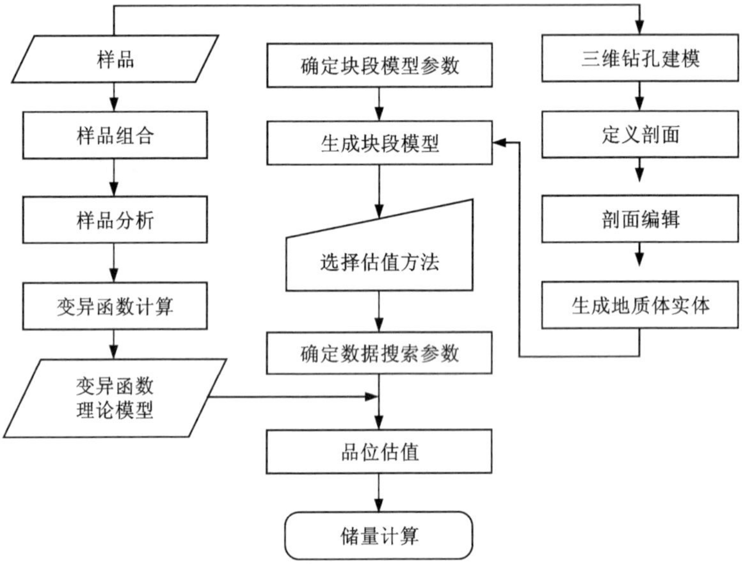

图 9-15　三维地质建模流程

①结构建模。

数字采矿软件系统中，结构建模主要对矿体、断层等实体进行几何建模，以准确表达实体的外部轮廓边界、表达实体间的空间关系，从而达到准确设计、精确出图的目的。近年来，结构建模有多种构模方法，包括边界表示法、实体几何构造法、线框表示法等。由于地质体、矿体的复杂性，通常采用边界表示法。地质结构建模结果如图 9-16 所示。

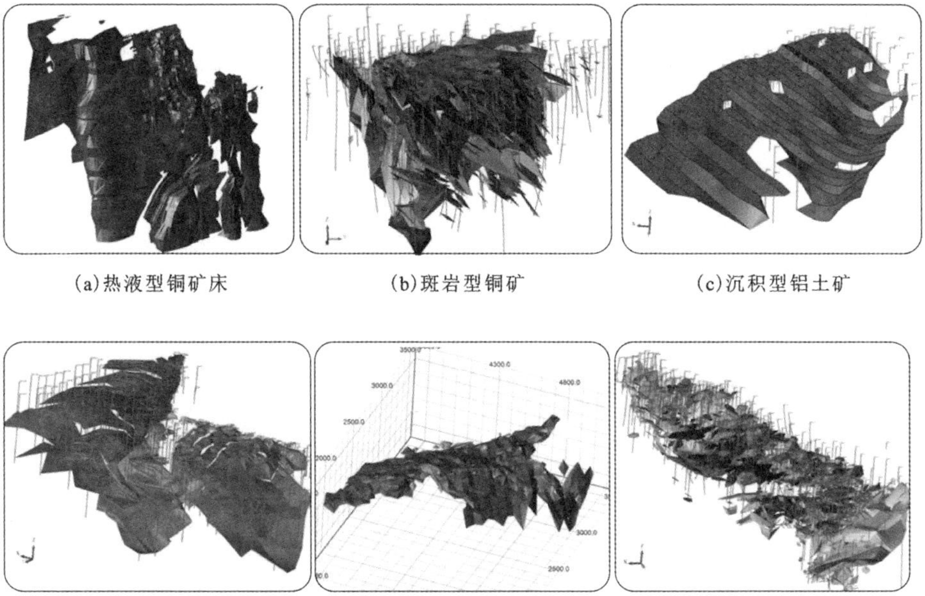

(a)热液型铜矿床　(b)斑岩型铜矿　(c)沉积型铝土矿

(d)中低温热液变质型铁矿　(e)矽卡岩型铜矿　(f)同生沉积—热液改造型层状铜疏多金属矿床

图 9-16　地质结构建模结果

②属性模型。

属性模型又称块段模型或块体模型(block model)，当前三维矿业软件中通行的概念是将块段模型与地质统计学相结合，应用数学方法对品位分布进行建模。由于品位分布是在资源中受地质因素控制而明显存在的，从而形成一定约束条件下的品位模型。块段模型的精度取决于块段模型的结构和属性。在资源储量估算中，利用块段模型可以准确地进行资源量和品级报告。

块段模型是品位估值和矿床模型的基本框架，是品位等估值结果的信息载体。块段模型由形状规则、大小相同或不同的立方体矿块组成，这些矿块是构成块段模型的基本单位。构成块段模型的基本要素如图 9-17 所示。虽然不同软件建立块段模型的结构不尽相同，但所有的块段模型都由以下几个基本要素组成：

a. 模型原点坐标。是指块段模型所定义立方空间 X、Y、Z 坐标的下限值。

b. 矿块中心点的坐标。是指每个单独矿块中心点的坐标，是矿块的空间定位数据。

c. 矿块尺寸。是指矿块在三维空间不同方向的大小，矿块尺寸决定了每个矿块的体积，矿块体积与矿块对应的体重相乘即可得到矿块所代表的矿、岩量。

d. 矿块数。块段模型在三维空间不同方向矿块数，一般由块段模型所定义立方空间 X、Y、Z 坐标的上限值、模型原点坐标、矿块大小来确定矿块数目，三者的运算关系式为：矿块数=(坐标上限值-坐标下限值)÷矿块大小。

e.矿块所载信息。是建立矿块的主要目的之一，所载信息有品位估值结果、矿岩类型、矿岩石体重、矿石氧化程度、资源/储量级别、岩石力学信息等。

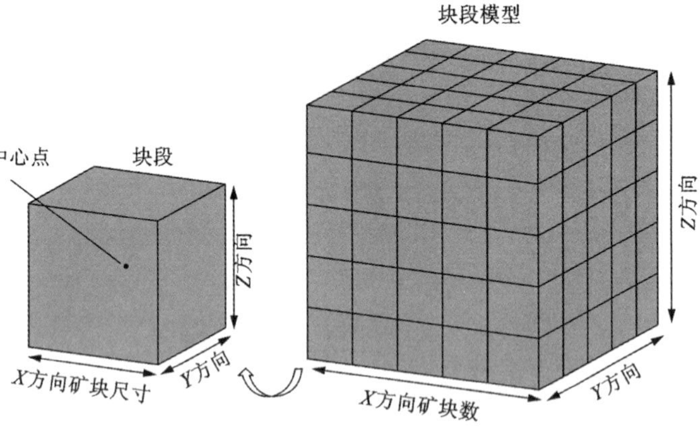

图 9-17　块段模型的基本构成要素

块段模型是矿床品位推估及储量计算的基础，其基本思想是将矿床在三维空间内按照一定的尺寸划分为众多的单元块，然后根据已知的样品点，通过空间插值方法对整个矿床范围内的单元块的品位进行推估，然后在此基础上进行储量的计算和统计。

块段模型是一种数据库，是矿床在三维空间内按照一定的尺寸和比例划分为许多较小规则单元块的一种集合体，它具有一般数据库的功能，如存储、操作和修补数据以及动态显示等，并且具有空间参照性，通过在一些约束条件下建立系列属性来存储矿石品位、密度、矿岩类型等地质信息。结构模型与其对应的属性模型如图 9-18 所示。

图 9-18　结构模型及其对应的属性模型

9.2.3.4　数字化量算

(1)露天方量计算

收集、整理前后两个时间段的数据，创建DTM，通过前后两期的数字化模型应用剖面法、网格法、三角网法、块段法可以快速、高精度的得出某区域内的填挖方量值及结果体模型。

①剖面法：在某个方向上，根据设定断面间距形成一系列的剖面线剖切DTM，从而形成系列剖面，根据系列剖面填挖方面积与影响距离计算填挖方量。

②网格法：将填挖方区域划分成长方形网格，形成四棱柱，每个四棱柱的顶高和底高，都是由上下DTM在该网格中心点的位置的高程所确定，然后计算四棱柱的体积，最后进行汇总计算填挖方量。

③三角网法：将上下DTM在约束边界内部(封闭区域)的点重新构建三角网，并通过上下对应的三角网所形成的三棱柱来计算填挖方量。

④块段法：用在X、Y、Z三个方向输入的块段尺寸形成块段，填充填挖方区域，计算填挖方量。

计算方量时，在参数设置合理的情况下，通过以上四种方法得到的填挖方量值都可以很好地满足精度要求。有时为了得到更高的精度值，可以采用多种计算方法进行求解并对比分析，得到的最终结果精度将会大大提高。

(2)井巷工程量核算

设计井巷能够准确地反映设计者的设计思想，而利用实测数据建立起来的井巷模型则能够真实地表现设计的落实情况，并计算掘进工程量。通过与设计文件的信息对比，就可进行掘进工程量的核算，从而也就能更好的指导矿山巷道施工和工程计划编制，辅助矿山的生产。

(3)采空区技术经济指标核算

金属矿山地下开采形成的隐患空区，因其具有形态复杂、分布无规律、安全性差等特点，使其不仅对矿山的安全生产造成威胁，而且还会使矿产资源难以得到充分回收。隐患空区业已成为我国矿山安全、高效开采过程中迫切需要解决的难题之一。同时，如何准确获取隐患空区三维信息，对开展空区调查、安全性评价及灾害预测与控制等工作具有重要的现实意义。一个真实的三维空区模型有助于准确、有效的获取采场回采后的存留矿石量、采下废石量、采下矿石量、贫化率和损失率等指标，对改进回采工艺和评价开采质量具有重要作用。

①存留矿石量计算。

一般地，采用大爆破回采的采场，由于矿石性质、块度、底部结构参数以及出矿进路坍塌等因素的影响，回采完毕后，采场内部往往还有部分矿石无法完全回收，无法回收的存留矿石是造成采场回采损失的主要原因。为计算这部分矿石量，以采场空区探测模型为基础，提取探测采空区模型的底部边界线和采场底部设计边界线，运用 DIMINE 建立存留矿量三维模型，将其与采空区三维模型复合，运用存留矿量三维模型计算其体积，进而计算出存留矿石量，如图 9-19 所示。

1—实测空区；2—残留矿石。

图 9-19　采场存留矿量与探测空区三维复合模型

②采下废石量计算。

计算采下废石量的具体步骤如下：a. 提取采场爆破设计剖面中的采场矿体边界线；b. 将边界线导入 DIMINE，进行坐标三维转换，使其与矿山实际坐标相符；c. 分别生成各矿岩边界面 DTM；d. 分别将各边界面与探测空区模型复合，并进行布尔运算，形成独立的采场采下废石三维模型；e. 根据生成的采下废石三维模型计算采下废石量。

③采下矿石量计算。

回采过程中的采下矿石量为回采总量减去采下废石量，也可以采用计算废石的两大方法求出采下矿石量。

④贫化率和损失率计算。

采场贫化主要是地质条件和采矿技术等方面的原因，使采下的矿石中混有废石从而引起矿石品位降低的现象。回采贫化率是指回采过程中采下废石量或充填体量与回采总量的百分比。

采用 CMS 探测三维采场空区，以空区实测数据为基础建立采场回采设计模型及矿岩边界模型，通过模型间的布尔运算，计算出各回采指标。采用该方法计算获得的采场回采指标可靠，可用于矿山实际生产管理和回采质量评估，也为矿山准确掌握开采质量、改进回采工艺和提高资源回收率开辟了一条新的有效途径。

9.2.3.5　数字化设计

数字化设计利用计算机图形学及多媒体仿真技术，为采矿工作者提供一个非常逼真的矿山虚拟环境和矿体赋存信息平台，利用人机交互技术，在这个平台上完成图纸的获取、采矿工程布置、生产设计、井巷设计和采矿方法的初步验证等工作，进而获得所设计工程的工程量、工程投资、采矿效率等技术经济指标，从而实现不同采矿方法、开拓工程的优劣的对比分析，为矿山企业选择最佳的系统提供参考。

(1)露天矿开采设计

①露天矿台阶设计。

在确定了露天采场的底部周界后，设计者首先根据所设计矿山的矿岩稳固性和挖掘、运输设备规格等条件，确定台阶要素。然后运行软件提供的“露天采矿”功能，在相应的对话框中输入相关的台阶设计参数，软件即可按台阶生成符合空间关系的台阶坡顶线、坡底线和公路边界线的线框图形。最后利用线框图即可方便地生成三维实体图形。软件成图的效果如图 9-20 所示。

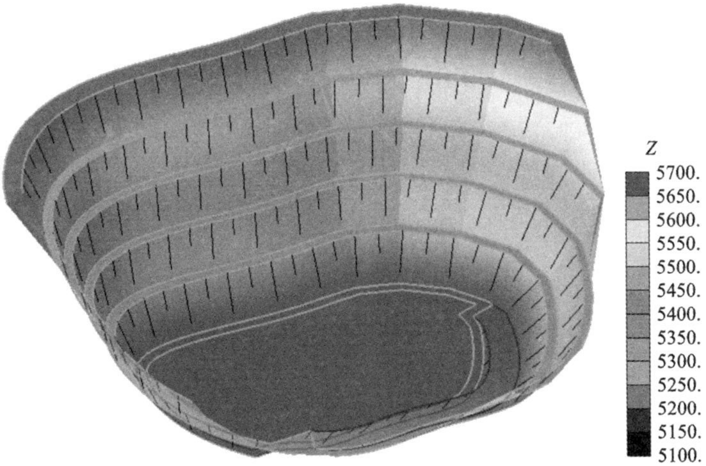

图 9-20　台阶设计实体图

②露天矿道路设计。

露天矿山的道路具有断面形状复杂、线路坡度大、转弯多、运量大、曲率半径小、车辆载重大等特点。按照所处地形条件，露天矿道路分为两种类型。其一是境界内台阶间布置的道路；其二是境界外原地形上布置的道路。境界内道路主要由跨台阶平台的斜坡组成。按设计要求，道路具有纵坡时，需利用台阶平台提供道路缓和坡段，也可利用台阶平台布置回头曲线。境界外的地形分为平坦地形与山坡地形。在道路设计中，需要同时考虑线路的平距长度、纵坡坡度和道路工程量（即挖、填方量）等因素。利用三维矿业软件，可以简化设计过程，同时兼顾各设计影响因素，并能准确计算道路工程量。

③露天矿排土场设计。

排土场设计需考虑排土场选址、排土工艺、排土场堆排方式等因素。应用三维软件设计排土场，可以直观清晰地确定其堆置要素，准确快捷地完成排土场设计与计算。排土场堆置要素主要包括堆置总高度与台阶高度、岩土自然安息角与边坡角、最小平台宽度、有效容积和占地面积等。

④露天矿爆破设计。

在露天矿采剥台阶上进行的爆破是露天矿开采的主要爆破方式。其特点是每个台阶至少有台阶坡面和上部平台两个爆破自由面。通过在上部平台进行穿孔、装药、起爆顺序及延时等参数的合理设计与施工，使爆区内的台阶矿岩能在爆破作用下松碎，并获得适宜铲装作业的爆堆形状。

三维矿业软件的应用为台阶爆破设计提供了直观准确的数据管理及可视化模型，简化了设计计算及设计图绘制工作，提高了设计效率，改进了设计效果。

a. 布孔方式。

露天三维软件设计台阶爆破的炮孔布孔方式主要包括梅花形布孔和方形布孔。在利用三维软件设计时，先设计露天矿的爆破台阶，然后布孔的时候在参数设置里选择布孔方式即可。

b. 装药与连线。

露天矿台阶爆破的装药结构主要有连续装药和间隔装药两种。起爆线路连接的基本形式有直线连接、斜线连接、波形连接及环形连接等。

c. 起爆分析。

在三维矿业软件中，起爆分析包括起爆模拟、等时线分析、抛掷方向分析、起爆时间分析。通常通过这些分析来验证设计的方案是否合理，从而进行修改更新。

d. 成果输出。

在三维矿业软件中设计完成爆破方案后，点击生成报告按钮，通过软件的输出功能将设计的成果进行输出，供施工人员进行施工。露天矿爆破设计结果如图 9-21 所示。

（2）地下矿开采设计

①开拓系统设计。

开拓系统设计是研究确定由地表通达矿体的主要井巷布置和采掘工程。它要保证矿井生产时开采、掘进、运输、提升、通风安全、排水和动力供应等各系统能正常高效运行，这关系到整个矿井的生产技术面貌和长远发展，甚至直接影响基

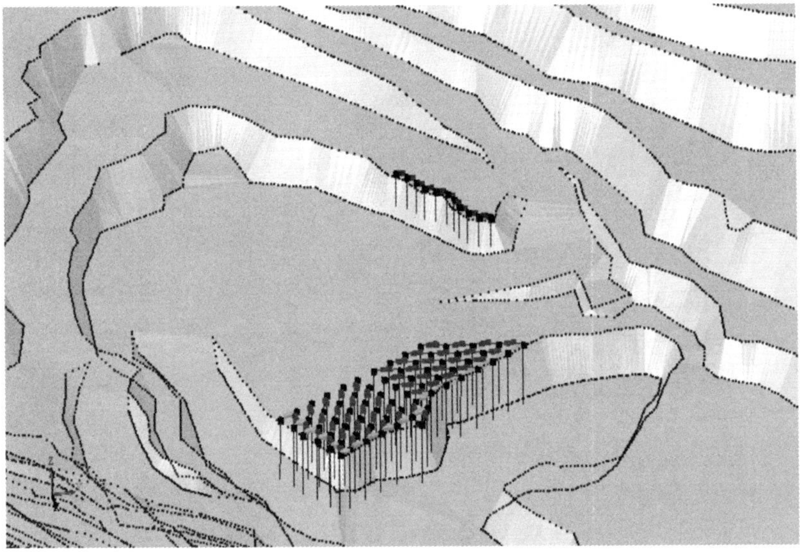

图 9-21　露天矿爆破设计结果

本建设时的建设工程量、工期、投资、质量和矿井投入生产后能否尽快达产、高效及安全生产等。

采用三维数字化手段进行开拓系统设计的成果如图 9-22 所示。按开拓巷道在矿床开采中所起的作用，可分为主要开拓巷道和辅助开拓巷道两类。运输矿石的主平硐和主斜坡道、提升矿石的井筒(如竖井和斜井)属于主要开拓巷道，作为提升矿石的盲竖井、盲斜井也属于主要开拓巷道；其他开拓巷道，如通风井、溜矿井、充填井等，在开采矿床中只起辅助作用，故属于辅助开拓巷道。

②回采单元划分。

回采单元的划分有两种情况，一是开采缓倾斜、倾斜、和急倾斜矿体时，通常将矿体划分为阶段和矿块；二是在开采水平和微倾斜矿体时，需进行盘区和采区的划分。

a. 阶段和矿块。

在开采缓倾斜、倾斜和急倾斜矿床时，在井田中每隔一定的垂直距离，掘进一条或几条与矿床走向一致的主要运输巷道，将井田在垂直方向划分为阶段，阶段的范围沿走向以井田边界为限，沿倾斜以上下两个主要运输巷道为限。阶段的高度受矿体的倾角、厚度、沿走向长度、矿岩物理力学性质、开拓方法和采矿方法、阶段开拓、采准、切割和回采时间、阶段回采条件等诸多因素影响。

在阶段中沿走向每隔一定距离，掘进天井联通上下两个相邻阶段运输巷道，

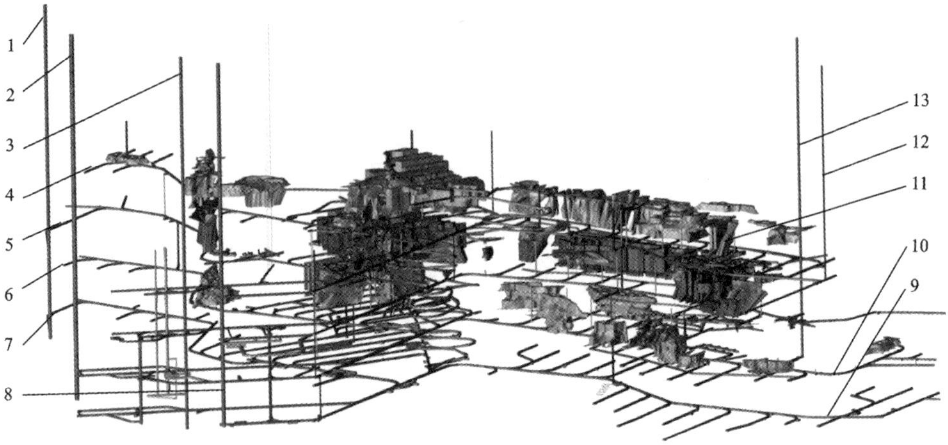

1—Ⅰ号回风井；2—混合井；3—副井；4—185 中段；5—245 中段；6—305 中段；7—365 中段；8—主井；9—485 中段；10—425 中段；11—矿体模型；12—管缆井；13—Ⅱ号回风井。

图 9-22　开拓系统三维数字化设计结果

将阶段再划分为独立的回采单元，即矿块。矿块的划分受埋藏条件、采矿方法、断层等因素影响。

b. 盘区和采区。

在开采水平和微倾斜矿床时，如果矿体高度不超过允许的阶段高度时，不再进行阶段划分，而是用盘区运输巷道划分为长方形的矿段，即盘区。盘区通常以井田的边界为其长度，以相邻运输巷道之间的距离为其宽度。盘区的划分受矿床开采技术条件、所采用的采矿方法以及运输机械等因素影响。

在盘区中沿走向每隔一定距离，掘进采区巷道连通相邻的两个盘区运输巷道，将盘区再划分为独立的回采单元，即采区。

③采切工程设计。

采切工程包括矿块采准和切割工作。

采准是在已开拓的矿床上掘进采准巷道，将阶段划分为矿块作为回采的独立单元，并在矿块内创造行人、凿岩、放矿、通风等条件。采准包括采准巷道和切割巷道(拉底巷道、切割巷道等)。采准巷道的类型、数量、位置受矿床赋存条件和采矿方法等因素影响。

切割工作是指在已采准完毕的矿块里，为大规模回采矿石开辟自由面和自由空间(拉底或切割槽)，有的还要把漏斗颈扩大成漏斗形状(称为辟漏)，为以后大规模回采创造良好的爆破和放矿条件。

采切工程设计要素包括设计切割采场、矿房矿柱的划分、设计采场井巷及硐室、参数化底部结构。采用三维数字化进行采切设计的成果如图 9-23 所示。

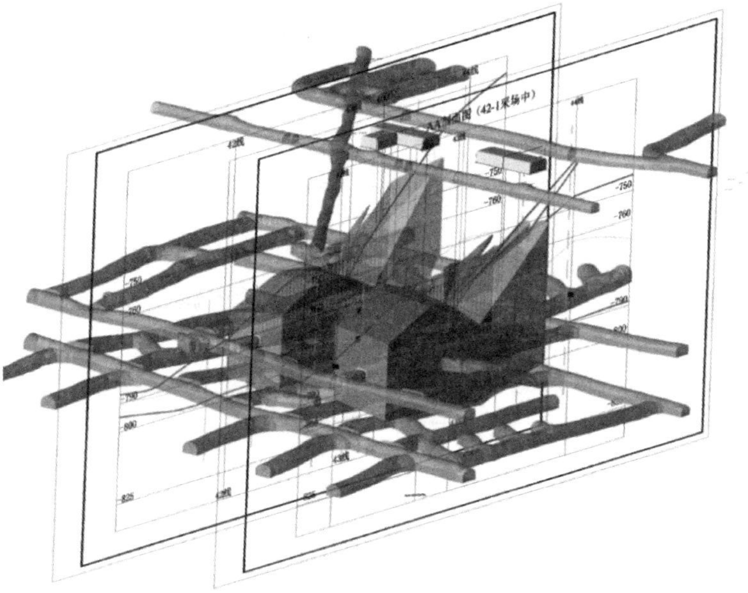

图 9-23　采场工程布置

④掘进爆破设计。

根据掘进时巷道周围的地质条件、设备条件和巷道的断面条件等可以确定的爆破参数包括炮孔的孔网参数、巷道的掘进进尺、炸药的种类及单耗等。爆破方案设计完成并设计好各类型炮孔后，可以得到包括炮孔布置图、爆破图表及炮孔编制说明书等爆破设计文件。炮孔布置图中包含有多种与炮孔信息有关的爆破参数，主要指炮孔直径、炮孔的孔间距和排距、炮孔抵抗线、巷道断面尺寸、起爆顺序和各类型炮孔的炸药量。巷道掘进爆破横断面设计图如图 9-24 所示。

⑤回采爆破设计。

爆破设计是地下采矿设计中十分重要的部分，它为爆破施工提供最直接的设计图纸和技术文件。采矿方法不同，爆破设计也不同。炮孔布置形式有平行布孔、扇形布孔和水平孔三种形式。钻孔主要分浅孔（孔深小于 5 m）、中深孔（孔深不超过 15 m）和深孔（孔深大于 15 m）三类。浅孔通常为平行布置，炮孔方向为水平或者垂直。中深孔以及深孔通常为扇形布置。地下三维爆破设计时，需要考虑的因素有涉及的采矿方法、炮孔的布置形式、炮孔参数（炮孔间距，排距）、装药参数等。地下三维爆破设计的方法如下：

a. 设定爆破参数：排位线方向、排距、孔间距、始边孔角、终边孔角、孔底与爆破范围边界的间隙。

b. 选择待爆破矿体：待爆破矿体不应包含本次爆破以外的部分。

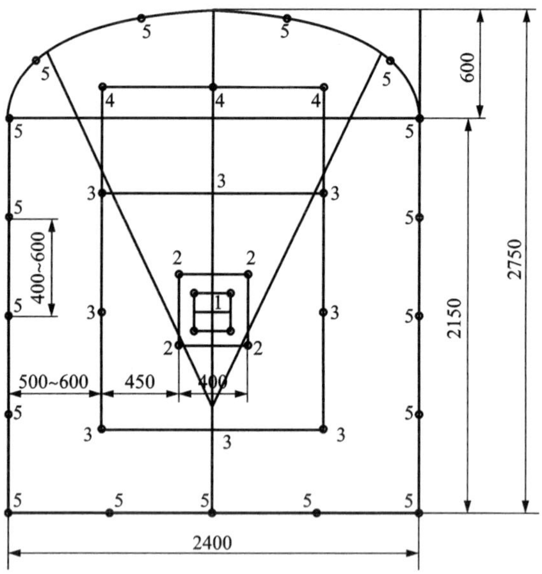

图 9-24 巷道掘进爆破横断面设计图

c. 确定凿岩巷道：实际操作中需选取巷道中心线(底板中心线)，在此基础上计算巷道边界和凿岩中心点。

d. 获取矿体截面：以给定的排距以及排位线方向为参数获取矿体截面，并将其进行几何变化，以使它们在俯视图中规则排列。

e. 炮孔设计：程序自动获取截面的边界范围，在给定的边孔角等参数条件下自动进行炮孔设计，同时输出炮孔参数。

f. 生成爆破实体：当用户选择生成爆破实体时，程序将在俯视图中各截面上设计好的炮孔进行几何变换，使其在原来矿体的相应位置自动布置炮孔，并在该位置将原来的矿体进行分解，从而形成爆破实体，生成每排的三维爆破实体。

9.2.3.6 **数字化排产**

一种有效的数字采矿计划编制工具，对矿产资源的综合利用，企业的经济效益和企业能否持续均衡地进行生产等都有重大影响。好的采矿计划能在“正确的时间、地点开采出效益最佳的矿石(数量和质量)”。

自 20 世纪 60 年代初计算机及运筹学引入采矿工程后，人们开始按两种不同的逻辑模式，从两个方向进行矿山生产计划计算机编制系统的研究工作，一是采用优化方法确定矿山生产计划；二是利用模拟方法确定矿山生产计划。近年来，人们又引入人工智能技术，试图综合应用人工智能、优化法和模拟法来有效解决矿山生产计划的优化编制问题。但由于矿山生产计划编制的技术约束条件众多，导致各种优化方法时间复杂度高，计算量大，从而无法解决实际上的大规模生产计划编制问题。目前，最成熟的方法还是采用模拟法对手工操作方法进行计算机模拟，通过不断的调整，得出一系列的方案，不仅能从中找到最符合实际情况的方案，还可以反过来对生产技术条件提出改进意见，真正达到指导生产的目的。

(1)露天矿采剥计划编制

随着计算机技术的发展，人们逐渐用计算机来解决露天矿生产计划编制问题(OMPSP)。最初有学者提出利用LG图论法或浮动圆锥法调整价值模型，通过试算法求出一系列嵌套分期境界作为各计划期的期末图，但这种方法无法满足采掘进度计划的技术约束条件，而且该算法调整价值模型的工作量非常大。随后又相继有许多计算机方法问世：KOROBOV算法、参数化算法、动态规划法、混合整数规划法。其中混合整数规划法能够充分考虑露天矿生产计划编制问题的一系列技术约束条件，为解决实际的大规模OMPSP提供了一条很好的途径。

计算机模拟法所需要的主要基础资料有：

①三维地质块段模型，即在资源评价体系中采用一定估值方法建立的矿床模型，它能提供矿石品位、密度、岩性等各种属性的空间分布以供查询与统计。

②开采现状图，即当前露天矿开采的现状图或新矿山的地形图。

③最终境界文件，即通过境界优化得出的设计最终境界。

④矿体模型，即通过地质解译圈出的开采矿体模型，也是矿岩分界面模型，用来区分块段模型中的岩石与矿石。

⑤已知数据与约束条件文件，即编制采掘计划需要考虑的所有约束条件和用到的所有数据，如查询块段模型的参数、设计时设定的工作边坡角、台阶高度、最小底宽、同时工作台阶数、最大采选能力、矿石量波动允许范围、矿石与废石采出成本、贫化率、损失率、选厂品位允许变化范围、选矿成本、金属价格、金属销售成本、选矿回收率、边界品位、最小工作平盘宽度、道路要素等。

通过对以上资料的数字化，应用矿业软件即可进行自动化排产，其结果如表9-7和图9-25所示。

表9-7　排产规划

周期	开始日期	结束日期	矿量/t	岩量/t	采剥总量/t	平均品位/%	剥采比
1	2014-09-01	2015-08-31	219648	1755648	1975296	33.2	7.993
2	2015-09-01	2016-08-31	548160	3624960	4173120	32.8	6.613
3	2016-09-01	2017-08-31	524352	3545088	4069440	30.6	6.761
4	2017-09-01	2018-08-31	556578	3680650	4237228	32.8	6.613
5	2018-09-01	2019-08-31	564525	3816753	4381278	30.6	6.761
6	2019-09-01	2020-08-31	551214	3655651	4206865	31.2	6.632

(a) 2014年剩余量

(b) 2015年剩余量

(c) 2016年剩余量

(d) 2017年剩余量

(e) 2018年剩余量

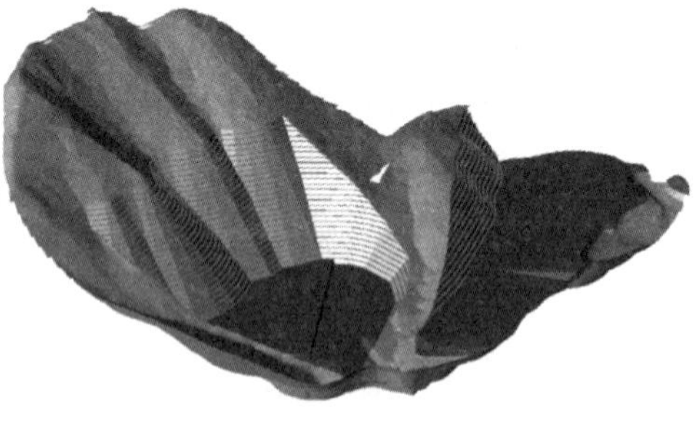

(f) 2019年剩余量

图 9-25 开采计划图

(2) 地下矿采掘计划编制

三维可视化技术的发展以及资源评价体系的出现，为生产计划的编制提供了一个很好的基础数据平台，保证了采掘计划编制时基础数据的可靠性与便利性。一方面，在三维环境下，地下各种采掘工程在空间上的分布以及它们之间的空间关系变得十分清晰；另一方面，三维地质块段模型包含块段地质属性，如品位、岩性等，提供了空间分布状态，这样在计划编制中可以方便地查询和利用这些信息。当矿山设计、生产计划、矿堆进度计划、设备应用以及规模扩大等各方面参数发生变化时，利用上述技术，管理人员可全面细致地研究和分析客观情况，加快计划的编制进程，保证公司投资实现最佳化。

地下矿山生产计划编制的基础技术主要包括三维可视化建模与储量估值技术、生产任务分解与任务单元生成技术、任务单元排序技术、多目标自动优化技术、自定义图表生成技术以及三维动态模拟技术等。

三维可视化建模与储量估值技术是生产计划编制的基础，主要内容有地质数据库建立、矿体及掘进实体建模、块段模型创建与资源储量估算及三维设计图形环境设计等。

生产任务分解与任务单元生成技术，即根据计划编制的基本内容，把生产场所分解成独立的任务单元，并为任务单元添加属性，如断面轮廓、生产能力、完成时间等。

任务单元排序技术，即根据设置的自动规则，自动搜索任务单元之间的空间关系或逻辑关系，形成对任务单元的自动排序。

多目标自动优化技术，即根据设定好的优化目标，如产量、净现值、开采成本，设置好的约束条件、决策变量，求解优化模型，最终达成生产计划目标。

自定义图表生成技术，即根据施工方案，生成与日期相对应的进度计划报表及图形，如甘特图、资源统计图。在初步计划工作完成后，还可以根据工程量的平衡关系，对施工顺序进行调整与修改，并更新计划数据库中的相应数据。

三维动态模拟技术就是根据工作时间规划按照周期安排自动在三维环境下动态模拟计划编制过程，以便人们直观地查看计划周期内的生产过程。

应用以上技术进行地下矿采掘计划编制，其成果如图 9-26 所示。

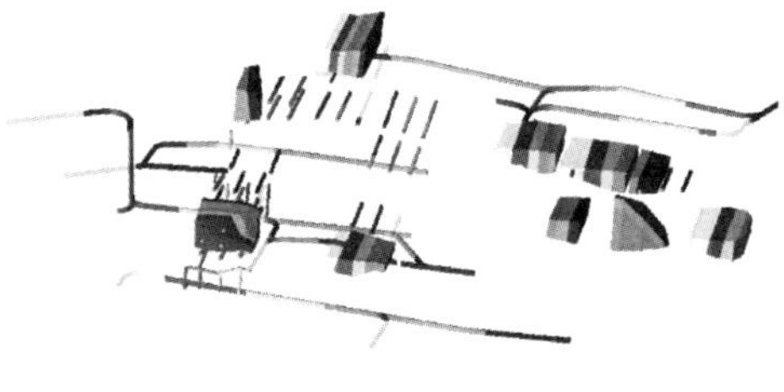

(a) 2017年任务量

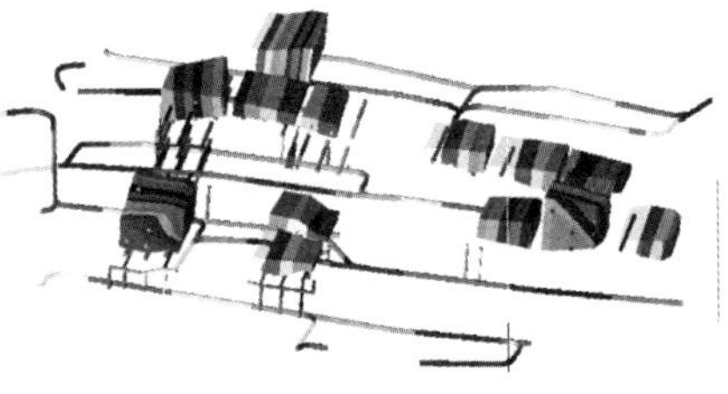

(b) 2018年任务量

图 9-26　地下矿采掘计划编制成果

9.2.4　矿山数字化生产与管控技术

矿山数字化生产与管控技术是以矿山安全、环保、生产管理为中心，以矿山生产和安全监测数据及空间数据库为基础，以矿山资源与开采环境三维可视化和虚拟环境为平台，利用三维 GIS、虚拟现实等技术手段，将矿山地上地下场景、矿床地质体、井巷工程、采矿、选矿、冶炼生产工艺过程及其引起的相关现象进行三维数字化建模，实现对矿山生产环境、生产状况、安全监测、人员和设备状态的实时仿真，实现矿山生产的“透明”管控。

9.2.4.1　**矿山通信技术**

矿山井下作业环境恶劣、空间狭隘、结构复杂、电磁屏蔽性强、噪声大、系统通信与自动操控困难，选择并建立先进的矿山综合通信网络，使得矿山生产过程中产生的不同信息流（如资源状态、设备状态、人员状态、安全信息等）能及时、快速、准确地传输到地面数据中心与控制调度中心，为系统决策和优化提供实时、快速的参考依据，对矿山的安全、高效与自动化生产具有非常重要的意义。

井下矿山通信由有线通信系统、无线通信系统和各生产环节间的局部通信系统组成。

（1）井下有线数字通信

井下矿山的有线数字通信包括：

①载波电话通信系统：主要用于井下电机车的通信。载波电话在矿井应用的时间较早，为电机车的调度发挥着重要的作用。由于其音质、音量较差，难以大量使用。对于井型规模不大，经济条件有限的矿山，载波电话仍不失为一种投资小、见效快、又能解决问题的有效办法。

②扩音电话系统：该系统主要应用在采掘工作面、斜井运输、长距离皮带运输等部位。扩音电话系统为保证工作面的正常生产、皮带的正常运输起到了关键性的作用。扩音电话的使用将大大提高采掘工作面人员的效率，减少事故的发生。

（2）井下无线通信系统

井下无线通信系统作为生产调度通信系统的补充，在矿井安全生产方面起着重要的作用。作为井下主要的通信手段，井下无线通信系统具有安装快捷，能在较短时间内形成局部移动通信系统的特点，并能与矿井行政、生产通信系统实现组网，可保证生产管理人员、电机车司机、皮带维护工及其他流动人员能够与生产调度室及时取得联系。特别是当井下发生紧急情况时，能为井下提供及时与地面取得联系的工具，对抢险组织非常有帮助。井下矿山的无线数字通信要求有精心设计的支持结构以补偿井下无线信号传播环境差的不足，该支持结构称为“泄漏馈电”。

目前国内外矿山井下无线通信系统采用的技术主要有：

①漏泄馈电电缆：为使无线电频率传到井下，必须以漏泄馈电电缆代替标准的地面无线通信系统，使信号有效地辐射整个矿井。电缆应设计成“泄漏”信号，允许无线电信号从电缆泄漏，也允许信号进入电缆。为补偿信号损失，可以安装线路放大器和中继站。这些设备都需要配备备用的蓄电池。漏泄馈电电缆容易受

到外部的破坏，但又不能牺牲功能而采用铠装或者埋入地下。

②以太网技术：以太网是当今现有局域网采用的最通用的通信协议标准。该标准定义了在局域网（LAN）中采用的电缆类型和信号处理方法。以太网在互联设备之间以 10～100 Mbit/s 的速率传送信息包，双绞线电缆 10 Base T 以太网由于其低成本、高可靠性以及 10 Mbit/s 的速率而成为应用最为广泛的以太网技术。直扩的无线以太网可达 11 Mbit/s，许多制造供应商提供的产品都能采用通用的软件协议进行通信，开放性最好。

③WiFi 技术：WiFi 是采用 IEEE 8021. 11b 协议的无线局域网（WLAN）技术的专用术语。借助矿山 WiFi 网络，矿工可以在井下使用蜂窝电话。但是 WiFi 信号很容易受到其他信号的干扰，从而影响其精度，而且 WiFi 收发器都只能覆盖半径 90 m 以内的区域，长距离的矿井巷道需要安装大量的基站。

④中频技术：值得提及的是与中频（300 kHz～3 MHz）有关的独有特性，这些频率具有寄生传播的现象。频率是在没有专用电缆的情况下模拟漏泄馈电电缆的特性，但距离变化取决于多种因素。目前国内外研制出的几种井下无线通信系统都利用了这种特性。

⑤蓝牙技术：是一种短距离、低功耗的无线传输技术，在地下安装适当的蓝牙局域网接入点，通过蓝牙设备收发信息，就可以实现井下无线通信。蓝牙技术主要用于小范围的环境，优点是设备体积小，易于集成在 PDA、PC 以及手机中，其信号传输不受视距的影响，因此很容易推广普及。其不足在于蓝牙设备价格比较昂贵，而且在地下复杂空间环境中稳定性较差，受噪声信号干扰大。

⑥射频识别（RFID）技术：通过射频方式进行非接触式双向通信交换数据，以达到通信、定位和目标识别的目的。RFID 可以在几毫米内读写目标信息，通信速度非常快。RFID 还具有非接触和非视距等特点，电子标签体积小，造价低。其缺点是作用距离短，一般最长为几十米；读写器价格比较昂贵，在矿井巷道中大量安装读写器的成本非常高。

⑦Zigbee 技术：是近年来新兴的短距离、低速率的无线网络技术，其性能介于射频识别和蓝牙之间，是一种具有统一技术标准的短距离无线通信技术。Zigbee 系统通过数千个微小的传感器之间的相互协调通信来实现定位功能，这些微传感器只需很少的能量就可以工作，彼此间以接力的方式通过无线电波传递数据，通信效率非常高。

⑧无线网状网络：它是一种以 WiFi 技术为基础、采用 TCP/IP 数据协议层的特殊应急技术。目前，其协议层还没有实现标准化，IEEE 刚推出了其试用标准。将调制解调器安装在井下工作区的关键地方，每个调制解调器可以接收和传输信号，或起到中继站的作用。这种多跃式网络可设计成冗余和自动配置方式，同时还具有“学习”和“自适应”能力。节点之间没有预先规定的信号通路，任何一个

节点出现信号故障都不会对整个网络产生大的影响。采用这种网络能够大大增强矿山无线网络的可靠性。

与井工矿山数字通信的特殊性和复杂性相比，露天矿山数字通信技术较为简单。露天矿山的通信网络主要由电话网、接入网、调度通信网、计算机数据传输网、无线移动通信网和矿区专用业务网六个网络组成。

9.2.4.2 矿山感知技术

(1)定位技术

定位是导航的基本功能，是建立精确全局地图的先决条件，也是实现车辆正确路径规划的保证。定位过程是指在具有精确环境信息的基础上，通过外部传感器信息，获得周围环境的相对位置信息，来确定自身位置的过程。定位技术可分为绝对定位和相对定位技术两类。前者是给定先前位置估计，融合机器本身或外界传感器信息，得到当前机器的位置估计，也称局部定位；后者则是在没有任何先前的位置信息时，仅仅依靠环境地图计算机器当前的位置，也称全局定位。定位方法根据车辆设备工作环境复杂性、配备传感器的种类和数量等不同有多种方法，比较典型的定位方法主要有航位推算法、环境特征匹配定位法、GPS 定位法、路标定位法、惯性定位法和组合定位法等。

①航位推算法。

航位推算是在知道当前时刻位置的条件下，通过测量移动的距离和方位，推算下一时刻位置的方法。航位推算算法最初用于车辆、船舶等的航行定位，所使用的加速度计、磁罗盘、陀螺仪成本高、尺寸大。随着微机电系统技术的发展，加速度计、数字罗盘、陀螺仪尺寸、重量、成本都大大降低，使航位推算可以在行人导航中得以应用。

在矿山实际应用中，航位推算法主要是利用车辆自身安装的各种传感器设备，来收集当前时刻车辆的动态位置信息，并通过简单的计算得出位置估计。其工作原理是车辆运动时，利用本身安装的传感器设备获得自身的位移信息，然后通过计算，得出车辆相对于起始位置的估计值，从而实现自主定位。

航位推算法的优点是车辆的位置是自我推算出来的，不需要外界环境的感知信息；缺点是定位误差会随着位移的增加而累积，对起始位置的准确性要求高，并且传感器的输出与车辆的实际运动有时并不对应，进一步限制了航位推算法在自主定位中的应用。大多情况下，航位推算法仅作为辅助方法，用于短时间内的位置估计，不适用于大范围环境内的自主定位。

②环境特征匹配定位法。

环境特征匹配定位法利用安装的传感器感知的实际局部环境信息，与事先建立好的局部环境信息相匹配，比较确定最佳的匹配对象，以获得自身的位置。这种方法由于事先要存储大量的环境信息，对于自主定位过程中的特征提取和模式匹配需要很大的工作量，处理速度慢，所以只适用于一些结构简单、小范围工作环境中。通常基于视觉定位法和激光定位的技术都属于环境特征匹配定位法。

③GPS 定位法。

基于 GPS 的定位技术，已经成熟的应用在很多领域。GPS 是典型的全局定位系统，可以提供全局的环境信息，在进行自主定位时，以其高精度、全天候、高效率、多功能、操作简便、应用广泛等特点著称，同时 GPS 技术不存在累计误差，有较好的实时性。GPS 的自主定位在室外的定位导航中已经被广泛应用且取得了显著效果，但是井下环境复杂、巷道线错综复杂、矿井内高温、灰尘以及潮湿等使得 GPS 通常难以精确的接收遥控信号，特别是在探测物体信号以及信号传输过程中容易出现遮挡、定位精度差等现象，在使用时需要对环境进行较大的改造，成本较高。

④路标定位法。

路标定位法是车辆设备在行走过程中，通过图像采集系统获取路标的图像信息，再根据相关的算法，计算出与路标之间的位置关系，从而实现自主定位的一种方法。路标定位法根据路标的不同，可分为自然路标定位法和人工路标定位法两种。

自然路标定位：采用自然路标定位时，通常选取环境中一些有明显特征的自然物体作为参照路标，该特征容易被识别，不易出现混淆。该方法主要用于在车辆自主定位之前，其运行路径是事先规划好的，并可以建立可靠的局部地图和全局地图的情况。

人工路标定位：由于人工路标在设计时，其颜色、形状和分布等信息都为已知，因此，采用人工路标进行定位时，车辆设备能相对容易地对路标进行识别。另外，人工路标在设计时，多选用规则的形状，根据车辆与路标之间的相对关系，容易实现自主定位，定位结果通常也具有较好的鲁棒性。

⑤惯性定位法。

惯性定位是在车辆的车轮上装有里程计，通过对车轮转动的记录来粗略地确定位置和姿态，该方法简单，但缺点是存在累积误差。对于这种误差，应用视觉或者激光等外部传感器通过对环境信息的感知，再和车辆对环境已知的先验信息进行比较，得到更精确的位置的方法。这种对里程计位置进行更新的方法又称位置跟踪或局部定位，是整个定位系统中比较常见、应用较广的一类定位方法。

⑥组合定位法。

上述的定位方法都有自己的优点和不足，仅单独采用一种定位方法而得出的结果很难满足复杂环境的需要。组合定位方法采用多种定位方法相结合，利用多信息融合技术克服定位过程中出现的不确定性，充分发挥每个方法的优势，从而提高定位及导航的精度。但是，在车辆上装备过多的传感器会增加系统的成本，增大算法的工作量，且仅单个算法的逻辑相加的结果会导致可靠性变差，偏离实际情况。

(2)环境感知技术

①立体视觉技术。

立体视觉技术属于被动型传感器距离测量技术，是计算机视觉研究的核心问题之一。其基本原理是通过两个或多个摄像机组成一个立体成像系统，通过求解对应点和视差得出物体表面与立体成像系统的距离。基于视觉获取周边环境二维或三维图像信息，通过图像分析识别技术对环境进行感知。立体视觉信息处理技术包括立体视觉系统的快速精确标定方法、图像对的立体匹配算法、稠密视差图计算方法、提高立体视觉系统实时性等相关技术。

②主动型传感器信息处理技术。

主动型视觉传感器自身会向环境目标发射能量，通过测量回波的延迟时间实现测距。发射能量的形式可以是激光、毫米波、微波等。激光扫描雷达由于其测距精度高，被广泛用于各种距离的测量。通过激光的扫描可以获得关于平台周围环境的大量数据，对这些数据进行多种必要的处理，以便获得对平台周围地形环境的描述，为平台路径规划和自主导航奠定基础。毫米波雷达由于波长的差别，其测距精度和成像能力不如激光雷达，但气候适应性优于激光雷达，在雾天、雨天和沙尘天气条件下可以正常使用。

③通信传感感知技术。

通信传感感知技术是基于无线、网络等近、远程通信技术获取车辆行驶周边环境信息，获取其他传感手段难以实现的宏观行驶环境信息。可实现车辆间信息共享，对环境干扰不敏感，但是可用于车辆自主导航控制的信息不够直接、实时性不高、无法感知周边车辆外的其他物体信息。

④传感器信息集成与数据融合技术。

地形建模和环境理解需要多种传感器，既有主动型，也有被动型；既有二维传感器，也有三维传感器；既有视觉传感器，也有触觉传感器；同时还有定位定向及姿态传感器。这些不同类型的传感器测量的内容、范围和精度不同，适用的光照条件和气候也各不相同。根据客观环境(气候、昼夜等)的不同和使用要求的差别(道路跟踪还是越野)，将这些不同传感器以及它们获得的信息加以合理的组合与搭配，可以对单一或少数传感器无法正确感知理解的路况(例如沟壑、水渍及阴影等)得到正确的理解判定，总体上可以得到对周围环境更精确、可靠、全天候的描述和理解。

多传感器信息集成与数据融合技术能够获取丰富的周边环境信息，具有优良的环境适应能力，为安全快速自主导航提供可靠保障，但是感知系统过于复杂、难于集成、造价昂贵、实用性差。

⑤障碍物检测技术。

由于环境复杂多变，障碍物检测是环境感知最大的难题之一。通过对环境地形的三维重建，进行环境地形的平坦性分析，判断平台的可行区域和障碍区域。与凸形障碍物检测相比，凹形障碍物检测方法和技术更为复杂，目前很难找到系统性的处理凹形障碍物检测的方法和资料。利用多传感器信息融合来检测凹型障碍物是一种有效途径，融合 CCD 立体视觉、激光雷达和微波雷达的信息可以更加准确地进行凹形障碍物判断。

9.2.4.3　**采矿生产管控系统**

通过采矿生产管控系统，调度人员可以了解设备的状况，分析数据优化生产，无论何时何地都对设备状况及生产运行情况了如指掌，而了解设备的完好率和使用率状况对矿山的平稳优化生产具有重要作用，可以提前根据数据情况做有计划的维护并在问题影响矿山生产之前将其解决。通过增加生产效率报告，矿山将对所有的设备及工作队伍有进一步的了解，并有利于矿山借此分析趋势，对人员进行培训并优化生产。矿山自动化生产管控系统如图 9-27 所示。

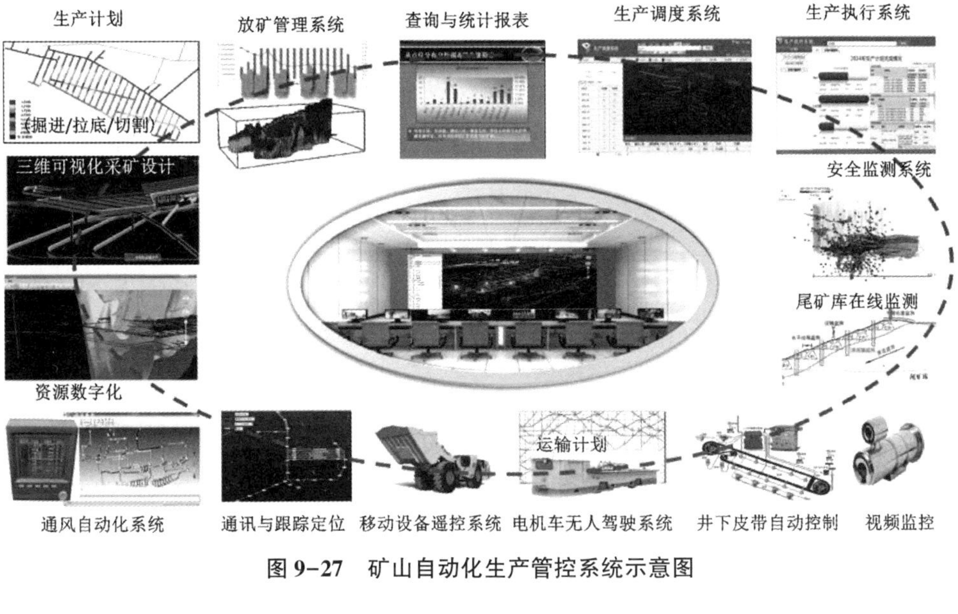

图 9-27　矿山自动化生产管控系统示意图

(1) Dispatch 系统

Dispatch 是美国模块采矿系统公司开发的一种矿山管理系统，应用于露天矿的优化运输生产。起初，这个系统只是用于运输汽车的调度，如今已经发展成可以全面提供实时数据和前期生产数据以及储存数据的系统。

模块采矿系统公司在不断地完善 Dispatch 系统的同时，于 1999 年 3 月推出了包括 Dispatch 系统在内的智能化(或数字化)矿山的软件包系列产品，智能化矿山的所有模块产品和帮助信息都能同时运行，因此可以说该公司的产品已开始进入集成决策平台的时代。

1998 年，德兴铜矿购买了 Dispatch 矿山管理系统，该套装置包括在 60 辆汽车、11 台电铲、4 台钻机、2 台破碎机和 4 套边坡监测的计算机系统。该系统包括如下子系统：

①卡车调度系统：是 Dispatch 中的主系统，也是最基本的系统。

②钻机穿孔管理系统：包括车载计算机系统、传感器、操作接口面板等。

③GPS 定位系统：目前其精度可达 1~5 m。

④边坡监测系统：这是一套基于无线数据通信的系统，能连续地收集边坡移动的数据，并送至采场办公室内的计算机显示存储和运算处理，由此确定各处的边坡稳定情况，并能及时报警。

⑤配矿系统：该系统能根据需要配矿，保证选厂稳定生产。

⑥生产、设备管理系统：该系统能记录每一台设备作业的运行时间和全部作业情况。

⑦设备故障监控报警：现有大型设备都能够对设备重要参数进行监控，该系统可通过无线通信与中央计算机联结起来，对设备实时监控并及时通知有关人员进行维修处理。

⑧模拟系统：该系统可让矿山在新的生产作业之前先进行模拟测试，是非常有用的虚拟采矿工具。

国外露天矿山应用实践已充分证明 Dispatch 系统是提高矿山生产能力、节约投资和降低成本的一种行之有效的先进技术，采用该系统的矿山，生产能力可以提高 7%~10%。德兴铜矿自 1998 年 7 月投入使用以来，已提高设备效率 6%以上，并可相应减少设备事故。购买该系统的 100 万美元投资大约 2 年就已全部收回。

(2) Wenco 系统

Wenco 公司是世界上知名的矿山管理系统的生产商之一，目前的 Wenco 系统包括有现场硬件(安装在设备上的移动数据终端)、无线通信设备、基站、主计算机系统、Wenco 软件。

Wenco 系统已经在世界各地的许多露天矿山得到应用。例如吉尔吉斯斯坦的卡梅科(Cameco)公司的 Kumtor 金矿，Wenco 系统把该矿的 24 台 Cat777B 型汽车、4 台 O&K RH120C 型电铲和 4 台 992C 型装载机联系起来。该金矿 1999 年投运了调度系统后比计划多剥离了 17%的岩石，但是剥离费用却只比预算增加了 1.5%。

9.3　铜矿数字矿山建设实例

9.3.1　乌山铜钼矿

乌山铜钼矿始建于 2007 年，2009 年正式投产，生产工艺为露天开采、磨浮选矿，产品为铜、钼精矿粉。该矿设计采选规模为 2475 万 t/a(7.5 万 t/a)，2016 年生产能力达 2600 万 t/a(8.4 万 t/d)，铜入选品位 0.295%，钼入选品位 0.03%，年产铜金属 7 万 t，钼金属 7500 t。该矿创造了高寒地区国内大型矿山建设时间最短的记录。

9.3.1.1　数字矿山建设内容

(1)数字化生产管控系统

乌山铜钼矿建立了基于地质基础数据库的露天开采数字化生产管控系统，实现了从地质到采矿、从公司的生产计划到采剥施工计划、从地质数据进行智能配矿到现场供矿管理、从采矿设计到现场的穿、爆、铲、运、排管理手段的全面数字化，实现了生产作业、地测采选生产数据(文件)管理手段的集约化和信息化，具有目前国内最完整的露天开采管控平台，多项功能达到国内先进水平。乌山露天矿三维可视化管控系统如图 9-28 所示。通过实施数字矿山建设，提高了生产效率，减少了人员数量。采矿直接从业人员 460 人，其中技术管理人员 50 人；选矿直接生产人员 380 人，其中技术管理人员 60 人。

图 9-28　乌山露天矿三维可视化管控系统

①地质资源模型。

在原始地质矿床模型的基础上，将品位系统数据更新到该模型中，用于矿山最优开采境界的确定和矿山开采中长期采剥施工计划、年度采剥施工计划的制定。使用的矿业软件系统有 Gemcom Whittle、SURPAC、MINESIGHT 和 DIMINE、3DMINE 等。

②资源品位模型。

以生产炮孔取样数据为主，参照地质勘探数据、生产勘探数据，对采场内开采的矿块进行品位估值，形成矿块品位模型的集合，作为生产计划地质储量依据。

③品位控制系统。

以矿块品位模型为基础，加入地质编录岩性数据，参照上层矿岩界线、品位等信息，向下推断下一个台阶地质情况。这些数据可作为制定月度采剥施工计划和矿岩分穿分爆设计的品位依据，为生产管控平台提供矿体内部夹石剔除和后台矿石、岩石施工统计的基础数据。

④年度采剥施工计划。

在地质资源模型的基础上编制年度采剥施工计划。

⑤月度采剥施工计划。

在品位控制系统的基础上编制月度采剥施工计划。

⑥岩矿分穿分爆。

在月度采剥施工计划范围内，利用品位控制系统进行矿岩分别穿孔、分别爆破设计，现场利用自动钻孔终端实现穿孔过程的数字化。

⑦生产作业计划。

年度生产作业计划、月度生产作业计划。

⑧三维配矿平台。

根据矿块品位模型利用软件系统自动配矿，得出每日配矿方案，包括配矿位置、矿量、品位等数据，集成至生产管控三维平台统一管理。

⑨生产管控三维平台。

在三维立体的卡车调度系统基础上，增加了月计划、采矿设计和供配矿作业管控、视频监控等功能，具备电铲高精度定位、矿岩卸错报警、车辆超速报警灯功能。

⑩采矿 MES 系统。

对公司的生产作业计划、采剥施工计划、采剥供矿产量统计、采剥验收数据集成在生产管控系统中，便于查询分析采剥数据、调整生产安排等管理。

⑪文件数据库。

通过文件数据库的建立，将地、测、采生产使用的文件、资料数据上传至服务器共享，根据每个人的职责需求设置上传、下载、修改等各种权限，方便各专业人员和相关领导的业务开展和文件的集中管控，提高各项交叉业务的工作效率。既规范了数据的管理，防止基础生产文件的人为改动隐患的发生，又保证了各种数据的安全性。

(2) ERP 系统

2016 年 5 月 31 日启动 ERP 项目实施，2016 年 9 月 1 日正式上线，选用 ORACLE 系统，由德勤管理咨询有限公司负责实施。项目完成后，财务、采购、销售、库存等核心业务流程逐步固化到系统中，环环相扣，形成了统一、集成、实时共享的一体化管理平台，便于各部门信息共享、协同工作。

(3) 露天矿卡车调度系统

采用丹东东方测控技术股份有限公司开发的露天矿 GPS 车辆智能调度管理系统，建立生产监控、智能调度、生产指挥管理系统，对生产采装设备、移动运输设备、卸载点及生产现场进行实时监控和优化管理。

(4) 露天边坡监测系统

选择北京博泰克仪器设备有限公司的 IBIS-FL 地形微变远程监测系统，采用微波干涉技术，将线性调频连续波技术、干涉测量技术、合成孔径雷达技术相结合，进行露天边坡微小位移变化的监测。

(5) 自动控制系统

乌山铜钼矿倡导设备大型化、生产控制自动化的理念，配备了基础仪表 12 大类，2300 余台(套)，大型在线品位、粒度分析仪设备 5 台(套)，确保了各类生产数据的及时采集及准确传输。通过建立的矿山 PM 系统、采矿 PCS 系统、选矿 PCS 系统等，实现了从地质勘探、采矿设计到开采生产的全过程控制。

(6) 智能钻探

生产探矿用瑞典阿特拉斯科普科公司生产的 L825 型露天空气反循环连续取样钻机，配备 GPS 终端。对下钻、提钻、拧卸钻杆、取样、缩分等工艺过程也全部采用机械化，真正实现了人、机一体化的智能钻进模式。在生产探矿管理方面实现了国内领先、国际先进的钻探技术设备与工艺。

(7) 取样化验不落地

基于炮孔数据的品位控制实现全流程打通，包括自动爆破设计、穿孔作业、取样化验等。通过设计每个炮区，根据钻孔编号生成相应条形码，得出样品化验结果并返回至 MES 系统，自动映射到品位系统数据库中，实现化验数据不落地。

(8) 无人值守的碎矿系统

智能判断顶料、堵料，连锁调速、连锁保护停车，红绿灯智慧卡车倒矿，提高了设备的运转率，最大限度减少工人在高粉尘环境下的工作时间。

(9) 自动调整给矿粒级分布

在破碎出口处分析块度尺寸，根据历史数据及生产实际制定标准，按标准自动调整排放口。

(10) 磨矿优化控制

矿山选矿生产使用中信重工生产的 ϕ11 m×5.4 m 半自磨机、ϕ7.9 m×13.6 m 球磨机，北京矿冶研究总院生产的 320 m^3 浮选机，世界范围内首次使用 ϕ42 m 膏体深锥浓密机。针对磨矿过程控制难，易出现磨矿效率低，钢球耗量大，流程不平稳，粒度粗细不均匀，影响回收率等问题，运用大数据综合分析最佳参数值，调节给矿块度比，磨矿浓度、给矿量等参数，在线监测浓度、细度参与控制，计算偏差量，调整给水量，较好地解决了磨矿系统问题。

(11) 矿山设备管理

针对自动化程度较高的设备管理，实施了设备故障诊断预防，大型设备数据上传，根据温度振动做出检修预判断。为了确保运转设备及控制设备的正常运行，要求对主要设备每 2 h 进行 1 次常态巡检，检修厂每天对主要设备进行专业性检查，保证了设备的完好率及运转率。

9.3.1.2 数字矿山建设效益

乌山铜钼矿是我国高纬度、高寒地区第一个现代化大型有色金属矿山，第一个单系列处理能力规模最大选矿厂，第一个成功采用 SABC 碎磨工艺流程，第一次使用安全、环保的尾矿膏体输送及堆存工艺，第一次工业化应用国内自主研发的规格最大的球磨机、隔膜泵、浮选机，有色选矿自动化水平国内领先；具有世界最大的封闭型储矿堆、世界最大高压深锥浓密机、世界功率最大双电机驱动球磨机，在世界矿山中首家使用城市中水进行选矿；国内第一个实现自动化全过程控制、信息化全过程管理，实现地质资源精细化管理、采矿生产作业数字化管控，降本增效显著的大型有色露天矿山。

①乌山铜钼矿属超大型斑岩型铜钼伴生矿床，虽然资源储量巨大，但矿石品位较低，极大地制约了资源的开发，这也成为矿山沉寂多年未被开采的主要原因。面对这一难题，通过采用高效率的露天开采工艺，使用大型采矿设备，在爆破上采用矿岩分爆技术，不但降低了矿石损失率和贫化率，提高了资源回收率，还极大地降低了采矿成本。投产至今，矿石回采率达到 98.98%，贫化率达到 0.85%，远远超过设计指标。

②加强与科研院所合作，利用先进的矿业软件，对露采最终境界进行优化设计，以市场为导向，适时调整边际品位，严格审核采矿单体设计和供配矿计划，实现每年 1500 万 t(占年处理矿量 55%左右) 表外低品位矿石得以回收利用，最大限度提高了资源利用水平，并延长了矿山服务年限。

③以数字化和科技创新为战略导向，建成的采矿生产管控系统是国内唯一基

于三维模型的露天开采数字化生产管控平台，首次将国际上先进的品位控制系统、自动化配矿、采矿数字化管控等技术管理与生产管理理念引进到生产管理过程中，实现了从地质到采矿、从公司生产经营计划到采剥施工计划，从自动化配矿到现场执行，从采矿设计到穿、爆、铲、运、排等采矿工艺管理的集约化、数字化、信息化，并达到了国际先进水平。系统实施两年以来，平均损失率降低了0.38%，贫化率降低了0.97%，累积创造经济价值6466万元。

9.3.2 普朗铜矿

普朗铜矿矿区海拔3400~4500 m，高寒缺氧的自然环境给安全生产带来了较大挑战。普朗铜矿采用自然崩落法，矿体走向2200 m，矿体厚度360~600 m，崩矿高度280 m左右，开拓系统采用“平硐+溜井”的联合开拓方式，使用无轨铲运机遥控出矿，矿石由65 t电机车牵引20 m^3 矿车，无人驾驶运输；井下破碎，再用胶带运输机从井下运到地面选矿厂。一期工程设计年产量1250万t，井下作业人员定员350人，于2017年3月开始一期采选工程投料试车。普朗铜矿坚持实现设备的大型化、自动化，推行数字化、智能化矿山建设，从设备自动化到工艺过程自动化、全流程智能化集成，以达到减少井下作业人员、改善井下作业环境、提高本质安全水平的目标，进一步提高矿产资源有效利用、提高生产效率、提高管理效果、提高企业效益。

9.3.2.1 数字矿山建设主要内容

普朗铜矿数字矿山总体框架如图9-29所示。

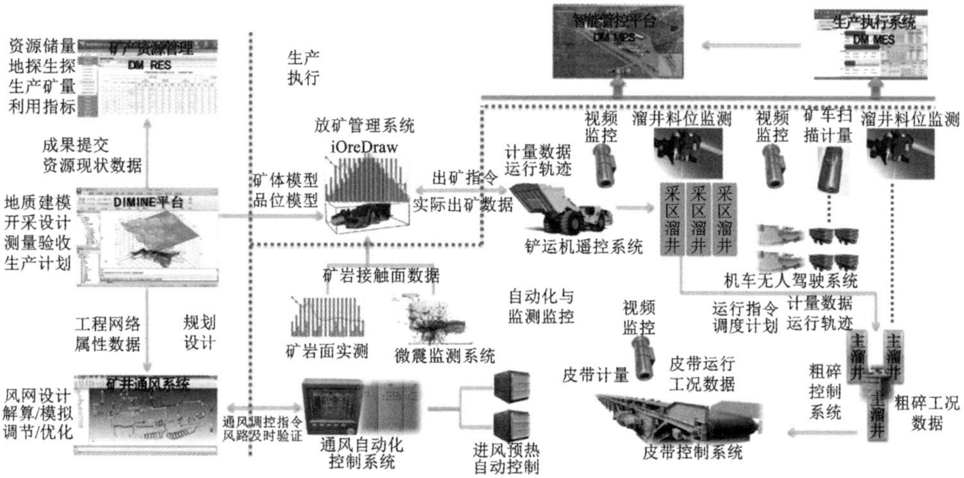

图 9-29 普朗铜矿数字矿山总体框架

(1)数字化生产管控系统

主要包括地质资源数字化、三维数字化采矿设计、掘进、拉底、切割计划编制、运输计划编制，以及生产过程的数字化、智能化管控。

①矿山数字化规划系统。

地质矿床三维数字化、资源储量管理系统、三维采矿设计、生产作业计划(掘进计划、出矿计划、运输计划)。

②自动放矿管理系统。

应用DIMINE平台设计确定开采区域，并制定每日开采计划，现场施工人员将掘进和拉底切割工程量输入至生产MES系统，iOreDraw放矿管理系统根据每日计划主动计算出放矿计划，并发送至铲运机，铲运机通过远程操作执行命令，并将生产数据反馈至放矿管理系统和生产MES系统；同时，采区溜井的料位监测系统实时跟踪溜井矿位高度，待溜井矿石高度到达一定位置时，电机车无人驾驶系统自动启动拉运矿石。

③矿用铲运机定位、计量与调度系统。

矿用铲运机定位与自动计量系统是综合运用GIS技术、无线通信技术、物联网技术、系统工程理论等先进手段，建立的集生产监控、智能调度、生产指挥管理为一体的系统，可对生产采装设备、装卸载点及生产现场进行实时监控和生产工序进行优化管理。

整个系统分为三个部分：智能定位桩、智能车载终端和铲运机监控管理软件。智能定位桩通过无线传输手段周期性的发送位置信息；智能车载终端主要对铲运机运行过程中各种信息进行采集和传输，包括铲运机的定位信息、矿量信息、工作时长、报警信息、视频信息等；智能车载终端自动将采集到的信息上传至铲运机监控管理软件，监控管理软件对上传的数据进行智能分析，还原车辆的运行轨迹、装卸矿量、运距等信息，将矿量和运距等关键指标上传反馈，并下发生产计划指令。

矿用铲运机定位与自动化计量系统主要应用价值在于：

a. 系统可对每台铲运机下发装卸矿计划，优化资源配置，大大提高铲运机的利用效率。

b. 系统可以自动生成铲运机装卸矿量、车辆日运行运距、月运行运距、周转量等数据的统计报表，为管理部门提供决策依据。

c. 系统通过铲运机智能定位技术，对铲运机进行实时监控，掌握设备工作状态和工作量，便于调度和管理，有效提高效率，降低成本。

d. 系统具有视频监控和语音对讲功能，方便指挥调度。

e. 三维地图实时显示界面可以显示与铲运机装卸运相关的工程位置，如采掘面、装载区域/装载点、卸载区域/卸载点等，动态实时显示运输设备在道路网上的运行状况，并可以显示或查询各工程位置的相关基础数据。

④自动放矿控制系统。

放矿管理软件 iOreDraw 是在 DIMINE 的基础上开发的应用软件，因此在使用放矿管理软件之前，需要在 DIMINE 中建立矿体模型、工程模型和矿体块段模型，然后通过放矿管理软件方案管理中的添加模型加载到软件中，这些模型在软件的使用中需要作为数据源进行参考和计算依据。

放矿管理最终通过日计划形式下发放矿指令，作业单位根据放矿指令进行现场实作，并将执行情况统计上传到系统数据库更新数据，为下一天计划提供参考和依据，通过日计划保周计划，周计划保月计划，月计划保年计划，实现矿山生产经营目标。

⑤智能开采装备。

普朗铜矿坚持设备大型化、生产过程自动化控制的矿山管理新模式。DS411 锚杆台车可以实现钻孔、注浆、支护一步到位。SIMBA-1354 中深孔台车，钻孔深度为 32 m，可以实现采矿凿岩钻孔和锚索孔钻进作业。CABLRTEC 锚索台车可以实现深孔凿岩、锚索支护一步到位，一个月可以施工 2000 个孔。COBRA 喷浆台车可以实现喷浆反弹率为 5%～10%。另外，还有 LH410 铲运机和 LH514 铲运机、同力卡车、液压破碎机、MIXTEC UV2 混凝土车等现代化大型设备。

⑥生产执行系统。

a. 生产过程管理系统（生产计划、调度、验收、成本、统计等）。

b. 生产数据集成监控系统（生产过程数据采集、计量管理、生产过程实时监控系统、视频监控系统）。

c. 设备管理系统（设备采购、台账、消耗、检修、运行台账、备品备件、设备租赁）。

d. 物资供销管理系统（采购管理、销售管理、精矿条形码、库存管理、物联网物资设备追踪、质量检查与化验管理）。

⑦矿山安全避险"六大系统"。

普朗铜矿建设了完整的矿山安全避险"六大系统"，对保障矿山安全生产发挥重大作用，将为地下矿山安全生产提供良好的条件。

⑧矿山微震监测系统。

普朗铜矿由于采用自然崩落采矿方法，需要对开采过程进行监控，监测主要集中在顶板冒落，空顶距过大，大面积顶板冒落会造成冲击地压灾害，同时必须根据顶板发展来控制放矿、拉底；预防地表沉陷、塌陷与滑坡，以免造成地质灾害；对拉底控制进行监测，需根据监测和分析指导拉底速率和方向控制、巷道支护。监测底部结构，防止底部结构失稳，指导底部巷道支护、放矿强度、指导放矿进度计划；监测恶劣环境，监测高寒、高海拔、噪声等干扰下系统的稳定性和可靠性。

监测系统由感知层、分析层和应用层组成，设备监测数据通过井下工业光纤环网，经过核心交换机与各监管系统进行连接，各监管系统将数据进行处理，将结果反馈至调度指挥中心。

崩落顶板通过TDR监测和空孔监测，结合微震监测系统实时掌握顶板崩落位置和采场压力情况；地表沉降、塌陷与滑坡监测通过三维激光扫描系统进行监测，实时掌握地表沉陷情况；底部结构地压监测通过微震监测系统对采场巷道应力位移等数据进行监测。通过监测熟悉放矿规律，指导后续放矿管理。

(2)采矿自动控制系统

主要包括放矿管理系统、电机车无人驾驶系统、放矿管理系统、井下皮带运输自动控制、通风自动化系统、水系统自动控制、电力自动化控制、智能配电数据采集和远程遥控系统等。

(3)选矿自动控制系统

主要包括选矿设备工艺优化控制、选矿厂设备工艺自动化。

(4)安全监测系统

主要包括通风自动化系统、尾矿库在线监测系统、安全避险“六大系统”、微震监测系统。

(5)生产执行系统(MES)

主要包括生产计划管理系统、生产过程管理系统、生产调度管理系统、设备管理系统、物资供销管理系统、生产数据集成监控系统等，实现生产综合集中管控。

(6)经营管理系统(ERP)

主要包括人力资源管理系统、内部门户系统、数字化档案管理系统、安全管理信息系统等。

(7)三维生产综合管控系统

使用DIMINE进行采矿设计和生产作业计划编制，将数据上传至MES系统；系统将计划分发至采矿子系统，由子系统统一执行，子系统将执行结果上传到MES系统进行统计。MES系统将动力系统、选矿系统的生产数据予以采集，将所有信息结合资源管理系统实现三维地理信息系统可视化，集成显示于生产调度指挥系统。

(8)总调控制中心

主要包括网络基础设施、矿部总调中心、采矿控制中心、选矿中控室、动力控制中心等。

9.3.2.2 智慧矿山建设效益分析

(1)管理效益

①各级管理和技术人员能够实时掌握企业管理数据和现场运行数据，提高了

企业运行和管理效率；对企业管理模式进行了根本性变革，减少公司管理层级，实现扁平化、精细化集中管理；强化了数据管理与应用，夯实了数据基础，加强了数据挖掘分析。

②智慧矿山建设极大地提高了企业信息化水平，信息化促进了现场工艺升级、自动化和现场装备水平的提高，从而推进企业工业化水平快速提升。

(2)经济效益

①智能装备占车间设备总数的 89.3%。车间内生产设备联网数达 1250 台(套)，车间内设备联网数占智能装备的比例为 100%。项目建成后，整个矿山的员工由传统矿山的 3000 人减少到 1030 人(采矿 350 人、选矿及矿山管理 680 人)，极大地提高了矿山作业安全性和劳动生产率，比传统矿山生产成本低 23%。

②提高运输效率效益，生产工艺指标，确保矿石质量稳定。

③降低人为操作失误所造成的经济损失。

④提高设备完好率，提高设备开停可控，节能降耗，提高设备效率，减少设备投资，降低维护成本。

(3)社会效益

①在国内外有色矿山具有广泛的推广应用前景。

②开创安全、高效、绿色和可持续的矿业发展新模式。

③采用自然崩落法开采，建成“世界先进、中国一流”的无人驾驶电机车系统。

④建成“有色矿山智能车间”示范企业，建立较为完善的“智能车间示范项目”标准体系。

⑤提高作业环境安全度和舒适度，减少伤亡和设备事故，推动企业安全生产实现“零死亡”目标，从根本上有效防范和遏制重特大安全事故的发生。实现高危作业场所作业人员减少 30%以上，大幅提高企业安全生产水平。

本章参考文献

[1] 王李管，陈鑫，毕林，等. 智慧矿山技术[M]. 长沙：中南大学出版社，2019.
[2] 吴立新. 数字矿山技术[M]. 长沙：中南大学出版社，2009
[3] 徐水师. 数字矿山新技术[M]. 徐州：中国矿业大学出版社，2007.
[4] 李一帆. 数字矿山技术与应用[M]. 郑州：郑州大学出版社，2012.
[5] 李翠平，李仲学，赵怡晴. 数字矿山理论、技术及工程[M]. 北京：科学出版社，2012.
[6] 张国良. 矿山测量学[M]. 徐州：中国矿业大学出版社，2008.
[7] 潘正风，程效军，成枢，等. 数字地形测量学[M]. 武汉：武汉大学出版社，2015.
[8] 王李管. 数字矿山技术发展与应用高层论坛论文集[M]. 长沙：中南大学出版社，2013.

[9] 吴立新. 数字地球、数字中国与数字矿区[J]. 矿山测量, 2000(1): 6-9.
[10] 吴立新, 殷作如, 邓智毅, 等. 论 21 世纪的矿山: 数字矿山[J]. 煤炭学报, 2000, 25(4): 337-342.
[11] 吴立新, 汪云甲, 丁恩杰, 等. 三论数字矿山: 借力物联网保障矿山安全与智能采矿[J]. 煤炭学报, 2012, 37(3): 357-365.
[12] 孙豁然, 徐帅. 论数字矿山[J]. 金属矿山, 2007(2): 1-5.
[13] 王青, 吴惠城, 牛京考. 数字矿山的功能内涵及系统构成[J]. 中国矿业, 2004, 13(1): 7-10.
[14] 毕思文, 殷作如, 何晓群, 等. 数字矿山的概念、框架、内涵及应用示范[J]. 科技导报, 2004, 22(6): 39-41, 63.
[15] 僧德文, 李仲学, 张顺堂, 等. 数字矿山系统框架与关键技术研究[J]. 金属矿山, 2005(12): 47-50.
[16] 张申, 丁恩杰, 赵小虎, 等. 数字矿山及其两大基础平台建设[J]. 煤炭学报, 2007, 32(9): 997-1001.
[17] 王李管, 曾庆田, 贾明涛. 数字矿山整体实施方案及其关键技术[J]. 采矿技术, 2006, 6(3): 493-498.
[18] 赵安新, 李白萍, 卢建军. 数字化矿山体系结构模型及其应用[J]. 工程设计学报, 2007, 14(5): 423-426.
[19] 卢新明, 尹红. 数字矿山的定义、内涵与进展[J]. 煤炭科学技术, 2010, 38(1): 48-52.
[20] 吴冲龙, 田宜平, 张夏林, 等. 数字矿山建设的理论与方法探讨[J]. 地质科技情报, 2011, 30(2): 102-108.
[21] 国务院. 国务院关于进一步加强企业安全生产工作的通知(国发〔2010〕23 号)[EB/OL]. 中国政府网, http://www.gov.cn/zwgk/2010-07/23/content_1662499.htm, 2010-07-19.
[22] 国土资源部. 全国矿产资源规划(2016—2020 年)[EB/OL]. 自然资源部网站, http://www.mnr.gov.cn/gk/ghjh/201811/t20181101_2324927.html, 2016-11-15.
[23] 工业和信息化部, 国家发展改革委, 自然资源部. 有色金属行业智能工厂(矿山)建设指南(试行)(2020 年第 19 号公告)[EB/OL]. 工业和信息化部网站, https://www.miit.gov.cn/xwdt/gxdt/sjdt/art/2020/art_7e59613fb60e4f2cb01a5d3442340432.html, 2020-04-28.
[24] 毕林. 数字采矿软件平台关键技术研究[D]. 长沙: 中南大学, 2010.
[25] 蒋京名. DIMINE 三维可视化软件在大红山铜矿生产计划编制中的应用研究[D]. 长沙: 中南大学, 2010.
[26] 李娜, 杜桂泉, 罗丛莉, 等. DIMINE 软件在春都铜矿三维地质建模中的应用[J]. 世界有色金属, 2017(1): 180-181.
[27] 徐建民, 陈龙, 张孝福. 基于 Longruan3D 的工作面辅助设计研究与应用[J]. 现代矿业, 2014, 30(10): 152-155.
[28] 毕林, 王晋淼. 数字矿山建设目标、任务与方法[J]. 金属矿山, 2019(6): 148-156.
[29] 张元生, 战凯, 马朝阳, 等. 智能矿山技术架构与建设思路[J]. 有色金属(矿山部分), 2020, 72(3): 1-6.

[30] 白复锌, 王善功, 姜顺鹏, 等. 浅谈数字化矿山建设整体架构思路[J]. 中国矿业, 2012, 21(S1): 48-51.

[31] 朱磊. "数字矿山"架构的研究与进展[J]. 能源与环境, 2007(5): 34-36.

[32] 张战刚, 孙允峰, 周广磊. 数字矿山的特征及建立数字矿山的基本框架[C]//全国矿山测量新技术学术会议论文集. 兰州, 2009: 87-89.

[33] 吴立新, 殷作如, 钟亚平. 再论数字矿山: 特征、框架与关键技术[J]. 煤炭学报, 2003, 28(1): 1-7.

[34] 冯茂林, 石立新. 地下矿山集成通信技术[J]. 有色设备, 2001(3): 42-44, 38.

[35] 陈有燎, 张应平, 贾明涛. 地下矿山通信系统与技术现状综述[J]. 矿业快报, 2008, 24(8): 14-18.

[36] 熊书敏. 地下矿生产可视化管控系统关键技术研究[D]. 长沙: 中南大学, 2012.

[37] 吴立新, 汪云甲, 丁恩杰, 等. 三论数字矿山: 借力物联网保障矿山安全与智能采矿[J]. 煤炭学报, 2012, 37(3): 357-365.

[38] 左仁广. 浅析数字矿山的几个核心技术[J]. 中国矿山工程, 2005, 34(2): 31-34.

[39] WANG J M, BI L, WANG L G, et al. A mining technology collaboration platform theory and its product development and application to support China's digital mine construction[J]. Applied Sciences. 2019, 9(24): 5373.

[40] 陈堃. 物联网技术在三维数字矿山安全生产系统中的应用研究[D]. 南京: 南京师范大学, 2013.

[41] 卢新明, 彭延军, 夏士雄, 等. 面向数字化采矿的软件关键技术及应用[J]. 中国科技成果, 2014(2): 77-78.

[42] 包瑞新. 车辆姿态多传感器检测系统与信息融合算法研究[D]. 沈阳: 沈阳农业大学, 2011.

[43] 陈红阳. 基于测距技术的无线传感器网络定位技术研究[D]. 成都: 西南交通大学, 2006.

[44] 刘家祥. 数字矿山的空间数据基础设施建设[J]. 价值工程, 2014, 33(10): 203-205.

[45] 卜丽静. 三维矿山地质建模与空间分析的研究[D]. 阜新: 辽宁工程技术大学, 2007.

[46] 古德生, 陈建宏. 矿山空间数据的处理方法及其应用[J]. 中南工业大学学报(自然科学版), 1999, 30(5): 468-471.

[47] 王润怀. 矿山地质对象三维数据模型研究[D]. 成都: 西南交通大学, 2007.

[48] 张应学. GPS 在矿山测量中的工作原理及应用分析[J]. 中国新技术新产品, 2010(5): 109.

[49] 邱俊玲. 基于三维激光扫描技术的矿山地质建模与应用研究[D]. 武汉: 中国地质大学, 2012.

[50] 刘晓明, 罗周全, 孙利娟, 等. 空区激光探测系统在我国的研究与应用[J]. 西安科技大学学报, 2008, 28(2): 215-218.

[51] 王莉. 航天科工成功研制 5G 网络智能 110 吨无人驾驶矿用车[J]. 中国设备工程, 2019(21): 10.

附　录

附录1　国家级绿色矿山基本条件

为了贯彻实施科学发展观，规范矿山企业行为，加强行业自律，履行企业社会责任，推进绿色矿业发展，构建资源节约型、环境友好型和谐社会，实现《全国矿产资源规划》中确定的建立绿色矿山格局的目标，特制定绿色矿山基本条件。

一、依法办矿

（一）严格遵守《矿产资源法》等法律法规，合法经营，证照齐全，遵纪守法。

（二）矿产资源开发利用活动符合矿产资源规划的要求和规定，符合国家产业政策。

（三）认真执行《矿产资源开发利用方案》《矿山地质环境保护与治理恢复方案》《矿山土地复垦方案》等。

（四）三年内未受到相关的行政处罚，未发生严重违法事件。

二、规范管理

（一）积极加入并自觉遵守《绿色矿业公约》，制订有切实可行的绿色矿山建设规划，目标明确，措施得当，责任到位，成效显著。

（二）具有健全完善的矿产资源开发利用、环境保护、土地复垦、生态重建、安全生产等规章制度和保障措施。

（三）推行企业健康、安全、环保认证和产品质量体系认证，实现矿山管理的科学化、制度化和规范化。

三、综合利用

（一）按照矿产资源开发规划与设计，较好地完成了资源开发与综合利用指标，技术经济水平居国内同类矿山先进行列。

（二）资源利用率达到矿产资源规划要求，矿山开发利用工艺、技术和设备符合矿产资源节约与综合利用鼓励、限制、淘汰技术目录的要求，“三率”指标达到或超过国家规定标准。

（三）节约资源，保护资源，大力开展矿产资源综合利用，资源利用达国内同行业先进水平。

四、技术创新

(一)积极开展科技创新和技术革新，矿山企业每年用于科技创新的资金投入不低于矿山企业总产值的1%。

(二)不断改进和优化工艺流程，淘汰落后工艺与产能，生产技术居国内同类矿山先进水平。

(三)重视科技进步，发展循环经济，矿山企业的社会、经济和环境效益显著。

五、节能减排

(一)积极开展节能降耗、节能减排工作，节能降耗达国家规定指标。

(二)采用无废或少废工艺，成果突出。“三废”排放达标。矿山选矿废水重复利用率达到90%以上或实现零排放，矿山固体废弃物综合利用率达到国内同类矿山先进水平。

六、环境保护

(一)认真落实矿山环境恢复治理保证金制度，严格执行环境保护“三同时”制度，矿区及周边自然环境得到有效保护。

(二)制定矿山环境保护与治理恢复方案，目的明确，措施得当，矿山地质环境恢复治理水平明显高于矿产资源规划确定的本区域平均水平。重视矿山地质灾害防治工作，近三年内未发生重大地质灾害。

(三)矿区环境优美，绿化覆盖率达到可绿化区域面积的80%以上。

七、土地复垦

(一)矿山企业在矿产资源开发设计、开采各阶段中，有切实可行的矿山土地保护和土地复垦方案与措施，并严格实施。

(二)坚持“边开采，边复垦”，土地复垦技术先进，资金到位，对矿山压占、损毁而可复垦的土地应得到全面复垦利用，因地制宜，尽可能优先复垦为耕地或农用地。

八、社区和谐

(一)履行矿山企业社会责任，具有良好的企业形象。

(二)矿山在生产过程中，及时调整影响社区生活的生产作业，共同应对损害公共利益的重大事件。

(三)与当地社区建立磋商和协作机制，及时妥善解决各类矛盾，社区关系和谐。

九、企业文化

(一)企业文化是企业的灵魂。企业应创建有一套符合企业特点和推进实现企业发展战略目标的企业文化。

(二)拥有一个团结战斗、锐意进取、求真务实的企业领导班子和一支高素质的职工队伍。

（三）企业职工文明建设和职工技术培训体系健全，职工物质、体育、文化生活丰富。

附录 2　有色金属行业绿色矿山建设要求

有色金属行业绿色矿山建设，应严格遵守国家相关法律法规，符合矿产资源规划、产业政策和绿色矿山基本条件，并达到以下建设要求。

一、矿区环境优美

（一）矿区规划建设布局合理，标识、标牌等规范统一，清晰美观，矿区生产运行有序，管理规范。

（二）有色金属矿山生产、运输、储存过程中做好防尘保洁措施，确保矿区环境卫生整洁。

（三）生产过程中产生的废气、废水、噪声、废石、尾矿产生的粉尘等污染物得到有效处置，实现达标排放。

（四）充分利用当地矿区自然资源，因地制宜建设“花园式”矿山，新建矿山绿化覆盖率达到可绿化面积的 100%，基本实现矿区环境天蓝、地绿、水净。

二、采用环境友好型开发利用方式

（五）矿山开采应与城乡建设、环境保护、资源保护相协调，最大限度减少对自然环境的破坏，选择资源节约型、环境友好型开采方式。

（六）根据矿体赋存条件，采用科学合理的采选方法，地下矿山鼓励优先采用充填采矿方法，露天矿山开采方式应符合区域生态建设与环境保护要求；选矿多碎少磨，选择选矿方法多种组合，提高回收率和资源综合利用水平，减少土地占用，降低环境污染。

（七）涉及多种资源共伴生的有色金属矿，应坚持主金属开采的同时，回收共伴生金属和非金属资源，暂时不能回收的，应提出处置措施。开发不得对共伴生资源造成破坏和浪费。

（八）应建立生产全过程能耗核算体系，控制并减少单位产品能耗、物耗、水耗。

（九）开采过程中产生的废弃物应有专用、规范的堆积场所，符合安全、环保、监测等规定，采取防扬散、防渗漏或其他防止二次污染环境的措施，不得流泻到划定矿区范围外或造成污染。固体废物妥善处置率应达到 100%。每年要自行对矿区范围的土地进行土壤环境监测，结果向社会公开。

（十）采取喷雾、洒水、湿式凿岩、设置除尘器等措施处置采选过程中产生的粉尘。对凿岩、碎磨、运输等生产中设备，通过消声、减振、阻隔等措施降低噪声。

（十一）采选过程中产生的生产废水，应有固定废水处理站和相关设施，采取针对性措施处理各类废水，生活污水处理设施应满足处理后水质要求。

（十二）切实履行矿山地质环境治理恢复与土地复垦义务，做到资源开发利用方案、矿山地质环境治理恢复方案、土地复垦方案同时设计、同时施工、同时投入生产和管理，确保矿区环境得到及时治理和恢复。

三、综合利用有色金属及共伴生资源

（十三）应综合评价有色金属及共伴生资源，采用合理的利用和处置工艺，确保有色金属及共伴生资源综合利用。

（十四）应采取合理的采矿方式，优化采矿设计，露天开采设计合理剥采比，地下开采选择合适的采矿方法及开拓方式，优化采场结构、凿岩、爆破等参数，采用大型先进设备，有效控制并降低开采贫化率、损失率，提高回采率。

（十五）应选择合理的选矿方法，优化选矿工艺，改善碎磨流程，合理使用浮选药剂，提高选矿回收率。最大限度提高主金属、共伴生金属和以硫为代表非金属成分的回收率，减少有毒有害试剂的使用、降低用量，提高精矿质量。

（十六）对废石、尾矿等固体废物分类处理，实现合理利用，固废利用率达到国家要求。鼓励大中型矿山废石不出坑，尾矿井下充填，或固废其他方式利用。

（十七）充分利用矿井涌水，选矿浓密溢流、精矿脱水等厂前回水，尾矿回水、渗流等各类生产废水、生活污水等污废水经处置后分质循环利用，提高回水利用率，节约水资源。

四、建设现代数字化矿山

（十八）生产技术工艺装备现代化。应加强技术工艺装备的更新改造，采用高效节能新技术、新工艺、新设备和新材料，及时淘汰高能耗、高污染、低效率的工艺和设备，符合国土资源部《矿产资源节约与综合利用鼓励、限制和淘汰技术目录》。

（十九）鼓励推进机械化减人、自动化换人，实现矿山开采机械化，选冶工艺自动化，关键生产工艺流程数控化率不低于70%。

（二十）生产管理信息化。应采用信息技术、网络技术、控制技术、智能技术，实现有色金属矿山企业经营、生产决策、安全生产管理和设备控制的信息化。

（二十一）对尾矿库、排土场（废石场）、废渣场等堆场、边坡建设安全监测系统平台，废气、废水污染控制系统在线监测平台；鼓励建设公辅设施中央变电所、水泵房、风机站、空压机房、皮带运输巷等场所固定设施无人值守自动化系统。

（二十二）鼓励结合矿山核心主业，建立产学研科技创新平台，培育创新团队，矿山的研究开发资金投入不低于上年度主营业务收入的1%。

五、树立良好矿山企业形象

(二十三)创建特色鲜明的企业文化，培育体现中国特色社会主义核心价值观、新发展理念和有色金属行业特色的企业文化。建立环境、健康、安全和社会风险管理体系，制定管理制度和行动计划，确保管理体系有效运行。

(二十四)构建企业诚信体系，生产经营活动、履行社会责任等坚持诚实守信，及时公告相关信息。应在公司网站等易于用户访问的位置至少披露：企业组建及后续建设项目的环境影响报告书及批复意见；环境、健康、安全和社会影响、温室气体排放绩效表现；企业安全生产、环境保护负责部门及工作人员联系方式，确保与利益相关者交流顺畅。

(二十五)企业经营效益良好，积极履行社会责任。坚持企地共建、利益共享、共同绿色发展的办矿理念，加大对矿区群众的教育、就业、交通、生活、环保等支持力度，改善生活质量，促进社区、矿区和谐、社会稳定，实现办矿一处，造福一方。加强利益相关者交流互动，对利益相关者关心的环境、健康、安全和社会风险，应主动接受社会团体、新闻媒体和公众监督，并建立重大环境、健康、安全和社会风险事件申诉—回应机制，及时受理并回应项目建设或公司运营所在地民众、社会团体和其他利益相关者的诉求。有关部门对违反环保、健康、安全等法律法规，对利益相关者造成重大损失的矿山企业，应依法严格追责。

(二十六)加强对职工和群众人文关怀，建立健全职工技术培训体系、完善职业病危害防护设施，企业职工满意度和矿区群众满意度不得低于70%，及时妥善处理好各种利益纠纷，不得发生重大群体性事件。

附录3　中国矿业联合会绿色矿业公约

为坚持科学发展观，规范企业行为与加强行业自律，履行企业社会责任，推进绿色矿业，构建资源节约型、环境友好型社会，特制定本公约。

一、坚持科学发展观，建设绿色矿业。矿业企业必须树立科学发展观，把建设绿色矿业，贯彻于矿山生产建设的始终，即从矿产勘查、矿山规划、建设、开采、选冶、加工，直至矿山闭坑、土地复垦和生态环境恢复重建全过程，采用先进的技术设备，实施严格的科学管理，实现资源充分合理开发利用、保护环境、安全生产、社区和谐和矿业经济可持续发展的目标，将矿山企业建设成为忠实履行社会责任的现代化企业构建绿色矿业。

二、坚持依法办矿。矿业企业必须坚持依法取得矿业权、依法维护矿业权，必须坚持“在保护中开发，在开发中保护”、“矿产资源开发与环境保护并重”、“节约资源和保护资源，把节约放在首位”等国家一系列方针政策；严格遵守《矿产资源法》《环境保护法》《循环经济促进法》等各种法律法规，坚持依法办矿。

三、坚持科学规划与管理。矿业企业必须制订矿产资源合理开发利用、建设、经济发展和矿区环境保护总体规划，做好勘查、开采、选冶、加工、土地复垦、环境治理与生态环境重建等各阶段活动的规划，以及资源综合利用和循环经济发展规划等，并建立相应的管理机制和制订相应的保障制度、措施与管理办法，确保规划的全面实施，使矿山开发与建设全部纳入科学化、制度化管理轨道。

四、坚持科技进步与创新。矿业企业必须重视科技创新与技术改造，不断淘汰落后技术设备与落后产能，自主研制并尽可能采用世界先进技术、工艺和设备，不断提高企业生产能力和生产效率，“三率”水平达到或超过国家规定标准，不断提高资源综合回收利用水平。

五、加强综合利用，实施循环经济。矿业企业必须重视和实施清洁生产、节能减排，大力开展共伴生资源及尾矿等低品位资源的综合回收利用，并大力采用无废或少废工艺，实施循环经济集约化生产，不断提高资源开发与合理利用水平。节能减排水平达到或超过国家规定指标，最大限度地实现企业“三废”的资源化、减量化和无害化，实现矿业废水的循环利用或“零排放”。

六、确保矿区环境达标，建设新的矿区生态环境。矿业企业必须十分重视并将矿区环境保护、环境治理建设纳入矿产资源开发利用与保护的全过程，必须建立完善的环境保护和防止次生地质灾害的管理体系与机制。环境治理保护必须严格执行“三同时制度”；强化矿山地质灾害的监测与防治，防止地质灾害事故的发生；重视矿区生态建设和职工身心健康，绿化美化矿区环境，建设环境优美的花园式企业。

七、加强土地复垦。矿业企业必须始终把土地复垦和生态建设作为矿产资源开发中的重要任务，因地制宜，制订合理的土地复垦与利用规划，确保资金到位和技术措施落实，要努力做到边开采，边复垦，边恢复生态环境，努力减少矿区及周边区域土地资源、水资源、林草资源等生态资源的损失破坏。对矿区可复垦土地应有计划的实施复垦，使矿区生态水平有利于当地经济发展。

八、加强企业文化，确保安全生产。矿业企业应将企业文化建设，尤其是企业安全文化建设，纳入企业建设的重点。除必须具有完善的安全生产管理制度与管理措施，并严格实施科学管理外，应在职工队伍中强化安全知识、安全文化理念、制度教育，使安全生产成为广大职工的自觉行为。从源头上做好安全防范工作，坚持“安全第一”方针，努力避免和防止安全生产事故的发生，将事故发生率降至最低水平。

九、承担社会责任，建设和谐矿区。矿业企业必须将承担社会责任放在重要位置，重视和谐社区建设，努力改善社区周边关系，保障矿区周边社区居民的合法权益，保障矿区周边地区环境安全与环境质量，维护居民的健康与生活质量，支农、支教、抗灾、赈灾，支持地方建设与经济发展。

十、坚持以人为本与文明建设。矿业企业必须坚持以人为本、科学发展，建立完善的职工教育与生活福利社会保障体系、保障制度与保障措施，加强物质文明、精神文明和社会文明建设，把职工队伍组织建设、职工素质教育、人才培养，不断改善职工生产、生活条件，改善和提高职工生活质量，充分保护和激发广大职工的积极性和创造性。

附录4　绿色矿山建设评分表

一、矿区环境

指标	标准分	评分说明	考核方法	依据或标准	检查记录	得分
矿容矿貌						
1. 功能分区	10	①现场按生产区、管理区、生活区进行功能分区，符合分区要求得5分； ②排矸场、排土场、垃圾场、废渣堆置场、选矿场等与生活区应保持一定安全距离，得5分	查资料、查现场	矿区总平面布置图或示意图		
2. 生产配套设施	15	矿区地面运输、供水、供电等配套设施应齐全并正常运行，一处设备不完善或功能不健全扣5分	查资料、查现场	矿区总平面布置图		
3. 生活配套设施	15	员工宿舍、食堂、澡堂、厕所等设施配备齐全，干净整洁、管理规范，每发现一处不达标扣5分	查现场			
4. 生产区标牌	15	①生产区按要求设置操作提示牌、说明牌、线路示意图牌等各类标牌，应标未标每发现一处扣3分； ②标牌的尺寸、形状、颜色设置应符合规定，每发现一处不合格扣3分	查现场	《标牌》(GB 13306)、《矿山安全标志》(GB 14161)		
5. 定置化管理	15	设备、物资材料规范管理，做到分类分区、摆放有序、堆码整齐，发现一处设备、物资材料乱扔乱放、管理混乱扣5分	查现场			

续表

指标	标准分	评分说明	考核方法	依据或标准	检查记录	得分
6. 固体废物堆放	7	①固体废物有固定堆放场所得 3 分; ②固体废物堆放场所规范得 4 分	查现场	《一般工业固体废物贮存和填埋污染控制标准》(GB 18599)、《危险废物贮存污染控制标准》(GB 18597)		
7. 固体废物管理	8	固体废物堆放场所运行管理规范、污染控制到位,无渗流冒出、无生活垃圾混入得 8 分	查现场			
8. 生活垃圾处置与利用	20	①矿区(包含矿井)生活垃圾在固定地点收集得 5 分; ②对生活垃圾进行分类,合理确定垃圾分类范围、品种、要求、收运方式等,得 5 分; ③生活垃圾自行无害化处理或委托第三方处理,并提供证明材料得 10 分	查现场			
9. 主干道路面情况	15	矿区主干道路面符合规范,表面平整、密实和粗糙度适当。符合规范得 8 分,养护良好得 7 分	查现场	《厂矿道路设计规范》(GBJ 22)		
10. 道路清洁情况	10	矿区内部道路或专用道路无洒落物,或采取有效措施及时清理洒落物,每发现一处不合格扣 5 分	查现场			
11. 矿区清洁情况	20	矿区保持清洁卫生,生产区及管理区无垃圾、无废石乱扔乱放,生产现场管线无跑、冒、滴、漏现象,每发现一处不合格扣 5 分	查现场			
12. 矿区建筑、构筑物建设和维护	20	①生产区、管理区、生活区的所有场所不存在私搭乱建等临时建筑、废弃建构筑物,得 12 分;每发现一处不合格扣 4 分; ②对矿区建筑、构筑物及时维护、维修或粉刷,得 8 分。每发现一处较明显的损坏、老化等情况,且未采取维修、维护措施的扣 2 分	查现场			
矿区绿化						
13. 矿区绿化覆盖	20	矿区可绿化区域应实现绿化全覆盖,且无较大面积表土裸露,每发现一处不符合要求扣 5 分	查现场			

续表

指标	标准分	评分说明	考核方法	依据或标准	检查记录	得分
14. 专用主干道绿化美化要求	10	矿区进场道路、办公区内部道路、办公区到生产区道路等两侧按如下绿化美化设置,得10分 ①具备条件的应设置隔离绿化带,因地制宜进行绿化;②客观上不具备绿化条件的,可美化、制作宣传牌或宣传标语	查现场			
15. 绿化保障机制	4	矿区绿化应有长效保障机制,有绿化养护计划及责任人,符合要求得4分	查现场、查资料			
16. 绿化保障效果	6	绿化植物搭配合理,无严重枯枝黄叶、无缺苗死苗得6分,每发现一处不符合要求扣2分	查现场			
17. 矿区美化	10	因地制宜地充分利用矿区自然条件、地形地貌,建设公园、花园、绿地等景观设施的,得10分	查现场			

二、资源开发方式

指标	标准分	评分说明	考核方法	依据或标准	检查记录	得分
资源开采						
18. 开采技术	50	★适用于露天开采: ①钻孔:采用湿式、干式(带收尘)等凿岩作业进行钻孔; ②爆破:采用微差爆破、预裂爆破、光面爆破等方式; ③铲装:采用大型化自动化液压铲装设备、液压挖掘机或装载机、自卸式矿车、大型自移式破碎机等先进设备进行铲装作业; ④排土:生产期采用分期内排技术,最大化利用内排土场排土,减少外部土地占用; 全部符合要求得50分,不涉及的视为满足要求,一项不符合要求扣20分,扣完50分为止(兼备地下和露天开采的,以现阶段主要开采方式选择其一进行评分,不可分数累加)	查资料、查现场			

续表

指标	标准分	评分说明	考核方法	依据或标准	检查记录	得分
18. 开采技术	50	★适用于地下开采： ①采用充填法、保水开采等技术进行地下开采； ②能有效减少开采引起的大面积地面沉降； ③利用采空区规模化处置尾矿、废石、煤矸石等； 全部符合要求得50分，不涉及的视为满足要求，一项不符合要求扣20分，扣完50分为止。（兼备地下和露天开采的，以现阶段主要开采方式选择其一进行评分，不可分数累加）	查资料、查现场			
		★适用于石油天然气、地热矿泉水等矿种： ①采用电动钻机及顶驱装置； ②采用优快、控压等钻井技术； ③采用环保型钻井液及循环利用技术； ④及时无害化处置钻井泥浆等钻井废弃物。 一项不符合要求扣15分，扣完50分为止	查资料、查现场			
19. 开采工作面质量要求	30	★适用于露天开采： ①作业平台干净，保持平整、通畅，无杂物、无积水，工作台阶与非工作台阶坡面无危石，满足要求得15分； ②非工作台阶滚落物及时清理，并在安全隐患位置设置警戒线或安全牌，满足要求得15分	查现场			
		★适用于地下开采： ①地下矿山工作面安全出口畅通，满足通风、运输、行人、设备安装、检修的需要，支护完好，满足要求得15分； ②工作面无较大面积积水、无浮碴、无杂物，材料堆放整齐，满足要求得15分	查现场			
		★适用于石油天然气、矿泉水等： ①危险化学物品无泄漏、抛洒，防止“跑冒滴漏”及对井场表层土壤造成污染； ②钻井废弃物不落地，进行集中无害化处理； ③定期对井场裸露地面喷洒水进行降尘处理； 每项符合要求得10分	查现场			

续表

指标	标准分	评分说明	考核方法	依据或标准	检查记录	得分
选矿加工						
20. 选矿及加工工艺	60	★适用于有色、冶金、黄金、非金属、化工、煤炭等行业： ①采用自动化程度高、能耗低、污染物产生量少的生产设备和工艺； ②选矿回收率、精矿品位和品级等选矿指标达到或高于设计要求，主金属及伴生元素得到充分利用； ③选用高效、低毒对环境影响小的药剂（如黄金行业氰化药剂室应单独隔离且完全封闭）； ④尾矿和废石中有价组分的含量不高于现有技术水平能够处理的品位。 有一处不符合要求扣 15 分，扣完 60 分为止	查资料、查现场			
		★适用于水泥灰岩行业： ①生产流程体现短流程、低能耗、高效率； ②破碎系统根据岩石的可破性选择合适的高效破碎机； ③破碎车间、输送廊道等主要生产区域进行全封闭，并配备收尘、降尘设备； 发现一处不符合要求扣 20 分	查资料、查现场			
		★适用于砂石、建筑石材行业： ①根据母岩材质性能、产品结构、产能要求等因素选择短流程、低能耗的工艺和设备，配置与生产规模和工艺相符的辅助设施； ②干法生产配备除尘设备，并保持与生产设备同步运行，湿法生产配置泥粉和水分离、废水处理和循环使用系统； ③生产区域产尘点封闭； ④砂石骨料成品堆场（库）地面硬化，分类或分仓储存。 发现一处不符合要求扣 15 分	查资料、查现场	《机制砂石骨料工厂设计规范》（GB 51186）		
		★适用于石油天然气、地热、矿泉水等行业： ①选用合理的原油脱水技术装备进行脱水，选用合理油气分离装备和原油稳定技术，得 30 分； ②对伴生有二氧化碳气体、硫化氢气体的油气藏，且伴生气体含量未达到工业综合利用要求的，采取有效处置措施得 30 分	查资料、查现场			

续表

指标	标准分	评分说明	考核方法	依据或标准	检查记录	得分
矿山环境恢复治理与土地复垦						
21. 范围要求	30	按照矿山地质环境恢复治理与土地复垦方案，对规定区域进行治理、复垦，如排土场、露天采场、矿区专用道路、矿山工业场地、沉陷区、矸石场、矿山污染场地等，应当治理、复垦而未按照方案及时治理、复垦的，每处区域扣5分	查资料、查现场	《矿山地质环境保护与土地复垦方案》		
22. 治理要求	10	①恢复治理后的各类场地，与周边自然环境相协调，有景观效果； ②若露天开采造成的裸露区域对周边景观影响较大，则应采取减轻不利影响的措施； ③露天开采矿山还应符合露采终了平台留设与复垦绿化的要求。 以上三项发现一处不符合要求扣4分，扣完10分为止	查资料、查现场	《矿山地质环境保护与土地复垦方案》、《土地复垦质量控制标准》(TD/T 1036)、其他文件证明材料		
23. 土地利用功能要求	10	治理后的各类场地，应恢复土地基本功能，因地制宜实现土地可持续利用，满足要求得10分	查资料、查现场	《矿山地质环境保护与土地复垦方案》、《土地复垦质量控制标准》(TD/T 1036)、其他文件证明材料		
24. 生态功能要求	10	治理后的各类场地，应满足： ①区域整体生态功能得到保护和恢复； ②对动植物不造成威胁。 有一处不符合要求扣5分	查资料、查现场	《矿山地质环境保护与土地复垦方案》、《土地复垦质量控制标准》(TD/T 1036)、其他文件证明材料		
环境管理与监测						
25. 环境保护设施	6	①环境保护设施齐全，且相关设施有效运转得4分； ②得到有效维护得2分	查资料、查现场	环境保护设施验收资料		

续表

指标	标准分	评分说明	考核方法	依据或标准	检查记录	得分
26. 环境管理体系认证	4	获得环境管理体系认证得 4 分	看证书	ISO 环境管理体系认证		
27. 环境监测制度	5	建立环境监测的长效机制,有环境监测制度得 5 分	查资料	环境监测制度		
28. 环境监测设备	5	矿区内设置对噪声、大气污染物的自动监测及电子显示设备,得 5 分	查现场			
29. 应急响应机制	5	构建应急响应机制,有应对突发环境事件的应急响应措施得 5 分	查资料	应急响应制度		
30. 矿山地质环境动态监测情况	5	对地面变形等矿山地质环境进行动态监测得 5 分	查现场、查资料	动态监测记录		
31. 废水、尾矿等动态监测	5	对选矿废水、矿井水、尾矿(矸石山)、排土场、废石堆场、粉尘、噪声等进行动态监测得 5 分	查现场、查资料	动态监测记录		
32. 复垦区动态监测	5	对复垦区土地损毁情况、稳定状态、土壤质量、复垦质量等进行动态监测得 5 分	查现场、查资料	动态监测记录		

三、资源综合利用

(一)非金属、化工、黄金、冶金、有色、石油、煤炭等行业按照 33~42 共 10 项三级指标进行评分,总分 120 分。

指标	标准分	评分说明	考核方法	依据或标准	检查记录	得分
共伴生资源综合利用						
33. 资源勘查、评价与开发	10	按矿产资源开发利用方案进行共伴生资源的综合勘查、综合评价、综合开发得 10 分	查资料	《矿产资源开发利用方案》、有关产品资料		
34. 共伴生资源的综合利用	20	选用先进适用、经济合理的工艺技术对共伴生资源进行加工处理和综合利用,符合要求得 20 分	查资料、查现场	生产报表或财务报表等		
35. 对复杂难处理或低品位矿石的综合利用	5	对复杂难处理或低品位矿石,采用新工艺降低能耗,或者采用选冶联合工艺提高技术经济指标,取得效果并提供证明材料得 5 分	查资料、查现场			

续表

指标	标准分	评分说明	考核方法	依据或标准	检查记录	得分
36. 对暂不能开采利用的共伴生矿产的要求	5	对暂不能开采利用的共伴生矿产采取有效保护措施得 5 分	查资料	《矿产资源开发利用方案》		
固废处置与综合利用						
37. 工业固废处置与利用	25	建立废石(渣)、煤矸石、尾矿、钻井废弃泥浆、岩屑、浮渣、油泥等固体废弃物的综合利用,通过回填、铺路、生产建材等方式充分利用固体废弃物,得 25 分	查资料、查现场	《矿产资源开发利用方案》及其他证明材料		
38. 表土处置与利用	10	剥离表土或煤层上覆岩石,用于土地复垦、生态修复得 10 分(无表土及上覆岩石的此项不评分,同时“37. 工业固废处置与利用”赋值 35 分)	查资料、查现场	《矿产资源开发利用方案》及其他证明材料		
39. 回收提取有价元素/有用矿物	5	实现从尾矿、煤矸石、废石等固体废弃物中提取有价元素或有用矿物的得 5 分	查资料、查现场	生产报表、销售报表等、财务报表等		
废水处置与综合利用						
40. 开采废水的处置与综合利用	15	①配备矿井水、疏干水、钻井废水、洗井废水等开采废水处理设施得 7 分; ②采用洁净化、资源化技术,实现废水的有效处置得 8 分	查资料、查现场	生产报表(调度报表)或其他证明材料		
41. 生产废水的处置与综合利用	15	①建立选矿废水等生产废水的循环处理系统得 7 分; ②生产废水实现循环利用 8 分	查资料、查现场	生产报表(调度报表)或其他证明材料		
42. 生活污水处置	10	①配备生活污水处理系统得 4 分; ②生活污水得到有效处置得 6 分	查资料、查现场	生产报表(调度报表)或其他证明材料		

(二)砂石、水泥灰岩、建筑石材等行业按照43~46项共4项三级指标进行评分,总分120分。

指标	标准分	评分说明	考核方法	依据或标准	检查记录	得分
综合利用						
43. 开采加工等相关产物综合利用	40	★适用于砂石、建筑石材等行业: 充分利用石粉、泥粉等矿山开采或加工产物,提高资源化利用水平,如新型建筑材料、工程用料、环境治理、土地复垦和土壤改良等,得40分	查资料、查现场	生产报表(调度报表)或其他证明材料		
		★适用于水泥灰岩行业: 结合水泥生产线多种原料配料的特点,实现开采或加工产各类产物资源化利用,实现资源分级利用、优质优用,实现高品位矿石与低品位矿石、夹层、顶底板围岩等综合利用得40分	查资料、查现场	生产报表(调度报表)或其他证明材料		
固废处置与综合利用						
44. 土质剥离物的综合利用	40	★适用于砂石、建筑石材等行业: 排土场堆放的剥离表土或筛分后的渣土、废石等,用于生产新型建筑材料、环境治理、土地复垦、生态修复等资源化利用方式得40分	查资料、查现场	生产报表(调度报表)或其他证明材料		
		★适用于水泥灰岩行业: 将符合要求的土质剥离物用作硅铝质原料或用于复垦得20分,其他剥离物用作水泥配料、砂石骨料或其他工程用料得20分	查资料、查现场	生产报表(调度报表)或其他证明材料		
废水处置与综合利用						
45. 生产废水处置与利用	30	①配备完善的生产废水处理系统得10分; ②废水经固液分离处理,清水得到有效循环利用得20分	查资料、查现场	生产报表(调度报表)或其他证明材料		
46. 生活污水处置	10	①配备生活污水处理系统得4分; ②生活污水得到有效处置得6分	查资料、查现场	生产报表(调度报表)或其他证明材料		

四、节能减排

指标	标准分	评分说明	考核方法	依据或标准	检查记录	得分
节能降耗						
47. 全过程能耗核算体系	5	建立全过程能耗管理体系得5分	查资料	全过程能耗核算体系文件或台账		
48. 能源管理计划	10	①有年度能源管理计划得5分; ②节能指标分解到下属单位、部门或车间得5分	查资料	能源分析报表		
49. 矿山单位产品能耗	15	单位产品能耗、物耗、水耗指标未达到规定要求的,每项扣5分 煤矿、铁矿、金矿、有色金属矿有国家标准的,执行国家标准。其他矿种暂无国家标准、行业标准的,以企业近3年能耗等指标均值为依据进行考核,要体现节能降耗进步要求	查资料	能耗台账、各行业单位产品能源消耗限额		
50. 能源管理体系认证	5	企业取得能源管理体系认证得5分	看证书	能源管理体系证书		
废气排放						
51. 主要产尘点清单	5	矿山有明确开采、运输、选矿(加工)等主要产生粉尘的作业场所及其岗位粉尘浓度清单	查现场	企业防尘相关措施		
52. 生产过程的粉尘排放	15	①凿岩作业中通过采用凿岩收尘一体钻机收尘或湿式凿岩工艺等措施降尘; ②爆破作业中通过喷雾洒水降尘; ③固定产尘点加设除尘捕尘装备并保持足够的负压与生产设备同步运行等措施,实现抑制和处理采选加工过程中产生的粉尘 在凿岩、爆破、岩(矿)石破(粉)碎、筛分、输送、配料等关键环节或位置,发现一处不合格扣3分	查现场、抽查员工了解	涉及爆破的要有专项降尘方案,其他爆破的松散岩层露天煤矿应不涉及此项		

续表

指标	标准分	评分说明	考核方法	依据或标准	检查记录	得分
53. 地面运输过程的粉尘排放	15	运输道路沿途设置喷水或感应式喷雾设施或配置洒水车定时洒水降尘、地面运输车辆及运输设备采取喷雾降尘或洒水降尘、外运产品采用密封车辆，实现避免沿路粉尘飞扬。发现一处不合格扣3分	查现场			
54. 贮存场所粉尘排放	10	①废石或矿石周转场地、贮存场所具有配套的防扬尘设施得5分； ②达到防扬尘效果得5分	查资料、查现场	企业防尘相关措施		
55. 其他废气排放	10	针对采、选过程中产生的，含有除粉尘外其他有毒有害物质（如 SO_2、NO_x 等）的工业废气，有废气净化系统且达标排放得10分	查资料	监测报告或检测数据		
废水排放						
56. 生活污水排放	10	生活污水经处理后水质达标排放，或污水直接排入市政污水管网的得10分	查资料、查现场	污水站等环保设施验收资料		
57. 工业废水排放	15	工业废水鼓励零排放。有排放的，经处理后水质达标排放得15分	查资料、查现场	环保部门的检验资料		
58. 排水管道设置	10	清污管路分别铺设、雨水与污水管群分开设置得10分	查现场			
59. 地表径流水、淋溶水排放要求	15	①矿区建有雨水截（排）水沟，并建设沉淀池及取水设备，将汇集的地表径流水、淋溶水等经沉淀后达标排放或处理回用，符合要求得10分； ②排土场和矸石山设置截（排）水沟，符合要求得5分	查现场	矿区总体设计		

指标	标准分	评分说明	考核方法	依据或标准	检查记录	得分
固废排放						
60. 固废排放要求	30	对无法实现综合利用的固体废弃物： ①划分危险废物、一般废物和生活垃圾不同类别，实现分级分类得10分； ②按照国家法律和标准，自行对固体废弃物进行处置，或委托第三方有资质的单位进行处置得20分	查资料、查现场	《中华人民共和国固体废物污染环境防治法》、《一般工业固体废物贮存和填埋污染控制标准》（GB 18599）、《危险废物焚烧污染控制标准》（GB 18484）、《危险废物贮存污染控制标准》（GB 18597）、《危险废物填埋污染控制标准》（GB 18598）		
噪声排放						
61. 主要噪声点清单	5	矿山有主要产生噪声场所及其岗位的清单，必要时可进行现场检测，符合要求得5分	查现场			
62. 噪声处置要求	15	对矿区凿岩、破碎和空压等高噪声设备进行降噪处理，配备消声、减振和隔振等措施得15分	查相关监测报告			
63. 噪声排放要求	10	厂界噪声排放达标得10分	查现场	《工业企业厂界环境噪声排放标准》（GB 12348）		

五、科技创新与智能矿山

指标	标准分	评分说明	考核方法	依据或标准	检查记录	得分
科技创新						
64. 技术研发队伍	3	企业建设技术研发队伍，有专职技术人员得3分	查资料	科技管理制度		
65. 技术研发管理制度	3	有技术研发的奖励及管理制度得3分	查资料	科技管理制度		

续表

指标	标准分	评分说明	考核方法	依据或标准	检查记录	得分
66. 协同创新体系	6	建立产学研用协同创新体系： ①与科研院所、高等院校等建立技术创新合作关系，签订合作协议建立企业技术平台，包括工程技术中心、企业技术中心、重点实验室、院士专家工作站、创新工作室等，得2分； ②开展支撑企业主业发展的技术研究，有立项文件或项目台账材料得2分； ③改进企业工艺技术水平，有证明材料得2分	查资料	主管部门公告文件，项目立项文件及项目台账		
67. 科技获奖情况	18	企业研究项目或成果获得国家级奖励得18分，省部级奖励得12分，国家奖励办《社会科技奖励目录》中的得10分，各类奖项应促进绿色矿山建设、体现单位名称，总分不超过18分	查资料	主管部门公告文件，项目立项文件及项目台账		
68. 研发及技改投入	6	研发及技改投入不低于上年度主营业务收入的1.5%。达到1.5%得6分，1%~1.5%得5分，0.5%~1%得4分，低于0.5%且对企业员工开展技术创新项目投入奖励的得2分	查资料	查财务报表、明细账、辅助账或项目台账		
69. 高新技术企业认证	3	获得高新技术企业证书得3分	看证书	获得高新技术企业证书		
70. 知识产权情况	6	三年内，获得一项发明专利得2分，发表一篇核心期刊论文得1分，一个实用新型或软件著作权加1分，所有成果应体现单位名称，总分不超过6分	查资料	专利、软著、论文原件，或加盖公章的复印件		
71. 先进技术和装备	20	选用国家鼓励、支持和推广的采选工艺、技术和装备，采选工艺、技术或装备入选《国家鼓励发展的环境保护技术目录》《矿产资源节约与综合利用先进适用技术推广目录》《国家先进污染防治示范技术名录》《安全生产先进适用技术、工艺、装备和材料推广目录》《国家重点节能技术推广目录》《节能机电设备(产品)推荐目录》等，能提供应用证明。每一项技术、工艺或装备得10分，总分不超过20分	查资料、查现场	相关产业政策目录、设计规范以及相关证明材料		

续表

指标	标准分	评分说明	考核方法	依据或标准	检查记录	得分
智能矿山						
72. 智能矿山建设计划	5	企业年度计划中有智能矿山建设内容得 2 分,按计划实施得 3 分	查资料、查现场	企业年度计划		
73. 矿山自动化集中管控平台	10	构建矿山自动化集中管控平台,能够将自动控制系统、远程监控系统、储量管理系统、各种监测系统等集中统一显示,符合要求得 10 分	查现场	矿山自动化集中管控系统平台建设方案		
74. 矿山生产自动化系统	10	①建立中央变电所、水泵房、风机站、空压机房、皮带运输巷等场所固定设施无人值守自动化系统,得 4 分; ②建立开采及生产过程主要设备远程控制系统得 3 分; ③建立废石场、废渣场等堆场、边坡建设、工作环境等安全监测系统平台得 3 分	查现场	矿山自动化各子系统建设方案		
75. 远程视频监控系统	10	建立完善的远程视频监控系统。矿山工作面等生产场所,供电、排水、通风、运输、计量、销售等关键点,尾矿库、巷道等重要安全场所,安装远程视频监控系统,每安装一处且实现实时监控得 1 分,总分不超过 10 分	查资料、查现场			
76. 资源储量管理系统	5	开展三维储量管理实际工作得 5 分	查现场			
77. 智能工作面或无人驾驶矿车系统	5	下面两项有一项得 5 分: ①设正常生产的智能工作面; ②建设有无人驾驶矿车系统	查资料、查现场	智能工作面或无人驾驶矿车设计方案		
78. 矿区环境在线监测系统	5	建设矿区环境在线监测系统,对环境保护行政主管部门依法监管的污染物(矿井水、大气污染物、固废、噪声)排放指标具备按超标程度自动分级报警、分级通知功能,满足要求得 5 分	查资料、查现场	矿区环境在线监测系统建设方案		

六、企业管理与企业形象

指标	标准分	评分说明	考核方法	依据或标准	检查记录	得分
		绿色矿山管理体系				
79. 绿色矿山建设计划与目标	5	企业年度计划中包含绿色矿山建设内容、目标、指标和相应措施等得5分	查资料	企业年度计划		
80. 绿色矿山建设组织机构与职责	5	有明确的绿色矿山建设组织机构和职责制度得5分	查资料	绿色矿山管理机构设置、职责的相关文件		
81. 绿色矿山考核	5	建立绿色矿山考核机制，对照绿色矿山建设计划和目标，每年至少内部考核一次。符合要求得5分	查资料			
82. 绿色矿山建设改进提升	5	明确绿色矿山建设的改进内容、措施、负责人、完成时间、达到的效果等，符合要求得5分	查资料			
83. 绿色矿山建设培训	8	①有绿色矿山培训制度和计划1分； ②组织管理人员和技术人员进行绿色矿山建设培训(学习)得3分； ③定期组织绿色矿山专职人员参加绿色矿山建设系统性培训(学习)，并有培训(学习)证明，得4分	查资料、抽查员工了解	培训制度、培训计划、培训签到、视频资料、培训通知、证书、照片		
		企业文化				
84. 职工满意度调查	3	定期开展职工满意度问卷调查，合理设置问卷调查内容，做到客观公正。每年组织一次得1分，满意度高于70%得1分，及时公示得1分	抽查员工了解	调查问卷原始记录		
85. 职工文娱活动	4	①有职工休闲、娱乐、文化体育设施得2分； ②设施正常运行得2分	查资料，查现场			
86. 工会组织开展活动	3	工会定期开展各项活动，推动职工及企业之间交流得3分	查资料			
87. 绿色矿山文化建设	3	有绿色矿山宣传片，基于对清晰度、解说词、时长等关键内容的考量，按制作效果酌情给分	看宣传片			

续表

指标	标准分	评分说明	考核方法	依据或标准	检查记录	得分
企业管理						
88. 员工收入与企业业绩的联动机制	2	建立企业职工收入随企业业绩同步增长机制,企业员工的总收入与企业经济效益增长有关联关系的得2分	查资料、抽查员工了解	考核制度		
89. 功能区管理制度	2	有与企业实际情况相符的生产、生活等管理制度,且明确责任单位或部门,得2分	查资料	查看矿山相关管理文件		
90. 采选装备管理	20	①有核心装备清单,包含装备名称、型号、主要参数、能耗情况、购置时间、维保情况; ②现场核验装备与清单相符合并能正常使用,无国家明令淘汰的落后生产工艺装备 符合一项得5分	查资料	查看矿山相关管理文件		
91. 职业健康管理制度	3	具备职业健康等管理制度得3分	查资料	查看矿山相关管理文件		
92. 环境保护管理制度	3	具备环境保护管理制度(包含污水、废水排放;固废的分类、堆放、控制;噪声控制;扬尘控制等)得3分	查资料	查看矿山相关管理文件		
93. 人员目视化管理	4	①内部员工进入生产作业场所,统一着劳保服装,且穿戴符合安全要求; ②外来人员,如参观、检查、学习人员、承包商员工等,进入生产作业场所,着装符合生产作业场所安全要求 有一人一处达不到要求扣1分	查现场	人员目视化管理制度		
94. 绿色矿山宣传活动	6	开展与绿色矿山建设相关的宣传活动,在媒体刊发正面报道文章、开展宣讲报告、举办竞赛、开展宣传周活动等,每一类可得2分,总分不超过6分	查资料、查现场			
95. 员工体检	4	企业组织全体员工每年定期体检得2分,分类制定体检计划、体检项目,建立职业健康监护档案得2分	查资料	体检档案		

续表

指标	标准分	评分说明	考核方法	依据或标准	检查记录	得分
		社区和谐				
96. 矿地和谐情况	5	与所在乡镇（街道）、村（社区）等建立良好关系，及时妥善处理好各种纠纷矛盾	抽查员工或走访社区群众			
97. 扶贫或公益募捐活动	5	企业定期或不定期开展扶贫或公益募捐活动。近两年内开展过扶贫或公益募捐活动的加 5 分	查资料、抽查员工了解	扶贫合同或捐赠合同或相关票据证明		
		企业诚信				
98. 企业依法纳税情况	4	企业依法纳税、诚信纳税、主动纳税。若存在偷税漏税等行为，每发现一次扣 2 分，扣完 4 分为止	调查走访、查查资料	税务部门证明		
99. 企业履行相关义务情况	4	①企业按要求汇交地质资料； ②按时提交矿产资源统计基础表 每发现一项不符合要求扣 2 分	查资料			
100. 信息公示	2	企业按规定进行矿业权人勘查开采信息公示得 2 分	查矿业权人勘查开采信息公示系统			
总分	1000					

图书在版编目(CIP)数据

铜矿绿色采选可行技术 / 王帅编著. —长沙：中南大学出版社，2022.12

(有色金属理论与技术前沿丛书)

ISBN 978-7-5487-4799-4

Ⅰ.①铜… Ⅱ.①王… Ⅲ.①铜矿床—金属矿开采—无污染技术②铜矿床—选矿—无污染技术 Ⅳ.①TD862.1②TD952.1

中国版本图书馆 CIP 数据核字(2022)第 004864 号

铜矿绿色采选可行技术

TONGKUANG LÜSE CAIXUAN KEXING JISHU

王帅　编著

□出 版 人　吴湘华

□责任编辑　刘锦伟

□责任印制　唐　曦

□出版发行　中南大学出版社

社址：长沙市麓山南路　　邮编：410083

发行科电话：0731-88876770　　传真：0731-88710482

□印　　装　湖南省众鑫印务有限公司

□开　　本　710 mm×1000 mm　1/16　□印张 20　□字数 388 千字

□版　　次　2022 年 12 月第 1 版　□印次 2022 年 12 月第 1 次印刷

□书　　号　ISBN 978-7-5487-4799-4

□定　　价　88.00 元